普通高等教育"十二五"规划教材

渠道和渠系建筑物

主　编　马文英　张红光
副主编　袁吉栋　马秋娟　穆智勇

中国水利水电出版社
www.waterpub.com.cn

内 容 提 要

本书为高等院校水利水电工程建筑和农业水利工程专业教材，主要内容包括渠道工程及其渠系建筑物（渡槽、倒虹吸、水利工程中的桥梁、跌水、陡坡、涵洞、渠道专门量水设施）。其中在"渡槽、倒虹吸、桥梁、涵洞"中引进了南水北调工程中大流量输水条件下采用的新结构型式。

本书除可用作上述专业的普通高等院校本科、专科及成人高等教育学生教材外，还可用作相近专业学生和从事水利水电工程设计与施工人员的参考用书。

图书在版编目（CIP）数据

渠道和渠系建筑物 / 马文英，张红光主编. -- 北京：中国水利水电出版社，2011.3(2019.1重印)
 普通高等教育"十二五"规划教材
 ISBN 978-7-5084-8461-7

Ⅰ.①渠… Ⅱ.①马…②张… Ⅲ.①渠道—高等学校—教材②渠系建筑物—高等学校—教材 Ⅳ.①TV6

中国版本图书馆CIP数据核字(2011)第040359号

书　　名	普通高等教育"十二五"规划教材 **渠道和渠系建筑物**
作　　者	主编 马文英 张红光　副主编 袁吉栋 马秋娟 穆智勇
出版发行	中国水利水电出版社 （北京市海淀区玉渊潭南路1号D座　100038） 网址：www.waterpub.com.cn E-mail：sales@waterpub.com.cn 电话：(010) 68367658（营销中心）
经　　售	北京科水图书销售中心（零售） 电话：(010) 88383994、63202643、68545874 全国各地新华书店和相关出版物销售网点
排　　版	中国水利水电出版社微机排版中心
印　　刷	北京中献拓方科技发展有限公司
规　　格	184mm×260mm　16开本　12印张　285千字
版　　次	2011年3月第1版　2019年1月第2次印刷
印　　数	3001—3600册
定　　价	**30.00元**

凡购买我社图书，如有缺页、倒页、脱页的，本社营销中心负责调换

版权所有·侵权必究

前言

随着我国经济建设飞速发展的需要，跨流域调水越来越成为解决区域性用水紧缺的一项重要措施，仅从 20 世纪 80 年代以来我国就先后建成近 10 项跨流域调水工程。在跨流域调水工程中，渡槽、倒虹吸、桥梁、涵洞等交叉输水建筑物被大量采用，例如仅南水北调中线干渠上就穿河 219 处，需修建渡槽、桥梁、倒虹吸、闸涵等建筑物多达 936 座。为了适应跨流域调水工程建设对水利人才知识结构的需要编写了此书。本书较为详细系统地讲述了渠道工程和渠道系统以及渠系上的水工建筑物（包括渡槽、倒虹吸、水利工程中的桥梁、涵洞、跌水、陡坡、量水设施等）的布置要求、结构类型、工作特点、设计内容及其设计原理与方法等。其中在桥梁一章，由于新规范《公路桥涵设计通用规范》（JTG D 60—2004）在对桥梁结构整体计算时采用车道荷载，对桥梁结构局部加载、涵洞、桥台和挡土墙等计算时采用车辆荷载，故分别介绍了车辆荷载及车道荷载的相关内容，同时引进了荷载效应组合及其极限状态设计表达式，以适应基于可靠度设计理论的土木结构设计规范的应用；在渡槽、倒虹吸、桥梁、涵洞等章节中，引进了南水北调工程中在大流量输水条件下采用的新结构型式，介绍了其工作特点及受力特征等问题。在章节编排上，由于有关"渡槽"的内容相对较多，涉及知识面广泛，本书分为三章编写（即水力计算与荷载计算、梁式渡槽、拱式渡槽）。此外，渠道工程作为渠系建筑物的载体，将其两者合编，使本书更有利于建立学生知识结构的系统性和完整性。

参加本书编写的有马文英（第 2 章、第 6 章及全书习题）、张红光（第 3 章和第 8 章）、袁吉栋（第 4 章和第 7 章）、马秋娟（第 9 章及附录内容）、穆智勇（第 5 章及插页图）、高子兰（第 1 章第 1、2、4、5、6 节）、焦玉倩（第 1 章第 3 节）、马文英、张红光担任主编并统稿。本书由河北工程大学刘建中教授级高级工程师担任主审。编写过程中，硕士研究生任益楼、袁海军、刘艳虎、李增坤参与了前期文字及图表编辑工作。

由于水平所限，本书存在疏漏和不妥之处，敬请读者批评指正。

编 者

2011 年 1 月

图 1　漕河渡槽 30m 跨段

图 2　漕河渡槽全景

图 3　漕河渡槽栏杆

图 4　滹沱河倒虹吸进口闸

图 5　滹沱河倒虹吸全景

图 6　曲逆南支排水涵洞进口

图 7 南水北调中线满城韩庄大桥

图 8 南水北调中线蒲山特大桥（下承式桁架拱桥）

图 9 南水北调中线京石段西车亭桥

目录

前言

第1章 渠道与渠系建筑物的作用 ·· 1
  1.1 灌溉渠道系统的组成与布置 ·· 1
  1.2 灌溉渠道的流量 ·· 2
  1.3 渠道纵横断面设计 ··· 4
  1.4 渠道横断面的结构形式 ·· 13
  1.5 渠道防渗 ··· 14
  1.6 渠道上的渠系建筑物 ·· 15
  思考题 ·· 16

第2章 渡槽及其水力计算与荷载计算 ·· 18
  2.1 概述 ·· 18
  2.2 水力计算 ··· 20
  2.3 荷载计算 ··· 22
  思考题 ·· 23

第3章 梁式渡槽 ·· 25
  3.1 槽身 ·· 25
  3.2 南水北调工程中的渡槽 ·· 36
  3.3 支承结构——槽墩、槽台和槽架 ·· 39
  3.4 基础 ·· 44
  3.5 进、出口建筑物 ·· 46
  思考题 ·· 48

第4章 拱式渡槽 ·· 50
  4.1 主拱圈 ·· 50
  4.2 拱上结构 ··· 54
  4.3 主拱轴线的形式 ·· 57
  4.4 主拱圈的内力与稳定计算 ·· 60
  4.5 墩台 ·· 68
  思考题 ·· 70

第 5 章　倒虹吸 ··· 71

- 5.1　概述 ··· 71
- 5.2　倒虹吸管道的构造 ··· 74
- 5.3　倒虹吸管的水力计算 ··· 83
- 5.4　倒虹吸管的结构计算 ··· 86
- 5.5　南水北调工程中的倒虹吸 ··· 90
- 思考题 ··· 93

第 6 章　水利工程中的桥梁 ··· 95

- 6.1　概述 ··· 95
- 6.2　桥上的荷载及其荷载组合 ··· 96
- 6.3　常见梁式桥的构造与内力计算方法 ··· 108
- 6.4　梁式桥的墩台与支座 ··· 120
- 6.5　拱式桥 ··· 121
- 6.6　南水北调工程中的桥梁型式 ··· 123
- 思考题 ··· 131

第 7 章　跌水和陡坡 ··· 132

- 7.1　跌水 ··· 132
- 7.2　陡坡 ··· 138
- 思考题 ··· 143

第 8 章　涵洞 ··· 144

- 8.1　概述 ··· 144
- 8.2　涵洞各组成部分的型式与构造 ··· 145
- 8.3　水力计算 ··· 148
- 8.4　结构计算 ··· 153
- 8.5　南水北调工程中的涵洞 ··· 153
- 思考题 ··· 153

第 9 章　渠道上的量水设施 ··· 155

- 9.1　量水设施的作用与类型 ··· 155
- 9.2　量水堰 ··· 155
- 9.3　量水槽 ··· 163
- 9.4　量水管嘴 ··· 171
- 思考题 ··· 173

附录 ··· 174

参考文献 ··· 181

第 1 章 渠道与渠系建筑物的作用

渠道是水利建设中的输水工程，用来从河流、水库、湖泊等水源引水以供农业灌溉、发电、工业与民用等，是应用最为普遍的水利工程，也是渠系建筑物的载体。本章以灌溉渠道为主讨论渠道系统的布置、纵横断面的设计及防渗措施等。

1.1 灌溉渠道系统的组成与布置

按地形条件和控制面积大小，农业水利工程中的渠道系统一般由干、支、斗、农四级固定渠道构成，干渠主要起输水作用，支、斗渠主要起配水作用。

对于灌溉渠系的布置，应尽可能将渠线选择在较高地带，以便控制较大的自流灌溉面积；而对局部高地可采用提水灌溉，以节省造价；输水渠道宜布置在挖方中，配水渠道宜布置成半挖半填的形式，以利于输水安全和配水方便；在有中小型水库、塘堰、泵站及井灌设施的地区，可考虑建立蓄、引、提或井、渠结合的水利系统；有时还应考虑综合利用问题，例如利用渠道落差建筑物的水头发电或水力加工，利用大型渠道开展航运等；为适应农业现代化发展要求，灌溉渠道还应与公路、机耕道路、林带及排水沟等统一规划、全面安排。

为了保证渠道运行安全，在渠道的下列地方应设置退水（或称泄水）建筑物：引水渠末端，渠首闸下游，有大量山坡洪水汇入渠段的下端，渠道穿越滑坡体及其他易出事故渠段的上端，大型填方渠段、渡槽、倒虹吸等重点建筑物的上游，必要时全部泄走渠水。退水建筑物可以是退水闸或沿渠堤设置的侧向溢流堰。

沿山麓或盘山修建的渠道，为防止暴雨时山洪冲垮渠道，可用排洪渡槽或排洪涵洞（管）将山洪排泄至沟溪的下游，一般沟溪底高于渠道设计水位时，宜用排洪渡槽，沟溪中的设计水位低于渠底时，宜用排洪涵洞；当山洪较小而渠道较大且附近有退水建筑物时，也可将山洪引入渠道，借助附近的退水建筑物排走；当沟溪洪水较大而渠道流量较小时，宜将渠水用渡槽或倒虹吸穿越沟溪，输送至沟溪对岸，而山洪由原沟溪宣泄，即遵循"小穿大"原则；当沟溪设计洪水位与渠道中的设计水位相近时，只能采用倒虹吸，但山洪一般含沙量大、污物多，易于淤塞；当渠底远高于沟底而沟谷又很宽时，用渡槽输送渠水并可兼作跨越沟溪的交通桥用，且水头损失较小，但比采用倒虹吸造价高。

当渠线遇到山峦高地时，可采用绕线渠道、隧洞穿越、明挖等几种方式，具体采用哪种方式须经技术经济比较确定。工程规模较小时，也可采用经验性的综合经济指标简略地比较确定，例如有些工程总结出的综合经济指标为：1m 长穿山石隧洞相当于 10m 长的盘山石渠；1m 长穿山土隧洞相当于 30m 长的盘山土渠等。

1.2 灌溉渠道的流量

1.2.1 灌溉渠道的设计流量

农业水利工程中灌溉渠道的设计流量 $Q_{设}$ 可由式（1-1）计算：

$$Q_{设}=Q_{毛}=Q_{净}+Q_{损} \tag{1-1}$$

其中
$$Q_{净}=q_{净}\omega$$
$$Q_{损}\approx \sigma L Q_{净}$$
$$\sigma=\frac{A}{Q_{净}^{m}}\ (\%)$$

式中
- ω——渠道控制的灌溉面积，万亩；
- $Q_{损}$——渠道损失的流量，m^3/s；
- σ——每公里渠道渗漏损失水量占渠道净流量的百分数；
- L——渠道长度，km；
- A、m——渠床土壤的透水系数及透水指数，应由实测资料分析确定，缺乏实测资料时可按表 1-1 采用；
- $q_{净}$——设计净灌水率或称设计净灌水模数 $[(m^3/s)\cdot 万亩]$，一般大面积水稻灌区 $q_{净}=0.45\sim 0.60$，大面积旱作灌区 $q_{净}=0.20\sim 0.35$，对灌溉面积较小的斗、农渠常需在短期内集中灌水，其 $q_{净}$ 应远比上述经验数字为大。

表 1-1 土壤透水参数 A、m 值表

渠床土壤	透水性	A	m
重黏土及黏土	弱	0.7	0.3
重黏壤土	中下	1.3	0.35
中黏壤土	中等	1.9	0.4
轻黏壤土	中上	2.65	0.45
砂壤土及轻砂壤土	强	3.4	0.5

通常 $Q_{损}$ 由三部分组成：①渠道的渗透损失，由上述公式计算；②渠道的水面蒸发损失，一般不超过渗透损失的 5%，常忽略不计；③渠道的漏水损失，主要指应予避免而未能避免的水量损失，一般也常忽略不计。

对于万亩以上的灌区，一般干渠的 $1m^3/s$ 设计流量约可灌溉稻田 0.75 万～1.0 万亩或旱作物 2.0 万～2.5 万亩。

1.2.2 各级渠道的毛流量

渠道设计时，往往是根据田间作物的净用水流量 $Q_{净}$，加上各级渠道的水量损失后得到渠首引入的毛流量 $Q_{毛}$；具有已成灌区的水量量测资料时，也可利用以下经验系数即水利用系数推求各级渠道流量直至渠首毛水量；渠道输水时各个环节的水利用系数如下计算：

1. 渠系水利用系数 $\eta_{系}$

渠系水利用系数 $\eta_{系}$ 是渠系灌入田间的净流量 $Q_{净}$ 与渠首引入的毛流量 $Q_{毛}$ 之比，在

数值上它等于各级渠道水利用系数的乘积,即:

$$\eta_{系}=\eta_{干}\cdot\eta_{支}\cdot\eta_{斗}\cdot\eta_{农} \tag{1-2}$$

式中 $\eta_{干}$、$\eta_{支}$、$\eta_{斗}$、$\eta_{农}$——同时工作的干、支、斗、农渠的水利用系数,可由总结已成灌区的水量量测资料得到;灌区规划时,$\eta_{系}$值也可参考表1-2选用。

表 1-2　　　　　　　　　自 流 灌 区 $\eta_{系}$ 值 表

灌溉面积(万亩)	<1	1~10	10~30	30~100	>100
$\eta_{系}$	0.85~0.75	0.75~0.70	0.70~0.65	0.6	0.55

2. 渠道水利用系数 $\eta_{渠道}$

渠道水利用系数 $\eta_{渠道}$ 等于渠道出口净流量 $Q_{净}$ 与进口毛流量 $Q_{毛}$ 之比,即:

$$\eta_{渠道}=\frac{Q_{净}}{Q_{毛}} \tag{1-3}$$

对渠系中任一渠道,在进口处从上一级渠道引入的流量就是它的毛流量,分配给下级各条渠道的流量总和就是它的净流量,$\eta_{渠道}$ 的数值可由总结灌区水量量测资料得到。

3. 田间水利用系数 $\eta_{田}$

田间水利用系数 $\eta_{田}$ 是指实际灌入田间的水量与末级固定渠道(农渠)放出的水量之比,即:

$$\eta_{田}=\frac{\omega_{净}\,m_{净}}{W_{农净}} \tag{1-4}$$

式中　$\omega_{净}$——农渠的灌溉面积,亩;

　　　$m_{净}$——田间的净灌水定额即单位面积上的灌水量,m³/亩;

　　　$W_{农净}$——农渠放出的净水量,m³。

$\eta_{田}$ 的数值,对于旱作物区约为 0.9,水田地区可达 0.95 以上。

4. 灌溉水利用系数 $\eta_{水}$

灌溉水利用系数 $\eta_{水}$ 是实际灌入田间并储存在作物根系吸水层中的有效水量(对稻田是指灌入格田的水量)与渠首引入总水量之比,即:

$$\eta_{水}=\frac{\omega m_{净}}{W_{毛}}=\eta_{系}\,\eta_{田} \tag{1-5}$$

式中　ω——次灌水的总灌溉面积,亩;

　　　$W_{毛}$——次灌水渠首引入的总水量,m³;

　　　其余符号意义同前。

须指出,上述诸水利用系数的数值与灌区大小、渠道长度、田间状况、渠床土质及防渗措施、灌溉技术及管理水平等因素有关。实际工程中,应选择条件相近的灌区实测数值进行计算。通过水利用系数求得各种毛流量后,即可进行各级渠道及其渠系建筑物的设计。

1.2.3　渠道工作方式

灌溉渠道的工作方式有续灌和轮灌两种。续灌是指在一次灌水延续时间内渠道连续输水,按此方式工作的渠道称为续灌渠道;若在同一级渠道中,在一次灌水延续时间内各条渠道分组轮流输水,则为轮灌,按轮灌方式工作的渠道称为轮灌渠道。实行轮灌时,输水流量集中，同时工作的渠道短，输水损失小，但渠道设计流量大，修建渠道土方量及渠系建筑物规模也大，一般较大的灌区，只在斗渠以下实行轮灌。

1.2.4 渠道的加大流量和最小流量

渠道设计时，一般按设计流量计算渠道过水断面尺寸，但考虑到渠道运行时常会在小于设计流量或大于设计流量的情况下工作，因此为使渠道适应各种工况，还需用加大流量 $Q_{加大}$ 和最小流量 $Q_{最小}$ 对渠道设计进行校核。

1. 加大流量 $Q_{加大}$

渠道的加大流量 $Q_{加大}$ 按式（1-6）计算：

$$Q_{加大} = jQ_{设} \tag{1-6}$$

式中 j——流量加大系数，对续灌渠道，可按表 1-3 选用。

对轮灌渠道，因其控制面积较小且输水量可在轮灌组间调节，不考虑加大流量影响，取 $j=1$。

表 1-3　　　　　　　　续灌渠道的流量加大系数 j 值

设计流量（m³/s）	<1	1～5	5～10	10～30	>30
加大系数 j	1.35～1.30	1.30～1.25	1.25～1.20	1.20～1.15	1.15～1.10

2. 最小流量 $Q_{最小}$

当渠道流量过小时，可能会因水位过低导致下级渠道引水困难，因此设计时需用渠道通过最小流量时的水位校核下级渠道能否引取相应的水量。不能满足下级渠道引水要求时，应在分水口下游设置节制闸，壅高水位以保证下级渠道引水。

一般 $Q_{最小}$ 值采用渠道设计流量的 40%，或使通过 $Q_{最小}$ 时的渠道水深为通过设计流量 $Q_{设}$ 时渠道水深的 70%。

1.3 渠道纵横断面设计

在确定了渠道的 $Q_{设}$、$Q_{加大}$、$Q_{最小}$ 后，即可进行渠道纵、横断面设计。合理的渠道纵横断面除满足输水、配水要求外，还应满足渠道纵、横向稳定条件。纵向稳定即在设计条件下工作时渠道不发生冲刷或淤积，即在一定时期内保持冲淤平衡；横向稳定即渠道不发生水平面上的左右摆动，也即保持渠道在横断面上的平面稳定。

1.3.1 渠道纵断面设计

渠道纵断面设计的任务，是根据灌溉水位要求确定渠道的空间位置，即确定渠道水面在不同桩号处的高程。

1. 灌溉渠道的水位确定

要满足自流灌溉要求，各级渠道入口均应有足够的水位，该水位应根据其所辖灌溉面积上控制点的高程，加上控制点以上渠道的沿程水头损失及各建筑物的局部水头损失，自下而上逐级推算而得，即：

$$H_入 = A_0 + \Delta h + \sum Li + \sum \xi \tag{1-7}$$

式中 $H_入$——渠道入口处水位,m;

A_0——渠道所辖灌溉面积上控制点(较难灌到水的地面点)高程(m),当沿渠地面坡度大于渠道比降时,控制点往往在渠道入口附近;反之控制点在渠尾附近;

Δh——所选控制点与末级固定渠道出口处地面的高差,一般取 0.1~0.2m;

L——计算渠道入口下游各级渠道的长度,m;

i——计算渠道入口下游各级渠道的比降;

ξ——水流通过渠系建筑物的水头损失,m,可按表 1-4 采用。

表 1-4　　　　　　　　渠系建筑物局部水头损失 ξ 最小值表

渠别	控制面积（万亩）	进水闸（m）	节制闸（m）	渡槽（m）	倒虹吸（m）	公路桥（m）
干渠	10~40	0.1~0.2	0.10	0.15	0.40	0.05
支渠	1~6	0.1~0.2	0.07	0.07	0.30	0.03
斗渠	0.3~0.4	0.05~0.15	0.05	0.05	0.20	0
农渠		0.05	—	—	—	—

2. 渠道纵断面图

渠道纵断面图包括：沿渠地面高程线、渠道内设计水位线及最低水位线、渠底及渠道堤顶高程线、分水口及渠系建筑物的位置等,如图 1-1 所示,绘制步骤如下：

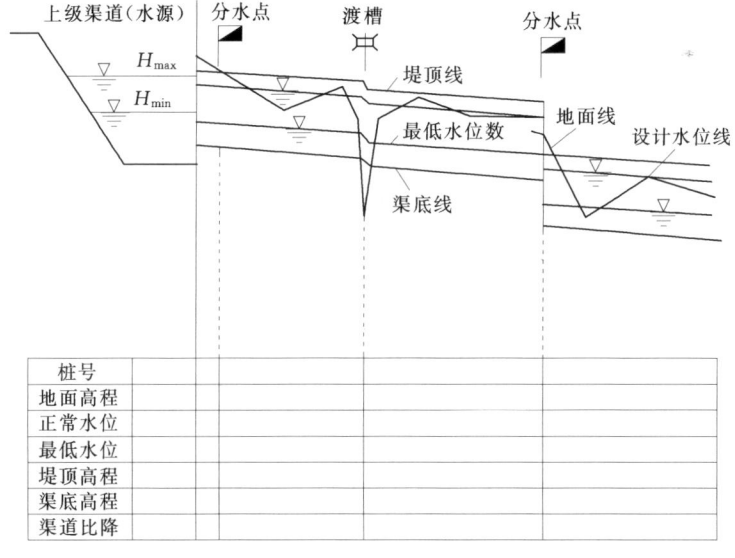

图 1-1　渠道纵断面图

(1) 绘制地面高程线。根据渠道中心线的水准测量成果(桩号和地面高程)按一定比例绘制;无测量成果时,也可由地形图量取不同桩号处的高程确定。

(2) 绘制渠道设计水位线。先根据水源或上一级渠道的设计水位、沿渠地面坡降、各分水点的水位要求和渠系建筑物的水头损失，初步拟定一个水面设计比降绘出渠道设计水位线，再经过与横断面设计的水深成果反复协调修正后最终确定。

（3）绘制渠底高程线。利用横断面设计成果，在渠道设计水面线以下，以渠道设计水深为间距作一平行线即为渠底高程线。

（4）绘制渠道最低水位线。在渠底线以上，以渠道通过最小流量时的最小水深为间距，作渠底线的平行线即为渠道最低水位线。

（5）绘制渠道堤顶线。在渠底线以上，以通过加大流量时的加大水深加安全超高为间距，作渠底线的平行线即为渠道堤顶线。

3. 渠道纵断面的水位衔接

渠道沿途分水后，渠中流量逐段减小，因此过水断面可随之减小。当渠道横断面变化时，断面变化处常设在渠系建筑物的下游端。当渠道沿线地面坡度较陡或有跌坎时，常在满足自流灌溉的条件下，在渠道上设置跌水、陡坡等落差建筑物。在诸如上述部位，应通过渠系建筑物的合理选型考虑局部水头损失后，使渠道水位合理衔接。

1.3.2 渠道横断面设计

渠道横断面设计的主要任务，是由水力计算确定渠道横断面尺寸。由于灌溉渠道大多在一定长度内具有相同的流量、底坡、断面尺寸及相近的渠床糙率，渠内水流符合明渠均匀流条件，渠道横断面尺寸按明渠均匀流公式计算，即：

$$Q = \omega C \sqrt{Ri} \tag{1-8}$$

式中 Q、ω——渠道的设计流量（m³/s）及过水断面积，m²；

R、i——水力半径（m）及渠道比降；

C——谢才系数，一般采用 $C = \frac{1}{n} R^{1/6}$；

n——渠床糙率系数，可按表1-5采用。

表1-5　　　　　　　　　渠床糙率系数 n 值表

流量范围 （m³/s）	渠床特征	糙率系数 n	
		灌溉渠道	退、泄水渠道
1. 土渠			
>25	平整顺直，养护良好	0.020	0.0225
	平整顺直，养护一般	0.0225	0.025
	渠床多石，杂草丛生，养护较差	0.025	0.0275
25~1	平整顺直，养护良好	0.0225	0.025
	平整顺直，养护一般	0.025	0.0275
	渠床多石，杂草丛生，养护较差	0.0275	0.030
<1	渠床弯曲，养护一般	0.025	0.0275
	支渠以下的固定渠道	0.0275	—
	渠床多石，杂草丛生，养护较差	0.030	—

续表

2. 岩石渠床

渠床表面的特征	糙率 n
经过良好修整	0.025
经过中等修整,无凸出部分	0.030
经过中等修整,有凸出部分	0.033
未经修整,有凸出部分	0.035～0.045

3. 护面渠床

护面类型	糙率系数 n
抹光的水泥抹面	0.012
修理得极好的混凝土直渠段	0.013
不抹光的水泥抹面	0.014
光滑的混凝土护面	0.015
机械浇筑表面光滑的沥青混凝土护面	0.014
修整良好的水泥土护面	0.015
平整的喷浆护面	0.015
料石砌护	0.015
砌砖护面	0.015
修整粗糙的水泥土护面	0.016
粗糙的混凝土护面	0.017
混凝土衬砌较差或弯曲渠段	0.017
沥青混凝土,表面粗糙	0.017
一般喷浆护面	0.017
不平整的喷浆护面	0.018
修整养护较差的混凝土护面	0.018
浆砌块石护面	0.025
干砌块石护面	0.033
干砌卵石护面,砌工良好	0.025～0.0325
干砌卵石护面,砌工一般	0.0275～0.0375
干砌卵石护面,砌工粗糙	0.0325～0.0425

1.3.2.1 渠底比降 i

渠底比降的选择关系到控制灌溉面积和工程造价。为减少工程量,应尽可能选用和地面坡度相近的渠底比降,一般随着流量的逐级减小渠底比降应逐级增大。当干渠及较大支渠的上下游流量相差较大时,下游段的渠底比降应增大些;其他各级渠道的比降,一般不变。清水渠道易产生冲刷,宜采用较缓的渠底比降;浑水渠道比降应适当加大些。平原灌区地势平缓，宜采用较小的比降，以便控制较大的灌溉面积。石渠及衬砌的土渠可采用较大的比降，以节省工程量。设计时，一般是参照地面坡度及下级渠道的水位要求初拟一个渠底比降，求得渠道断面尺寸后再按不冲、不淤条件进行校核，不满足要求时，修改比降重新计算，直至满足要求为止。土渠初拟渠底比降时也可参考表 1-6 采用。

表 1-6　　　　　　　　　　土渠渠底比降 i 值参考表

渠道设计流量（m³/s）	<1	1~10	>10
土渠比降	1/200~1/2000	1/1000~1/5000	1/2000~1/5000

1.3.2.2　渠床糙率系数 n

渠床糙率系数 n 的选取影响到渠道工程量和渠道的运用，若选用的 n 值比实际值偏大，则渠道的实际过水能力比设计要求的偏大，无形增加了渠道工程量，且会因流速大、水位低，引起渠道冲刷和影响下级渠道引水；若设计选用的 n 值比实际值偏小，则渠道实际输水能力小于设计要求，影响灌溉用水。因此，渠床糙率系数 n 选定时，要综合考虑渠床性质、施工质量和运用管理等因素。

1.3.2.3　渠道边坡系数 m

渠道边坡与水平线夹角的余切值称渠道的边坡系数 m，它关系到渠道的边坡稳定。大型渠道的 m 值应由土工试验及稳定分析确定，一般渠道的最小边坡系数可参考表 1-7 和表 1-8 采用。

表 1-7　　　　　　　　　　挖方渠道最小边坡系数 m 值表

渠床条件	水深 h（m）			渠床条件	水深 h（m）		
	<1	1~2	2~3		<1	1~2	2~3
稍胶结的卵石	1.00	1.00	1.00	轻壤土	1.00	1.25	1.50
夹砂的卵石和砾石	1.25	1.50	1.50	砂壤土	1.50	1.50	1.75
黏土、重壤土、中壤土	1.00	1.25	1.50	砂土	1.75	2.00	2.25

表 1-8　　　　　　　　　　填方渠道最小边坡系数 m 值表

渠床条件	流量 Q（m³/s）							
	>10		10~2		2~0.5		<0.5	
	内坡	外坡	内坡	外坡	内坡	外坡	内坡	外坡
黏土、重壤土、中壤土	1.25	1.00	1.00	1.00	1.00	1.00	1.00	1.00
轻壤土	1.50	1.25	1.25	1.00	1.00	1.00	1.00	1.00
砂壤土	1.75	1.50	1.50	1.25	1.50	1.25	1.25	1.25
砂土	2.25	2.00	2.00	1.75	1.75	1.50	1.50	1.50

1.3.2.4　渠道断面宽深比 b/h

渠道断面宽深比即渠道底宽与水深的比值 b/h，它影响到渠道性能和造价。选择 b/h 时常应考虑以下几方面因素。

1. 水力最优断面

当渠底比降和糙率一定时，通过某一规定流量所需的最小过水断面称水力最优断面，

此时渠道工程量最小。对于梯形渠道,水力最优断面的宽深比为:

$$\frac{b}{h}=2(\sqrt{1+m^2}-m) \tag{1-9}$$

式中 m——渠道边坡系数。

不同边坡系数下,渠道水力最优断面的宽深比见表 1-9。

表 1-9　　　　　不同边坡系数 m 下水力最优断面宽深比 $(b/h)_{最优}$ 值表

边坡系数 m	0	0.25	0.50	0.75	1.00	1.25	1.50	1.75	2.00	3.00
$(b/h)_{最优}$	2.0	1.56	1.24	1.00	0.83	0.70	0.61	0.53	0.47	0.32

满足水力最优断面的渠道一般为窄深形,适用于石方或衬砌渠道以及挖方较深、流量较小的渠道。对大型渠道,开挖深度大,地下水位高时将施工困难,且往往因流速过大产生冲刷,因此较为宽浅的断面更为多用。

2. 断面稳定

实际应用中,渠道断面宽深比过小时易产生冲刷,过大时又易于淤积,都会使渠道变形。因此防止渠道变形的稳定断面宽深比,应该使渠道不冲、不淤或保持周期性冲淤平衡,对于一般梯形渠道,满足不冲不淤相对稳定的适宜宽深比 b/h 值,可见表 1-10。

表 1-10　　　　　　梯形渠道稳定断面宽深比 b/h 值表

渠道流量（m³/s）	<1	1~3	3~5	5~10	10~30	30~60
b/h	1~2	1~3	2~4	3~5	5~7	6~10

对多泥沙的浑水渠道,稳定断面的宽深比 b/h 值与渠道流速、水流含沙情况等因素有关,应根据当地具体情况总结经验而定,初选时可参考陕西省提出的以下经验公式:

水深:
$$h=\beta Q^{\frac{1}{3}} \tag{1-10}$$

式中 $\beta=0.58\sim0.94$,一般可用 0.76。

宽深比:当流量 $Q<1.5\text{m}^3/\text{s}$ 时,即

$$\frac{b}{h}=NQ^{\frac{1}{10}}-m \tag{1-11}$$

式中 $N=2.35\sim3.25$,一般取 2.8。

当 $Q=1.5\sim5.0\text{m}^3/\text{s}$ 时,即

$$\frac{b}{h}=NQ^{\frac{1}{4}}-m \tag{1-12}$$

式中 $N=1.8\sim3.4$,一般取 2.6。

以上各式中 m——渠道边坡系数。

3. 利于通航

渠道内有通航要求时,还应考虑船舶吃水深度、错船裕度以及通航流速等要求来确定渠道的断面尺寸,一般要求水面宽度不小于 2.6 倍船舶宽度,船底以下水深不小于 15~30cm。

1.3.2.5 渠道的不冲不淤流速

为保持渠道的纵向稳定,所选断面尺寸还应使渠道的设计流速 $v_{设计}$ 满足不冲、不淤流

速要求，即：

$$v_{\text{不淤}} < v_{\text{设计}} < v_{\text{不冲}} \tag{1-13}$$

1. 不冲流速 $v_{\text{不冲}}$（m/s）

渠床土粒在水流作用下将要被移动但尚未移动时的水流临界流速即为渠道不冲流速 $v_{\text{不冲}}$，$v_{\text{不冲}}$ 的大小与渠床土壤性质、水流含沙情况及渠道断面的水力要素等有关，需由试验研究及总结实践经验确定，设计时可按下式计算：

$$v_{\text{不冲}} = KQ^{0.1} \tag{1-14}$$

式中　Q——渠道设计流量，m³/s；

K——与渠床土壤耐冲性能有关的系数，见表 1-11。

表 1-11　　　　　　　　　　K 值 表

非 黏 性 土	K	黏 性 土	K
中 砂 土	0.45～0.50	砂 壤 土	0.53
粗 砂 土	0.50～0.60	轻黏壤土	0.57
小 砾 石	0.60～0.75	中黏壤土	0.62
中 砾 石	0.75～0.90	重黏壤土	0.68
大 砾 石	0.90～1.00	黏 土	0.75
小 卵 石	1.00～1.30	重 黏 土	0.85
中 卵 石	1.30～1.45		
大 卵 石	1.45～1.60		

黏性和无黏性土土质渠床的不冲流速也可参考表 1-12、表 1-13 采用。

表 1-12　　　　　　　　黏性土渠床的不冲流速 $v_{\text{不冲}}$

土　质	不冲流速 $v_{\text{不冲}}$（m/s）	备　注
轻壤土	0.60～0.80	土壤干容重为 13～17kN/m³
中壤土	0.65～0.85	
重壤土	0.70～1.00	
黏　土	0.75～0.95	

注　表中所列 $v_{\text{不冲}}$ 值为水力半径 $R=1$m 情况，当 $R \neq 1$m 时，表中所列数值应乘以 R^α，指数 α 值按下列情况采用：
　　1. 各种大小的砂、砾石、卵石、疏松的砂壤土及黏土，取 $\alpha = 1/3 \sim 1/4$；
　　2. 中等密实和密实的砂壤土、壤土及黏土，$\alpha = 1/4 \sim 1/5$。

表 1-13　　　　　　　　无黏性土渠床的不冲流速 $v_{\text{不冲}}$

水深		0.4m	1.0m	2.0m	≥3.0m
土质	粒径（mm）	不冲流速（m/s）			
黏土淤泥	0.005～0.05	0.12～0.17	0.15～0.21	0.17～0.24	0.19～0.26
细砂	0.05～0.25	0.17～0.27	0.21～0.32	0.24～0.37	0.26～0.40
中砂	0.25～1.00	0.27～0.47	0.32～0.57	0.37～0.65	0.40～0.70

1.3 渠道纵横断面设计

续表

水深		0.4m	1.0m	2.0m	≥3.0m
土质	粒径（mm）	不 冲 流 速 （m/s）			
粗砂	1.00～2.5	0.47～0.53	0.57～0.65	0.65～0.75	0.70～0.80
细砾石	2.5～5.0	0.53～0.65	0.65～0.80	0.75～0.90	0.80～0.95
中砾石	5～10	0.65～0.80	0.80～1.00	0.90～1.1	0.95～1.2
大砾石	10～15	0.80～0.95	1.0～1.2	1.1～1.3	1.2～1.4
小卵石	15～25	0.95～1.2	1.2～1.4	1.3～1.6	1.4～1.8
中卵石	25～40	1.2～2.5	1.4～1.8	1.6～2.1	1.8～2.2
大卵石	40～75	1.5～2.0	1.8～2.4	2.1～2.8	2.2～3.0
小漂石	75～100	2.0～2.3	2.4～2.8	2.8～3.2	3.0～3.4
中漂石	100～150	2.3～2.8	2.8～3.4	3.2～3.9	3.4～4.2
大漂石	150～200	2.8～3.2	3.4～3.9	3.9～4.5	4.2～4.9
顽石	>200	>3.2	>3.9	4.5	>4.9

根据经验，一般土渠的不冲流速在 0.6～0.9m/s 之间。

对衬砌渠道，从渠床稳定考虑，渠内流速仍应有一定限制，否则过大流速的水流，冲击衬砌裂隙会使起翘起甚至剥落，例如美国垦务局建议，素混凝土衬砌渠道水流速不应大于 2.5m/s。对于土渠道，从抑制杂草生长考虑，流速不宜小于 0.3～0.4m/s。

2. 不淤流速 $v_{不淤}$ （m/s）

流速降低时，水流的挟沙能力减小，当水流中的泥沙在渠道内将要沉积尚未沉积时的水流速即渠道不淤流速 $v_{不淤}$，其数值主要取决于水流的含沙量和断面的水力要素，亦应由试验研究及总结经验确定，设计时可参考陕西省提出的以下经验公式。

$$v_{不淤} = C_1 \sqrt{R} \tag{1-15}$$

式中 R——渠道水力半径，m；

C_1——与渠道泥沙性质有关的系数，见表 1-14。

表 1-14 C_1 值 表

泥沙性质	粗砂质黏土	中砂质黏土	细砂质黏土	极细砂质黏土
C_1值	0.65～0.77	0.58～0.64	0.41～0.54	0.37～0.41

1.3.2.6 渠道水力计算步骤

渠道水力计算的任务是：依据上述因素，由计算确定出合理的过水断面水深 h 和渠底宽度 b。一般由试算确定，求解步骤为：

（1）初拟一渠道底宽 b 及宽深比 b/h，求得一个水深 h 及各水力要素，并由式（1-8）可求得渠道流量 Q。

（2）核算渠道流量。以上求出的 Q 应与渠道设计流量 $Q_设$ 相等或接近，一般要求误差不大于 5%，即 $(Q_设 \pm Q)/Q_设 \leq 5\%$。如不满足，需修改水深 h 值重新计算 Q，直至满足要求为止。

(3) 验算流速。对由步骤（2）核定的流量 $Q_{设}$，验算渠道流速 $v=Q_{设}/\omega$ 是否满足不冲不淤条件：$v_{不淤}<v_{设计}<v_{不冲}$。如不满足，另设 b 值重复上述计算，直至满足流量与流速要求为止。

设计时，对于清水渠道，一般只需满足渠道过水能力和不冲要求；对于从多沙河流上引水的浑水渠道，最大含沙量时的允许不淤流速，往往大于最小含沙量时的不冲流速。因此若按夏季高含沙时的不淤条件设计渠道，则冬季低含沙时将发生冲刷。这时应尽量使夏季的淤积量与冬季的冲刷量大致相等，使渠道保持一年内的周期性冲淤平衡。渠道水流的挟沙能力可参考黄河水利委员会提出的公式计算：

$$\rho=77\frac{v^3}{gh\omega}\left(\frac{h}{B}\right)^{1/2} \quad (1-16)$$

或

$$\rho=\frac{77}{g\omega}\times\frac{Q^{0.9}}{B^{1.4}n^{2.1}}i^{1.05} \quad (1-17)$$

式中　ρ——渠道水流的挟沙能力，kg/m^3；

Q、v——渠道流量（m^3/s）与水流流速，m/s；

h、B——渠道水深（m）与水面宽度，m；

ω——渠道中泥沙的加权平均沉降速度，m/s；

n——渠道糙率；

i、g——渠底比降与重力加速度，m/s^3。

式（1.17）适用于 $\rho=0.92\sim43.43kg/m^3$ 的情况。

1.3.3　渠道堤顶尺寸

1. 安全超高

为防止波浪漫溢堤顶，保证渠道安全运行，挖、填方渠道的堤顶均应设安全超高 Δh，中国《灌溉排水设计规范》（GB 50288—99）建议 Δh 为：

$$\Delta h=\frac{h_j}{4}+0.2(m) \quad (1-18)$$

式中　h_j——渠道通过加大流量时的水深，m。

填方衬砌渠道的超高可采用 $0.15\sim0.65m$，此外填方渠道竣工时，还应预留约 10% 的沉陷超高；为安全计，傍山渠道宜采用较大的堤顶超高，寒冷地区，渠道超高还应考虑冬季安全输水要求，即留出足够高度以容纳形成的冰盖，在冰盖下面通过设计流量。冰盖厚度 h_b 可按式（1-19）计算：

$$h_b=\alpha\sqrt{\sum t} \quad (1-19)$$

式中　$\sum t$——冰盖形成期间的日或月平均负气温的总和，℃；

α——系数，采用日平均负气温总和时，$\alpha=2$；采用月平均负气温总和时，$\alpha=11$。

对于衬砌渠道，也可采用较大的设计流速防止渠道结冰，一般当水流速达到 $2\sim3m/s$ 时，即可防止渠水结冰。

2. 堤顶宽度

为便于维护管理和安全运行，挖、填方渠道的堤顶均应有一定的宽度，只满足管理要

求的堤顶宽度 b 为：

$$b = h_j + 0.3 \text{(m)} \quad (1-20)$$

式中 h_j 的意义同前。

填方渠道的堤顶最小宽度一般为 $1\sim3\text{m}$，兼作道路时，应按交通要求确定。只满足维护管理时，渠道的堤顶宽度 b 和堤顶超高 Δh 也可按表 1-15 采用。

表 1-15　　　　　　　　　　渠道堤顶尺寸 b 和 Δh 值表

流量 (m³/s)	>50	50~30	30~10	10~1.0	<1.0
堤顶宽 b (m)	2.5	2.5	2.5~2.0	2.0~1.0	1.0~0.8
安全超高 Δh (m)	>1.0	1.0~0.8	0.8~0.6	0.6~0.4	0.4~0.2

1.4　渠道横断面的结构形式

按照过水断面和地面的相对位置不同，渠道可分为挖方渠道、填方渠道和半填半挖渠道三种形式。

1.4.1　挖方渠道

当渠道水位低于地面高程时，应采用挖方渠道，两者高差越大，挖方深度也越大。一般认为当挖方深度大于 5m 时，则应与隧洞输水方案进行技术经济比较。挖方渠道的典型结构型式如图 1-2 所示，挖方深度大于 5m 时，应沿高度每隔 3~5m 设置一级平台，平台宽约 1.5~2m，平台内侧设置排水沟以汇集坡面雨水。排水沟应设置纵向比降，沿排水沟纵向每隔约 50m 设置一沉沙井，以集中沟内雨水排入渠道内。挖方渠道的弃土，应运至距渠道开口线 1.5~2.0m 远，以免影响渠坡稳定。

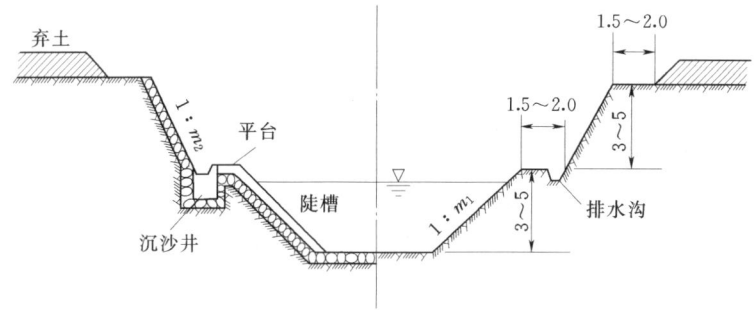

图 1-2　挖方渠道横断面（单位：m）

1.4.2　填方渠道

当渠道水位高于地面高程时，应采用填方渠道，如图 1-3 所示。填方渠道稳定性较差，易于溃决、漏水、滑坡等。当填方高度大于 3m 时，渠道内、外坡比应由稳定计算确定；为降低渠坡内浸润线，减少孔隙压力对渠坡稳定的不利影响，可在外坡脚设置反滤排水体；填方高度很大时，可在外坡设置戗台，增强渠坡稳定；当填方渠道以下为不透水地层，且渠道填方高度大，一般大于 5m 或 2 倍渠内设计水深时，应在渠堤内设置纵横向排水体，以排除渠堤内渗水，保证渠堤稳定。

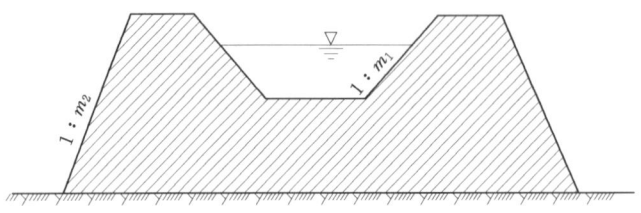

图1-3 填方渠道横断面

1.4.3 半挖半填渠道

当渠底高程与地面高程接近时，一般采用半填半挖渠道，如图1-4所示。这种渠道可将挖方的弃土用来填筑填方部分，比较经济，对于灌溉渠道，也便于向下级渠道分水，在地形和水位控制条件许可时应尽量采用这种型式。在横断面上，挖、填方面积的比例一般按使挖方量等于填方量的1.1～1.3倍来确定，以保证有足够的弃土用于填方部分。

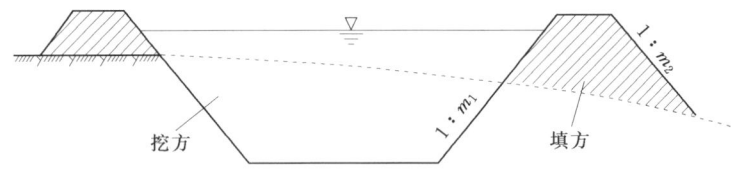

图1-4 半填半挖渠道横断面

1.5 渠 道 防 渗

在灌溉渠系中，渠道漏水量占渠系损失水量的绝大部分，一般约占渠首引入水量的30%～50%，有的高达60%～70%。渠系水量损失不仅降低渠系水利用系数，减少灌溉面积，浪费水资源，且会使地下水位上升，导致农田盐渍化。因此为减少渠道输水损失，渠道工程一般采取防渗措施，常用的有以下几种。

1.5.1 黏性土或混合土料防渗

若渠身为黏性土，可将土层就地夯实形成防渗层，夯实厚度不小于30～40cm。也可将人工混合土料如三合土（黏土、石灰、砂石土）或灰土（石灰、黏土类土）铺设于渠床表面并夯实，厚度约5～10cm，形成防渗护面。该方法施工方便且经济，但护面抗冲能力差，渠道平均流速不宜大于0.5～0.7m/s。

1.5.2 浆砌石、砌砖防渗

砌石防渗有浆砌块石、片石和卵石几种，多用于石料较丰富地区，厚度一般不小于8～10cm。缺乏石料地区可采用砌砖，但普通砖防渗、抗冻性能较低，易受冰冻剥蚀破坏，为此有的采用浆砌特制的陶砖或釉砖作防渗层，砌护厚度多用一砖平砌或一砖立砌。

1.5.3 混凝土衬砌防渗

混凝土衬砌防渗是最常用形式，有现浇和预制两种。现浇衬砌适用于挖方渠道，衬砌厚度6～15cm，渠道流量大、地下水位高、可能产生冻胀破坏时均宜取大值。有冻胀破坏的地区，衬砌下需设排水垫层，垫层厚应尽量使渠身黏性土饱和土层在当地冻土深度以下，以防冻融破坏。为防止温度变化、冻胀、基础不均匀沉陷等引起衬砌开裂，衬砌需设置纵、横向分缝，缝距约2.5～5.0m，衬砌厚度小时宜取较小值；纵缝一般设于渠坡与渠底交接处，当渠底宽度大于6～8m时可在渠底中部设置纵缝；渠坡上一般只设横缝，不设纵缝；缝宽约1～4cm，内设沥青填料。混凝土预制板衬砌适用于填方渠道，厚度一般为5～10cm，板块尺寸为50cm×50cm～100cm×100cm。

1.5.4 沥青材料防渗

沥青材料有沥青混凝土、沥青薄膜等。沥青混凝土常做成护面形式，厚度一般为4～6cm，大型渠道可达10～15cm，下设反滤层。施工时，先在反滤层上涂一层沥青乳剂，以使护面与垫层良好结合。因塑性好，沥青混凝土一般不设伸缩缝。沥青薄膜是在平整压实后的渠床表面上，用机械喷洒200℃的热沥青薄膜，厚约4～5mm，其上铺厚10～30cm（小型渠道）或30～50cm（大型渠道）的保护土层。这种形式具有良好的柔性和防渗效果，且施工也较方便。

1.5.5 塑料薄膜防渗

塑料薄膜防渗是近年来应用较多的一种形式，它是将一层或数层塑料薄膜铺设于渠床上，表面回填厚约20～30cm的压实土料作防冲护面形成的防渗层。寒冷冻胀地区，护层厚度常取当地冻土深度的1/3～1/2。塑料薄膜防渗造价低，耐腐蚀，施工方便，且防渗效果好，但防冲能力差，易老化。

1.6 渠道上的渠系建筑物

在灌溉渠系上或跨流域调水工程中，渠道在输水过程中，遇到某些特殊地形地物，如河流、沟谷、道路、山丘、其他交叉渠道、跌坎、陡坡时，需要修建相应的水工建筑物，这些在渠道上的建筑物，统称为渠系建筑物，按其功用，渠系建筑物可分为如下类型：

（1）调节与配水建筑物。如节制闸、分水闸等，用以调节水流和分配流量。

（2）交叉建筑物。如渡槽、倒虹吸、桥梁、隧洞、涵洞等，用于渠道跨跃河流、沟谷、道路、山丘或另一相交渠道时，连接上下游渠道或渠道两岸的交通。

（3）落差建筑物。当渠道经过跌坎或坡度较大的地段时需修建的连接建筑物，如跌水、陡坡等。

（4）量水建筑物。如量水堰、量水槽等，用以按计划调配水量给各级渠道、田间或用水部门。当渠系上的进水闸、分水闸、渡槽、涵洞、跌水、陡坡符合量水条件和达到量水要求时，也可用作量水建筑物。

（5）泄水建筑物。有渠道旁侧溢流堰、泄水闸、排洪渡槽等，用以防止渠道决堤或保护危险渠段及重要建筑物的安全，或用于放空渠道检修，或防止旁侧山洪冲毁渠段等。

（6）沉沙和冲沙建筑物。如修建在渠首或渠系内的冲沙闸和沉沙池等，用于排泄渠道淤积泥沙防止渠道阻塞。

（7）专门建筑物。如船闸、码头等，用于连接水上交通。

表 1-16 是近年来我国部分跨流域调水工程中，渠系建筑物的使用情况。

表 1-16　　　　　　　　近年来跨流域调水工程及其所用建筑物表

工程名称及修建起讫时间（年）	调水起点	调水终端	干线长度（km）	年引水量（V/亿 m³ 或引水流量（Q/m³/s）	交叉建筑物总数	渡槽数目	倒虹吸数目	桥梁数目	隧洞或涵洞数目
引大入秦 1976～1981 及 1985～1995	大通河	甘肃永登县	86.94	$V=4.43$ $Q_{设计}=32$ $Q_{加大}=36$	*	38	3	—	隧洞 77
引滦入津 1982～1983	大黑汀水库	天津	234	$V=10.0$ $Q_{设计}=60$ $Q_{加大}=75$	215	—	12	—	涵洞 5
引黄济青 1986～1989	山东博兴打渔张闸	青岛	290	$V=5.5$ $Q=45.0$	*	13	85	195	隧洞 20
引黄入晋 1993～2002	万家寨水库	太原 大同	452.4	$V=12.0$	77	40	4	—	隧洞 24
泰州引江 1996～1999	江苏高港	泰州	24	$Q=60.0$	*	*	*	9	*
东深供水 1963～2003（含三次扩建）	东莞	深圳 香港	83	$V=8.0$	*	4	—	—	隧洞 1
南水北调东线 1993～2020（规划）	江苏三江营、高港	天津北大港水库	1156	三期达到 $V=148.17$ $Q=800$	*	*	*	*	倒虹吸隧洞 1
南水北调中线 1994～2020（规划）	丹江口水库	京津	1421	$V=141.4$ $Q_{设计}=630$ $Q_{加大}=800$ $Q_{穿黄}=500$ $Q_{进冀}=415$ $Q_{进京}=70$ $Q_{入津}=70$	936	47	*	铁路桥 44 公路桥 571	倒虹吸隧洞 1
南水北调西线 规划 2050 年通水	长江源头通天河	青、甘、宁、山、陕、蒙	*	$V=170$	*	*	*	*	*

注　* 为数据不详，— 为无此项。

本书主要介绍渡槽、倒虹吸、水利工程中的桥梁、跌水、陡坡、涵洞、量水堰槽等渠系建筑物。其中鉴于有关渡槽内容的复杂性，分别在第 2、第 3、第 4 章详细讲授。

思 考 题

1. 渠道系统由哪些渠道组成，渠道布置应考虑哪些因素？
2. 渠道水量损失包括哪几部分，如何确定渠道的渗漏损失？
3. 何谓渠道的毛流量与净流量，二者有何关系？
4. 何谓渠系水利用系数、渠道水利用系数、田间水利用系数和灌溉水利用系数？

思 考 题

5. 何谓续灌与轮灌，二者有何不同？
6. 如何确定渠道的加大流量和最小流量，为什么要用加大流量与最小流量对渠道设计进行校核？
7. 渠道纵横断面设计应满足什么要求，何谓渠道的纵向稳定与横向稳定？
8. 渠道纵断面图包括哪些内容，分别如何确定？如何确定灌溉渠道的水位？
9. 渠道横断面设计时须首先确定哪些因素，横断面设计采用什么公式，为什么？
10. 选择渠道过水断面宽深比须考虑哪些因素，何谓水力最优断面，它适用于什么情况，大型渠道通常采用什么形式的断面，为什么？
11. 简述渠道水力计算的步骤。
12. 渠道堤顶尺寸确定与哪些因素有关，如何确定？
13. 渠道横断面有哪几种结构型式，各有何特点与适用情况？
14. 渠道防渗有哪些措施，各有何特点？
15. 渠系建筑物有哪些类型，各发挥什么作用？

第 2 章 渡槽及其水力计算与荷载计算

2.1 概 述

2.1.1 渡槽的作用与特点

渡槽是当渠道跨越河流、沟谷、道路或与另一相交渠道时，采用的一种架空输水建筑物。在实际工程中，当渠道遇到上述地形时，可选择的方案通常有渡槽、倒虹吸、绕线渠道和填方渠道，当绕线或填方渠道不经济时，往往首选渡槽。因此，渡槽也是输水渠道上应用最多的一种交叉建筑物。

除输水外，渡槽还有以下几方面用途。

(1) 施工导流。例如在坡度较大、流量较小的河道上修建水利工程时，可在基坑上部修建顺河槽方向的渡槽，从顶上导流，将上游来水泄至下游，使所建水利工程在干地上进行。

(2) 排洪与排沙。当挖方渠道与冲沟相交时，为避免洪水挟带泥沙进入渠道，可在渠道上方顺冲沟方向修建渡槽，以排泄冲沟内的来水与来沙。

(3) 一般大型渡槽常可用于通航。

与倒虹吸相比，渡槽水头损失小，便于运行管理和满足通航要求；与绕线渠道相比，渡槽水流顺直，输水安全不受傍山岸坡影响；与填方渠道相比，渡槽不改变其附近天然沟谷的泄洪能力，有利于渠道输水安全；但相对而言，渡槽一般造价较高。

2.1.2 渡槽的组成与类型

渡槽一般由槽身、支承结构、基础和进、出口建筑物五部分组成。

按槽身材料不同，渡槽可分为木渡槽、砖石渡槽、混凝土或钢筋混凝土渡槽、预应力混凝土或钢丝网水泥渡槽。

按施工方法不同，渡槽有现浇、预制装配和预应力式渡槽几种。

按槽身断面形式不同。渡槽又可分为矩形、U形、梯形、半椭圆形和抛物线形渡槽。

其中矩形和U形最为常用，梯形断面槽身常用于板拱渡槽中采用砌石修筑的情况；按支承结构形式不同，渡槽又分为梁式、拱式、桁架梁式、桁架拱式、斜拉式等几种，其中最为常用的是梁式和拱式渡槽，如图2-1所示。

2.1.3 渡槽总体布置

渡槽总体布置，一般应考虑以下几方面因素。

(1) 槽址应尽量选择在地形地质条件有利之处，使渡槽长度短，高度小，基础工程量小；槽轴线最好为直线，并与进、出口渠道顺直连接，避免在平面上急转弯，以保证水流平顺；渡槽进、出口尽量布置在挖方渠道上，以使槽身与渠道连接安全可靠。

2.1 概 述

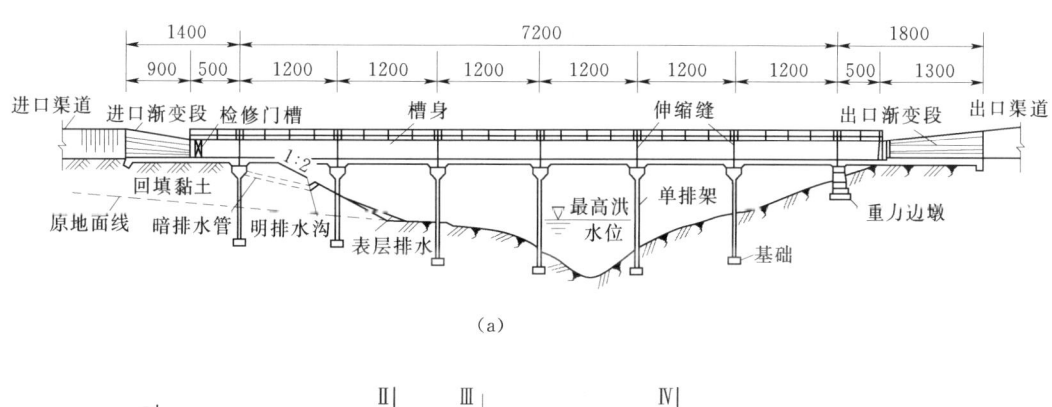

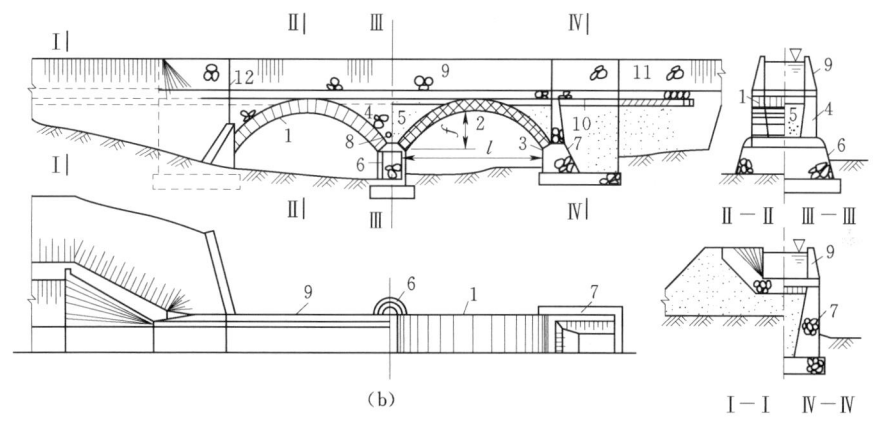

图 2-1 梁式渡槽及拱式渡槽
(a) 梁式渡槽；(b) 石拱渡槽
1—拱圈；2—拱顶；3—拱脚；4—边墙；5—拱上填料；6—槽墩；7—槽台；
8—排水管；9—槽身；10—垫层；11—渐变段；12—伸缩缝

(2) 跨越河流时，槽址应尽量布置于河床稳定、水流顺直的河段，避免布置在水流转弯处，槽轴线尽量与河道主流垂直。有通航要求的河道，槽下应有足够的通航净空。

(3) 当渡槽上、下游为填方渠道时，为了满足渡槽及渠道的检修要求，常在进口段或稍前适当位置布置节制闸与泄水闸，此时泄水闸应有顺畅的泄水出路。

(4) 支承型式选择。当渡槽跨越深谷或水深流急的河流，且两岸地质条件较好时，宜采用大跨径拱式支承；两岸地形平坦，槽高不大，地质条件较差时，宜采用小跨径梁式支承；若渡槽跨越的河谷断面一侧为深谷，另一侧为浅滩时，宜采用深谷部位为拱式、浅滩部位为梁式的联合支承型式。

(5) 基础布置。当河谷冲刷线或稳定边坡线埋深较大时，宜采用深基础（埋深不小于5m）如桩基、沉井等，否则可采用浅基础（埋深小于或等于5m）。浅基础布置时应考虑以下几种情况：

1) 在寒冷地区，基底应在当地冻土层以下不小于0.3m；严寒地区应按抗拔计算确定。

2) 在农田内，应在耕作层以下，即基础顶面在地面以下不小于0.5～0.8m。

3) 在河床内，基底应在最大冲刷线以下，对于大中型工程，基底面应在设计洪水冲刷线以下不小于 2m。

4）在河岸边坡上，基底应在稳定边坡线以下。

5）在软基上，基底埋深一般不小于 1.5m。

2.2 水 力 计 算

渡槽水力计算的任务是：确定合理的槽身断面形式、尺寸及槽底纵坡，验算渡槽进出口水头损失是否符合渠道规划要求，确定进、出口槽底高程等。

2.2.1 槽身断面高宽比

槽身断面高宽比 H/B 影响到槽身结构纵向受力、横向稳定及进、出口水流条件。对于梁式渡槽，槽身起纵梁作用，采用较大的高宽比可提高其纵向刚度，减小梁内应力和跨中挠度，对受力有利，但槽身高度大，侧面受风面积大，横向风载大，对槽身横向稳定不利；而当高宽比较小且槽底纵坡较大时，槽内水深小，为满足设计流量时水面衔接，进口处槽底抬高较大。此时，当渠道通过小流量时，渡槽进口前常会出现较高的壅水现象，而当通过大流量时，槽前上游渠道又可能产生较长的降水段，引起渠道冲刷。合理的高宽比一般应通过方案比较确定，初拟时一般可取经验值：$H/B=0.6\sim1.0$，其中矩形断面多采用 $0.6\sim0.8$，U 形断面多用 $0.7\sim0.8$。但当流量大或有通航要求需加大槽宽时，可不受上述经验值限制。对于跨径较大的小流量渡槽，高宽比可取 $1\sim2$，以减小槽身纵向应力。

2.2.2 槽身过水断面

槽身过水断面尺寸，一般是根据渡槽加大流量（$1.2\sim1.3$ 倍设计流量）按水力计算确定，当槽长 l 与槽内水深 h 之比 $l/h \geqslant 15$ 时按明渠均匀流计算，否则按淹没堰流情况计算，即：

明渠均匀流时 $$Q=AC\sqrt{Ri} \qquad (2-1)$$

式中 Q、A、R、C——槽身过流能力（m³/s）、过水断面（m²）、水力半径（m）及谢才系数；

i——槽底纵坡。

淹没堰流时 $$Q=m\varepsilon\sigma_s b\sqrt{2g}H_0^{3/2} \qquad (2-2)$$

式中 m、ε、σ_s、H——宽顶堰流量系数、侧收缩系数、淹没系数及堰顶总水头，m；

b——槽身宽度，m。

2.2.3 槽顶超高 Δh

渡槽内有通航要求时，槽身侧墙顶部对槽内最高水面的超高 Δh，应按通航要求确定，无通航要求时，可按下列经验公式确定：

矩形断面 $$\Delta h=\frac{h}{12}+5(\text{cm}) \qquad (2-3)$$

U 形断面 $$\Delta h=\frac{D}{12}(\text{cm}) \qquad (2-4)$$

式中 h——槽内水深，cm；

D——U形槽身直径，cm。

2.2.4 槽底纵坡 i

确定槽底纵坡 i 时，应考虑渡槽过流能力、水头损失、冲刷、通航及工程造价等因素，一般要求在满足渠系规划的水头损失前提下尽量陡些，以提高过流能力，节省造价。通常也要求比上下游渠道的底坡稍陡些，以免槽内泥沙淤积。但槽底纵坡大，槽内流速大，水头损失也大，且易对出口渠道产生冲刷及不利通航。初拟时一般取为 1/500～1/1500，槽内流速一般控制为 1～2m/s，最大不超过 4m/s，有通航要求时，不超过 1.5m/s。

2.2.5 进出口水头损失 ΔZ

水流经过渡槽时，由于能量转化和克服阻力而产生水头损失，其值由以下几部分组成，如图 2-2 所示。

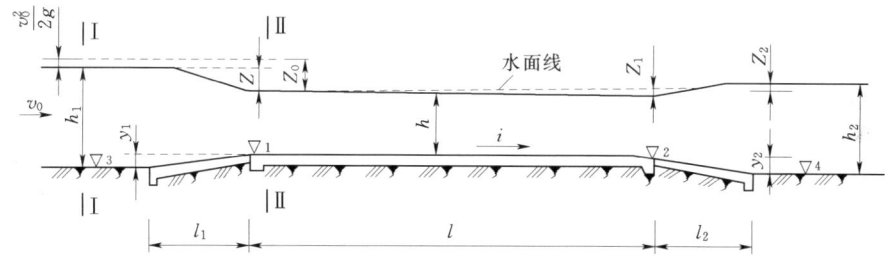

图 2-2 渡槽水力计算简图

（1）进口水头损失 Z。水流经过进口段时，由于过水断面减小，流速增大，而使一部分势能转化为动能，同时因水流收缩而产生水头损失，由此水流在进口段产生水面跌落 Z，其值可由以下公式之一计算：

槽内为明流时
$$Z=(1+\xi)\frac{V^2-V_0^2}{2g} \qquad (2-5)$$

槽内为堰流时
$$Z=\frac{Q^2}{(\varepsilon\varphi\omega\sqrt{2g})^2}-\frac{V_0^2}{2g} \qquad (2-6)$$

式中 Q、V_0、V——渡槽设计流量（m³/s）及相应的上游渠道断面平均流速和槽内断面平均流速，m/s；

ξ——进口局部水头损失系数，ξ 值与进口渐变段形式有关，采用扭曲面时取 0.1；采用八字翼墙与大圆弧翼墙时取 0.2，采用一字翼墙时取 0.4；

ε、φ——进口水流侧收缩系数和流速系数，分别可取 0.9～0.95；

ω——槽身过水断面积，m²。

（2）槽内水面坡降 Z_1。在槽内，水流因槽底比降而产生沿程水头损失，其值为 $Z_1=il$，其中 i 为槽底纵坡，l 为槽身长度。

（3）出口水面回升 Z_2。水流出口处，因断面增大流速降低，水面产生回升，同时水流因扩散产生局部水头损失，使出口水面回升值小于进口水面跌落值。综合二者，一般取 Z_2 为进口水面跌落值的 1/3 即：$Z_2≈Z/3$。

综上，水流经过渡槽时总水头损失 ΔZ 为

$$\Delta Z = Z + Z_1 - Z_2 \tag{2-7}$$

2.2.6 进出口水头损失验算

按运用要求，渡槽进出口总水头损失 ΔZ 应等于或接近于由渠系规划给定的水头损失值 $[\Delta Z]$，即 $\Delta Z \approx [\Delta Z]$，不满足要求时，应另设槽底纵坡及槽身断面尺寸，并重新计算 ΔZ 值，直至满足要求为止。

2.2.7 渡槽进、出口底部高程

为了适应进出口流态变化，渡槽进口底部应抬高，出口底部应降低，其抬高值 y_1 与降低值 y_2 可按式 (2-8) 计算（如图 2-2 所示）：

$$\left. \begin{array}{l} y_1 = h_1 - Z - h \\ y_2 = h_2 - Z_2 - h \end{array} \right\} \tag{2-8}$$

因此，渡槽进、出口底部高程 ∇_1、∇_2 及出口渠底高程 ∇_4 为：

$$\left. \begin{array}{l} \nabla_1 = \nabla_3 + y_1 \\ \nabla_2 = \nabla_1 - Z_1 \\ \nabla_4 = \nabla_2 - y_2 \end{array} \right\} \tag{2-9}$$

计算时，一般先拟定槽身断面高宽比 H/B 及槽底纵坡 i，根据加大流量计算求得 B 及 H，再由设计流量验算水头损失 ΔZ 是否满足规划值 $[\Delta Z]$，重复上述计算多个方案，取其最优者作为槽身设计尺寸及参数。

2.3 荷 载 计 算

作用在渡槽上的荷载分为基本荷载和特殊荷载。基本荷载包括：①结构自重；②槽内水重及水压力；③支承结构如槽墩、槽台、槽架上的土重、静土压力和动土压力、动水压力（由实地调查而定）；④槽顶交通道板上的人群荷载等；⑤风压力。特殊荷载包括：①地震力（中小型渡槽一般不计）；②漂浮物对墩台的撞击力（其量值为 VG/gT，V 为流速；G 为漂浮物重量；g 为重力加速度；T 为撞击时间；可取 $T \approx 1s$）；③温度荷载及混凝土收缩引起的力；④施工、运输等引起的静、动荷载等。本章主要讨论以下几种荷载计算，其余荷载计算见有关规范或《水工建筑物》教材。

2.3.1 风压力

作用于渡槽槽身、槽架、槽墩表面的风压力 $W(N/m)$ 可按式 (2-10) 计算：

$$W = K K_z W_0 \tag{2-10}$$

其中：

$$W_0 = \frac{\gamma}{2g} V^2 \tag{2-11}$$

式中 V——在空旷平坦地区，距地面 10m 高度处，30 年一遇的 10min 平均最大风速，m/s；

γ、$\dfrac{\gamma}{2g}$——空气重度（N/m³）和风压系数，在气温 15℃时，$\gamma = 12$N/m³，简化后 $\dfrac{\gamma}{2g}\dfrac{1}{1.63}$，对我国内陆一般地区，可取 1/1.6；东南沿海地区取 1/1.75；海拔

5000m 以下地区取 1/1.6；海拔 3500m 以上的高原或高山地区取 1/2.6；

W_0——基本风压（N/m²），当有风速可靠资料时，W_0 可按式（2-11）计算，此外，对于与大风方向一致的谷口或山口地区还应乘以 1.2～1.4 的调整系数。当无风速资料时，W_0 可按《全国基本风压分布图》内插查出，并应进行实地调查核实，但取值不得小于 250N/m²；

K——风载体型系数，与建筑物体型、尺寸有关。对矩形槽身，满水时 $K=1.3$；空槽时 $K=1.3(1+\eta)$。对 U 形槽身，满水时 $K=1.1\sim1.2$；空槽时 $K=(1.1\sim1.2)(1+\eta)$，其中，当槽身高宽比 $H/B=0.5$ 时 $\eta=0.3$，$H/B\geqslant1.0$ 时 $\eta=0.15$。对于排架及肋拱结构，$K=1.3$。当两根肢柱间距较大时，因彼此无挡风作用，均应计入风压力；

K_Z——风压高度变化系数，可按表 2-1 选用。

表 2-1　　　　　　　　　　K_Z 值表

离地面高度（m）	≤2	5	10	15	20	30	40	50	60	70	80	90
K_Z	0.52	0.78	1.00	1.15	1.25	1.41	1.54	1.63	1.71	1.78	1.84	1.90

2.3.2 温度荷载

对于拱式渡槽的主拱圈，当为超静定拱时，需计入温度荷载，其数值可根据当地最高和最低月平均气温 T_1、T_2 与封拱温度 T_0 之差来确定，即：

温升荷载：　　　　　　　$\Delta T_升 = T_1 - T_0$　　　　　　　（2-12）

温降荷载：　　　　　　　$\Delta T_降 = T_2 - T_0$　　　　　　　（2-13）

一般取封拱温度为 5～15℃。

2.3.3 混凝土收缩荷载

对于拱式渡槽中的超静定主拱圈，由于混凝土冷却收缩在拱圈内引起附加应力，故需考虑其影响。混凝土收缩荷载一般是按温降考虑，对装配式混凝土拱按温降 5～10℃计；分段浇筑的混凝土拱或钢筋混凝土拱按 10～15℃计；整体现浇的钢筋混凝土拱按 15～20℃计；整体现浇的混凝土拱，一般地区按 20℃计，干燥地区按 30℃计。

当计算由温度变化和混凝土收缩引起的超静定拱圈应力时，还应根据实测资料，计入混凝土徐变影响。当无实测资料时，可对应力计算值乘以徐变影响系数近似考虑，即温度应力乘以 0.7，混凝土收缩应力乘以 0.45。

2.3.4 人群荷载

槽顶设人行道板时，人群荷载一般按 2.5～3.0kN/m² 计算。

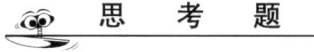

思　考　题

1. 除输水外，渡槽还有哪些作用？
2. 分别按支承结构和断面形式不同，渡槽有哪些类型？
3. 渡槽总体布置须考虑哪些因素？
4. 渡槽水力计算的任务是什么？

5. 对梁式渡槽，槽身断面高宽比与其纵向受力、横向稳定及水流条件有何关系？
6. 渡槽进出口水头损失由哪几部分组成，如何计算？
7. 渡槽设计需考虑哪些荷载，风压荷载如何计算，需考虑哪些因素？
8. 什么情况下需要计算温度荷载及混凝土收缩荷载？

第3章 梁 式 渡 槽

梁式渡槽由槽身、槽墩或槽架、基础、进口连接建筑物、出口连接建筑物五部分组成。

3.1 槽 身

3.1.1 槽身纵向支承

槽身纵向支承形式有简支式、双悬臂式、单悬臂式及连续梁式几种。

1. 简支式

将一节槽身两端置于槽墩或槽架上，如图3-1（a）所示。其优点是分缝止水在支承墩（架）处，构造简单且工作可靠，但跨中弯矩大，且为底板受拉［图3-2（a）］，对防渗抗裂不利，跨度不能太大，对矩形断面槽身，跨度一般为8～15m，做成窄深的肋板式箱形槽身时，跨度可达25m。对于U形断面槽身，跨度一般为15～20m。简支式渡槽的经济跨度约为槽墩（架）高度的0.8～1.2倍。

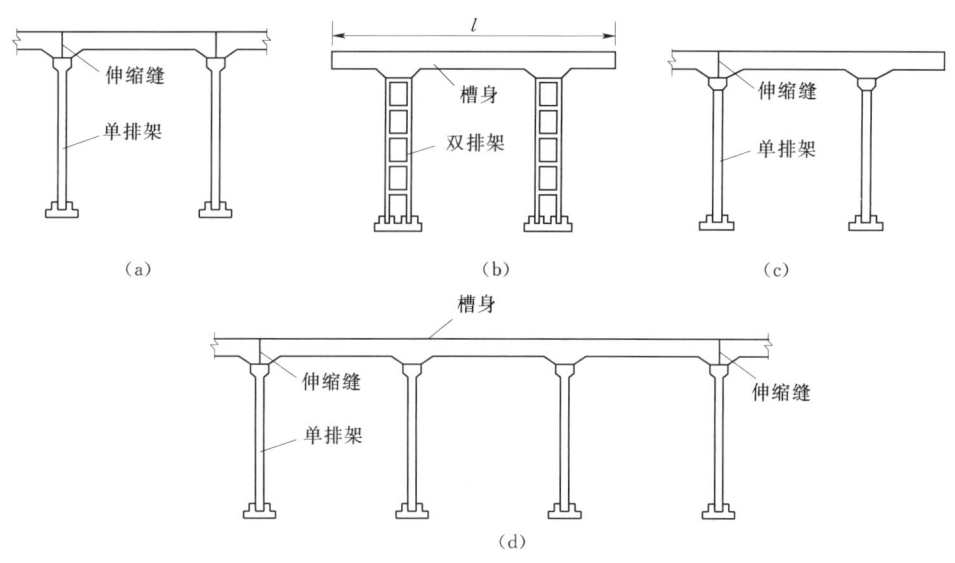

图3-1 梁式渡槽的支承形式
（a）简支式；（b）双悬臂式；（c）单悬臂式；（d）连续梁式

2. 双悬臂式

如图3-1（b）所示，按两端悬臂长度不同，又可分为等跨双悬臂式（悬臂长约为支座净距的 1/2)、等弯矩双悬臂式(悬臂长约为支座净距的 0.354 倍)和不等跨不等弯矩双悬臂式(悬臂长约为支座净距的 0.4~0.45 倍)3 种。等跨双悬臂式槽身跨中弯矩为零,支座处反弯矩最大,如图 3-2(b)所示,全节槽身底部受压,顶部受拉,对防渗抗裂有利,且往往只需顶部配受拉钢筋,施工简单,应用较多。等弯矩双悬臂式槽身在支座处的最大负弯矩与跨中最大弯矩相等,如图 3-2(c)所示,受力合理,但一般顶底均需配筋,施工复杂,且配筋量常大于等跨双悬臂式,应用不多。不等跨不等弯矩双悬臂式槽身的跨中弯矩较小,对强度和抗裂易满足要求,支座处负弯矩较大,但小于等跨双悬臂式,如图 3-2(d)所示,对槽底及支座处槽身抗裂均有利,但计算较复杂,施工不便,应用不多。

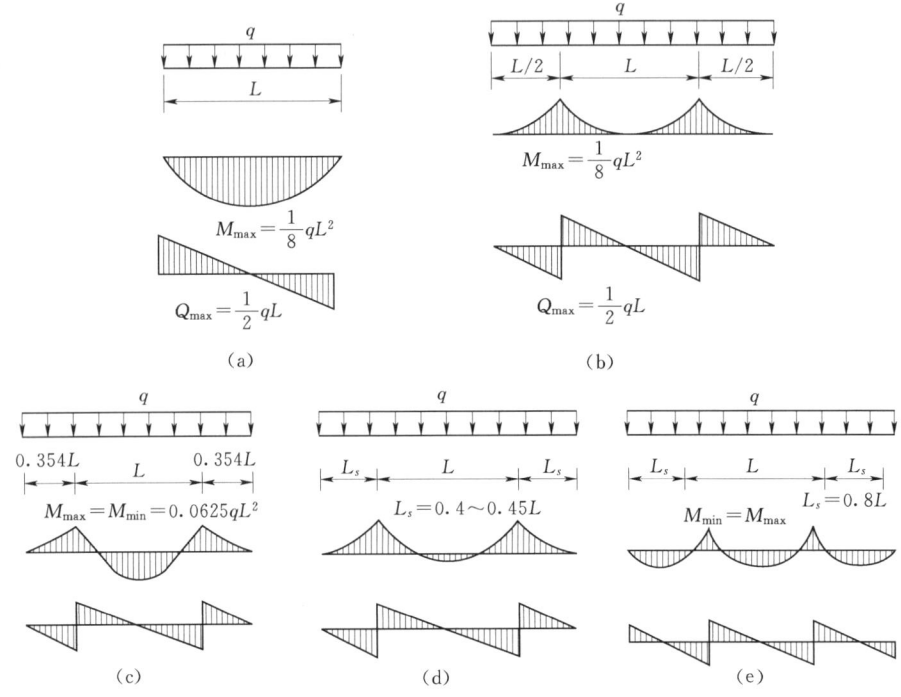

图 3-2 槽身各式支承的内力图
(a) 简支式;(b) 等跨双悬臂式;(c) 等弯矩双悬臂式;(d) 不等跨不等弯矩双悬臂式;(e) 连续梁式

与简支式相比,双悬臂式支承的槽身,跨中弯矩较小,单节槽身长度可较大,一般为 25~40m,但槽身接缝与止水在跨中,易产生错动和止水拉裂,且槽身长,重量大,预制吊装不便。

3. 单悬臂式

如图 3-1(c)所示,一般用于双悬臂式(河谷中央槽段)向简支式(边跨槽段)过渡的槽段或两岸槽段上。

4. 连续梁式

如图 3-1(d)所示,一节槽身支承于数个(多于 2)槽墩上形成多跨连续梁,属于超静定结构。槽身一般为钢筋混凝土箱形结构。与单跨简支式相比,在同样跨度与荷载条件下,跨中弯矩小,如图 3-2(e)所示,结构受力合理,单节槽身长度大,但支座位移、温度变化及混凝土收缩都会在槽身内产生附加应力,计算复杂,且整体施工吊装不便,应用较少。

3.1.2 槽身断面形式与构造

槽身断面形式常用的有矩形和U形。

1. 矩形断面

矩形断面常用以下几种形式:

（1）无横拉杆的悬臂侧墙式,如图3-3所示。侧墙在纵向作为梁,在横向作为固结于底板上的悬臂板计算。侧墙顶部厚度常不小于8cm,底部厚度按纵、横向结构计算确定,一般不小于15cm。底板厚按结构计算确定。侧墙顶部外伸短悬臂,可作为人行道板（宽0.7~1.0m,厚6~10cm）连接两岸。如图3-3（a）所示断面适用于

图3-3 悬臂侧墙式矩形槽
(a) 无横拉杆悬臂侧墙式；(b) 多纵梁式

有通航要求的中、小型渡槽。当通过流量较大或为满足通航要求,槽宽较大时,可在底板下设数根纵梁,则成为多纵梁式［如图3-3（b）所示］,以增加底板刚度或减小底板厚度。

中小流量渡槽有通航要求时,也可采用肋板式槽身,即在槽身两侧及底板上加设横肋,如图3-4所示。肋的间距应能使侧墙与底板成为双向受力板（长短边之比不大于1.5）,常取为墙高的0.7~1.0倍。侧墙顶部和底部局部加厚,使其厚度大于2倍板厚,刚度不小于5倍板的刚度,形成纵向的顶梁和底梁。肋宽一般为2~2.5倍侧墙厚度。

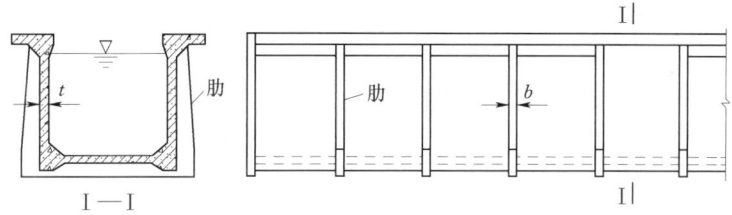

图3-4 肋板式矩形槽

（2）横拉杆式。对于无通航要求的中小型渡槽,为了改善侧墙受力,常在侧墙顶设横拉杆,如图3-5（a）所示。一般拉杆间距为1.5~2.5m,拉杆断面为0.2m×0.2m。拉杆顶上可铺板作人行道,侧墙常做成等厚,厚度一般为墙高的1/12~1/16,多用10~20cm。当通过流量较大时,也可采用有拉杆的肋板式结构,如图3-5（b）、（c）所示。

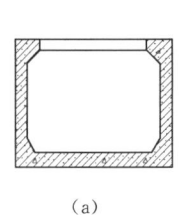 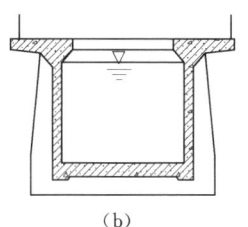 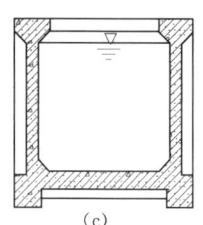

图3-5 有拉杆矩形槽身
(a) 横拉杆式；(b)、(c) 拉杆肋板式

(3) 箱式。为了提高槽身的纵向承载力和整体刚度，槽身可采用封闭箱形结构，如图 3-6 所示。箱体顶部可用作交通。箱式槽身适用于地基良好的连续梁式支承，也可用于简支式渡槽。

矩形断面槽身，侧墙与底板连接有两种型式，如图 3-7 所示。其中图 3-7（a）适用于槽身纵向为双悬臂支承时，侧墙顶部受拉，底板在受压区，结构简单。图 3-7（b）适用于槽身为简支时，侧墙底面低于底板底面，两者共同承担底部拉应力。为改善应力分布，侧墙与底板连接处常设贴角，贴角 $\alpha = 30° \sim 60°$，边长一般为 $20 \sim 30\text{cm}$。

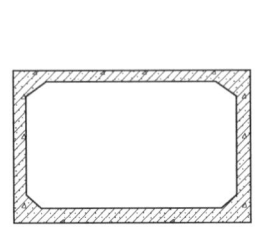
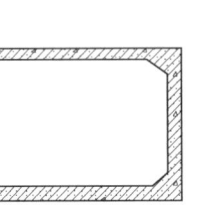
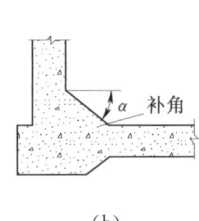

图 3-6 箱形槽身　　图 3-7 侧墙与底板连接形式
（a）侧墙底面与底板底面齐平；(b) 侧墙底面低于底板底面

矩形断面槽身多用于大、中、小流量的钢筋混凝土或预应力钢筋混凝土渡槽。

2. U 形断面

U 形断面槽身一般用于中、小流量的钢筋混凝土渡槽、预应力钢筋混凝土渡槽（跨度较大时）或钢丝网水泥槽身（小型工程）的渡槽。其水力条件好，纵向刚度大，横向内力较小，但结构复杂，计算施工麻烦。

U 形槽身断面由下部的半圆形和上部的直线段组成，常用的也有设与不设横拉杆式和肋板式几种。初拟断面尺寸时可参考以下数据（如图 3-8 所示）：

$$\left. \begin{array}{l} 槽壁厚度\ t = \left(\dfrac{1}{10} \sim \dfrac{1}{15}\right) R_0,\ 常用\ 8 \sim 15\text{cm} \\ 直线段高\ f = (0.1 \sim 0.3) D \\ 顶梁尺寸\ a = (1.5 \sim 2.5) t \\ c = b = (1 \sim 2) t \end{array} \right\} \tag{3-1}$$

为满足槽身横向刚度，一般要求 $\dfrac{H}{t} \leqslant 20$，及 $\dfrac{H}{D} < 1$。其中，$D = 2R_0$。

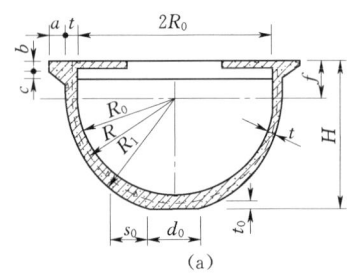
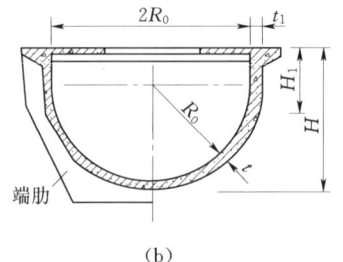
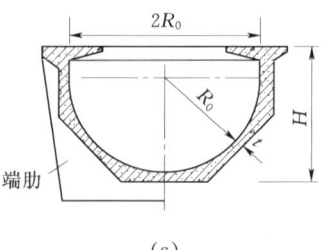

图 3-8 U 形槽身

3.1 槽　身

为增加槽身纵向刚度及利于槽底抗裂，可将槽底弧段加厚，如图 3-8（a）所示，其中：

$$\left.\begin{array}{l} t_0 = (1\sim1.5)t \\ d_0 = (0.5\sim0.6)R_0 \\ s_0 = (0.35\sim0.4)R_0 \end{array}\right\} \quad (3-2)$$

为施工方便，可将槽壁外侧上部做成直线段或将槽壁外轮廓全部做成折线形的，如图 3-8（b）、（c）所示。槽壁外侧上部直线段尺寸为：

$$\left.\begin{array}{l} H_1 = (0.4\sim0.5)H \\ t_1 = (1\sim2)t \end{array}\right\} \quad (3-3)$$

U 形槽身顶部设横拉杆时，间距一般为 1~2m。为改善槽身纵向受力并便于安装，槽身的支承部位应设端肋，端肋外轮廓可为直线或折线形，如图 3-8（b）、（c）所示。

钢丝网水泥 U 形槽壁厚一般为 2~3cm，施工时先在纵横向用 1~2 层 $\phi3\sim\phi6$mm 的细钢筋做成槽身形状，再铺 2~4 层钢丝网并抹以水泥砂浆养护而成。其弹性好，抗拉强度高，但刚度小，抗冻耐久性较差，一般用于小型渡槽。

3.1.3 槽身接缝与止水

为适应温度变化和地基沉降，槽身与进、出口建筑物之间及各节槽身之间应设变形缝，缝宽为 3~5cm，缝内设柔性止水。常用的有沥青止水、橡皮压板止水、粘合式止水等［如图 3-9（a）、（b）、（c）所示］，近年来工程中多采用如图 3-9（d）所示的定型橡皮止水，施工方便，伸缩变形性能好。

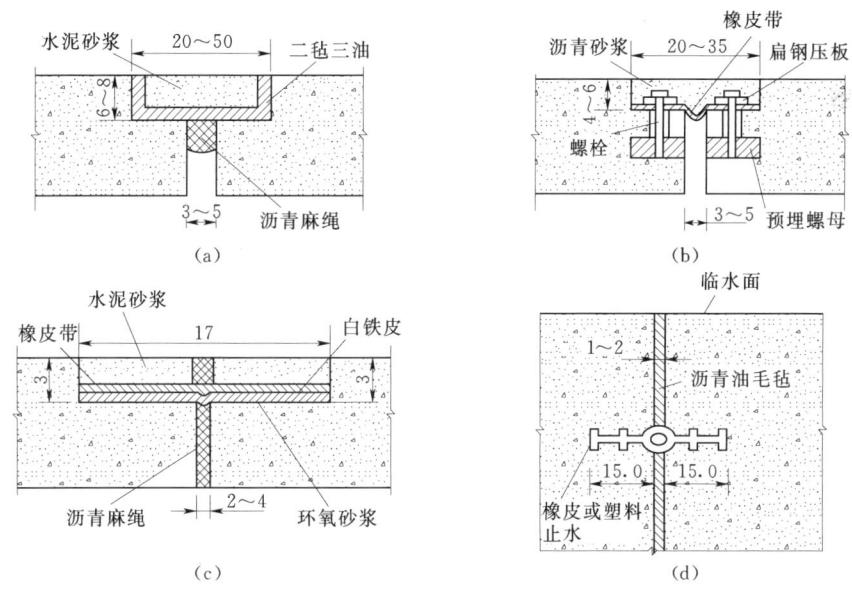

图 3-9　伸缩缝构造（单位：cm）
(a) 沥青止水；(b) 橡皮压板止水；(c) 粘合式止水；(d) 定型橡皮止水

3.1.4 槽身支座

槽身与槽墩（或槽架）接触处的支座一般设置为"固定"与"活动"相间排列形式，

对静定支承的槽身，一端为固定支座，另一端为滑动支座，对边跨槽身，固定支座一般设置在边墩上。

支座的构造型式如图 3-10 所示，活动支座一般是采用厚为 25~30mm 的钢板分别固定地设置于槽身和槽墩上接触面位置，成为上、下座板，二板间刨光并涂以石墨粉，以减小摩阻力和防锈，这种型式称平面钢板支座，如图 3-10（a）所示，适用于跨度小于 20m 的槽身。当跨度大且要求较高时，上、下座板可分别采用 40~50mm 厚的钢板，并将下座板顶面刨为弧面，成为切线式支座，如图 3-10（b）所示。对于固定支座，当槽身跨度较小时，槽身与槽墩间可只设一块钢座板，其顶、底面各焊接锚栓分别伸入槽墩和槽身内，如图 3-10（a）所示；当槽身跨度大时，可设分别与槽身和槽墩连为一体的上、下座板，座板间由齿板连接，如图 3-10（b）所示；大型渡槽也可采用摆柱式活动支座，如图 3-10（c）所示。

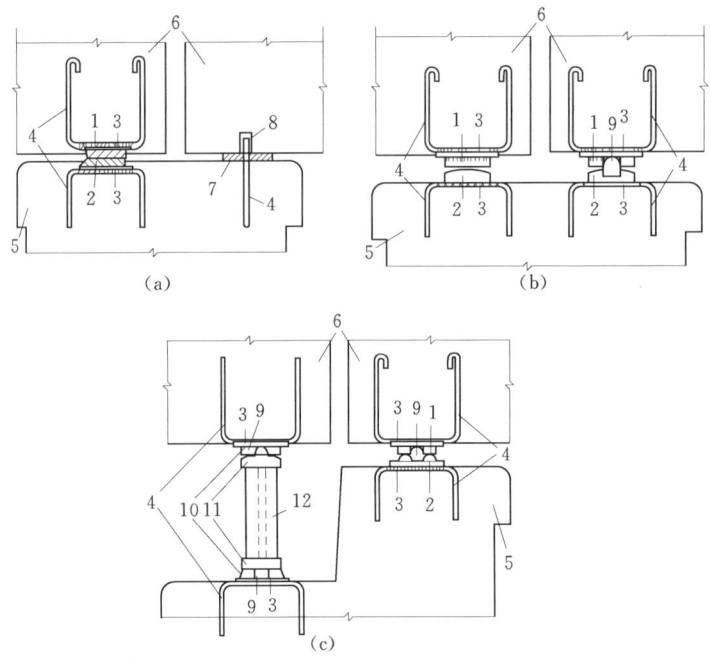

图 3-10 渡槽支座型式
（a）平面钢板支座；（b）切线钢板支座；（c）摆柱支座
1—上座板；2—下座板；3—垫板；4—锚栓；5—墩台帽；6—渡槽；7—钢板；
8—钢套管；9—齿板；10—平面钢板；11—弧形钢板；12—摆柱

3.1.5 槽身整体稳定验算

当槽内无水但受风压力作用时，槽身有可能沿槽底支承面滑动或绕背风支承点产生倾覆，因此需验算该情况下槽身整体抗滑稳定和抗倾稳定性，计算单元取一节槽身。

3.1.6 槽身结构计算

槽身结构计算包括：纵、横向内力计算，配筋计算及抗裂或裂缝开展宽度验算。这里主要讨论内力计算方法。

3.1 槽 身

矩形和 U 形槽身的内力计算，工程中常近似将其简化为纵向和横向两个平面问题进行。

1. 矩形断面槽身

(1) 纵向结构计算时，常将矩形断面假想从对称中线处切开，并沿侧墙外缘合并，从而简化为⊥形、工字形或十形断面梁，按其承受均布荷载（槽身自重+满槽水重+人群重等）作用，根据不同支承形式计算梁内力。

(2) 横向结构计算，按槽身构造形式不同，有如下一些方法：

1) 无横拉杆的矩形槽，如图 3-11 所示。一般沿槽长方向取 1m 槽段作为计算单元。计算单元两侧切面上的不平衡剪力 ΔQ（$\Delta Q = Q_1 - Q_2$）维持其平衡，简化为支承。简化时一般忽略底板上的剪力，近似认为 ΔQ 全部由侧墙承担。按照横力弯曲理论，由 ΔQ 产生的剪应力 τ 沿侧墙厚度均匀分布，沿墙高抛物线分布，如图 3-11（b）所示。由于侧墙直立且为等厚或接近等厚，侧墙上分布的剪应力 τ 可合成为一个通过侧墙厚度中线的合力，将该合力滑移至墙底视作链杆支承反力考虑。同时，侧墙与底板视为刚性连接，并取出计算单元的厚度中线，即可得到如图 3-12（a）所示的计算简图。

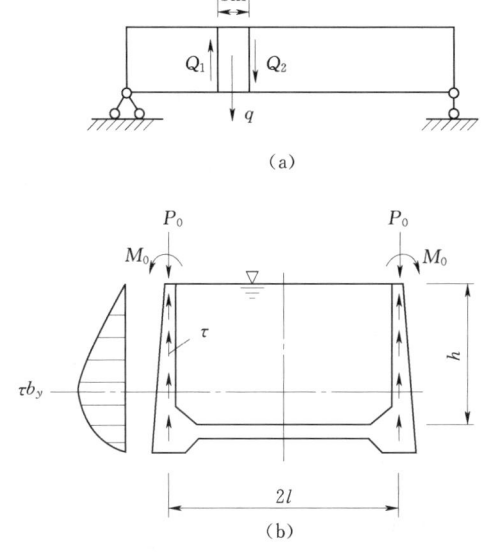

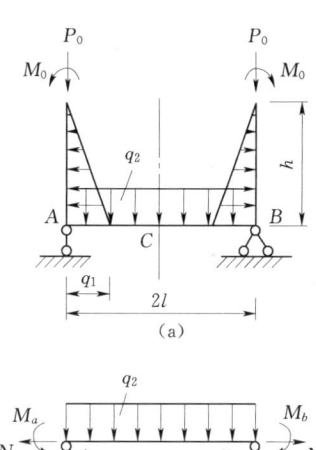

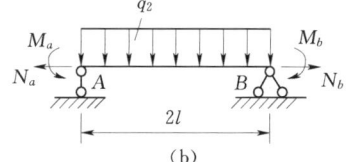

图 3-11 脱离体上的荷载简化为支承　　图 3-12 无拉杆矩形槽计算简图

计算侧墙内力时，将侧墙视为固结在底板上的悬臂梁，忽略其轴向力影响，近似按受弯构件考虑。根据经验，侧墙底部的最大弯矩 M_a、M_b [$M_a = M_b$，如图 3-12（b）所示]，发生于满槽水情况。

底板承受侧墙底部传来的轴向力 N_a、N_b（$N_a = N_b$）、弯矩 M_a、M_b 及自重与水重，如图 3-12（b）所示，属于弯拉组合受力构件。计算表明，当槽内满水时，底板轴向拉力最大，此时跨中弯矩不是最大；而槽内水深等于槽宽一半时，底板跨中弯矩最大，而板内轴向拉力较小。因此应对上述两种情况，分别计算底板跨中内力，取其大者进行配筋。

2) 有横拉杆的矩形槽，如图 3-13 所示。首先需将拉杆均匀化。分析表明，侧墙上设横拉杆处与不设横拉杆处的横向位移相差不多，因此可近似认为拉杆均匀分布于侧墙上。这时仍可沿槽长方向取 1m 槽段，得到如图 3-13 (a) 所示的计算单元。

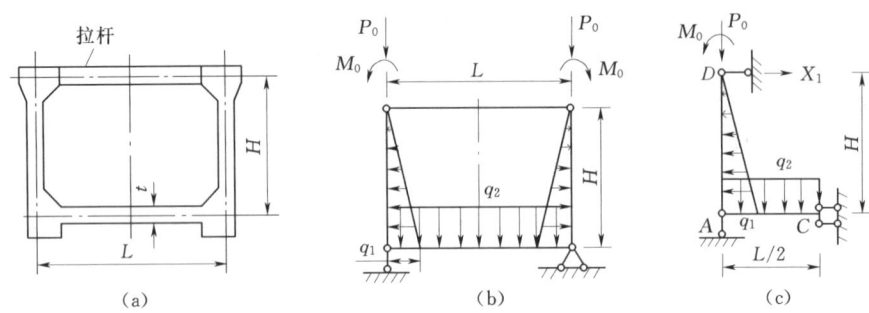

图 3-13 有拉杆矩形槽计算简图

拉杆与侧墙顶部的连接，施工时虽两者浇筑为一体，但因拉杆刚度远小于侧墙刚度，一般视为铰接。

据工程经验，设横拉杆时，侧墙底部和底板跨中弯矩的最大值，均发生于槽内满水情况，因此计算时，槽内水重按水面与拉杆中心线齐平考虑。

综上，可得到如图 3-13 (b) 所示的计算简图。可见此况属于一次超静定结构，对之可沿断面对称中心线切取一半结构计算。由于对称性，底板切口处的反对称内力（剪力）为零，只有弯矩和轴向力，因此可简化为双链杆支座，于是计算简图 3-13 (b) 进一步简化为图 3-13 (c)，图中横拉杆的超静定内力 x_1 可由下列力法方程求得：

$$\delta_{11} x_1 + \Delta_{1P} = 0 \tag{3-4}$$

或

$$x_1 = -\frac{\Delta_{1P}}{\delta_{11}} = -\frac{\Delta_{1P_0} + \Delta_{1M_0} + \Delta_{1q_1} + \Delta_{1q_2}}{\delta_{11}} \tag{3-5}$$

式中 Δ_{1P_0}、Δ_{1M_0}、Δ_{1q_1}、Δ_{1q_2}——P_0、M_0、q_1、q_2 引起的 D 点处沿 x_1 方向的位移；

δ_{11}——单位力 $x_1=1$ 在 D 点引起的 x_1 方向位移；

P_0——侧墙顶部外伸悬臂自重与其上人群重之和，N；

M_0——P_0 对侧墙厚度中线的力矩，N·m；

q_1——侧墙底部静水压强，N/m²，$q_1 = \gamma H$；

q_2——底板上的均布荷重，N/m²，$Q_2 = \gamma_h t + \gamma H$；

γ、γ_h——水容重和底板材料容重，N/m³；

H——槽内水深，m；

t——底板厚度，m。

求得 x_1 后，乘以拉杆间距即为拉杆实际拉力。此后即可按静定结构计算侧墙和底板的内力，并进一步作配筋计算。

3) 无横拉杆但加肋矩形槽，如图 3-4 所示。此时须计算侧墙、底板及横肋的内力。对侧墙与底板分别按四边（或三边）固定板计算内力；横肋计算时，将侧墙与底板上的横肋统一考虑，视为一向上开敞的矩形刚架，计算简图与无拉杆无肋矩形槽身横向计算简图 [如图 3-12 (a) 所示] 相同，但其荷载是横肋间距范围内的总荷载。

3.1 槽 身

4) 有横拉杆且加肋的矩形槽,如图 3-5 (b)、(c) 所示。此时侧墙与底板仍按四边 (或三边) 固定板计算。横肋计算时,将横肋与拉杆统一考虑,视为一封闭矩形框架,计算简图与有拉杆无肋矩形槽身横向计简图[如图 3-13 (b) 所示]相同,但其荷载是横肋间距范围内的总荷载。

5) 多纵梁式矩形槽,如图 3-3 (b) 所示。此时槽身横断面是一向上开敞的框架式结构。侧墙仍可作为固结于底板上的悬臂梁。对于底板和纵梁,近似计算时,可先在横槽向按多跨连续梁计算 (跨径=纵梁间距),求出支点反力,然后将支点反力作为均布荷载作用于相应的纵梁上,进行纵梁的结构计算。较精确计算时,应将横向计算简图中的各支点作为弹性支承,根据纵、横向变形相容条件 (一点处在横向计算中具有的变位等于该点在纵向计算中的变位),进行纵、横向联合计算,求出底板与纵梁的内力。

2. U 形断面槽身的纵向结构计算

U 形断面槽属于薄壳结构,纵向内力计算方法与比值 L/D (L 为跨长,D 为槽宽) 有关。不同跨径和 L/D 值的槽身宜用有限单元法计算。但水利工程中的 U 形渡槽,大多 $L/D>3$,属于长壳结构,此时仍可按梁计算,即将其视为 U 形断面梁,承受由自重和满槽水重构成的均布荷载,按不同支承情况计算跨中及支座处最大内力。

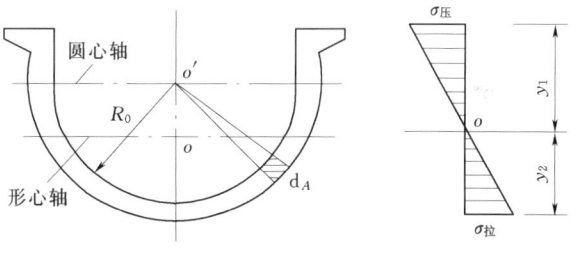

图 3-14 U 形断面槽身纵向应力分布图

U 形槽身的纵向钢筋一般按总拉力法计算,即考虑受拉区混凝土已开裂,不再能承担拉力,形心轴以下 (或以上) 的拉力全部由钢筋承担 (如图 3-14 所示),即:

$$A_g = K \frac{Z_总}{f_y} \tag{3-6}$$

$$Z_总 = \int_A \sigma dA = \frac{M}{I} \int_A y dA = \frac{M}{I} S_{max} \tag{3-7}$$

式中 $Z_总$——形心轴以下 (或以上) 的总拉力,kN;

f_y、A_g——钢筋抗拉设计强度,N/m²;槽身纵向受拉钢筋断面积,m²;

I、S_{max}——截面对形心轴的惯性矩,m⁴;和形心轴以远的截面对形心轴的静面矩,m³;

M——计算截面承受的弯矩,N·m;

K——强度安全系数 (见参考文献 [8])。

3. U 形断面槽身的横向结构计算

(1) 有横拉杆时,如图 3-8 所示。将横拉杆均匀化后,计算单元仍为沿槽长取 1m 槽段,所受荷载为槽内满水时的水压力和自重,断面上与不平衡剪力对应的剪应力 τ 仍然是沿槽高为抛物线分布,沿槽壁厚度均匀分布,但其方向是沿槽壳厚度中心线的切线方向,如图 3-15 所示。由于该力产生的槽身横向内力 (弯矩和轴力) 与水压力和自重产生的方向相反，抵消其作用，因而可使槽壁较薄。

如图 3-15（a）所示的计算单元，取出槽壁厚度中心线计算其内力，荷载取为满水（水面与拉杆中心线齐平）时，利用结构对称性，进一步可得到如图 3-15（b）所示的计算简图，与有拉杆矩形槽一样，它也是一次超静定结构。

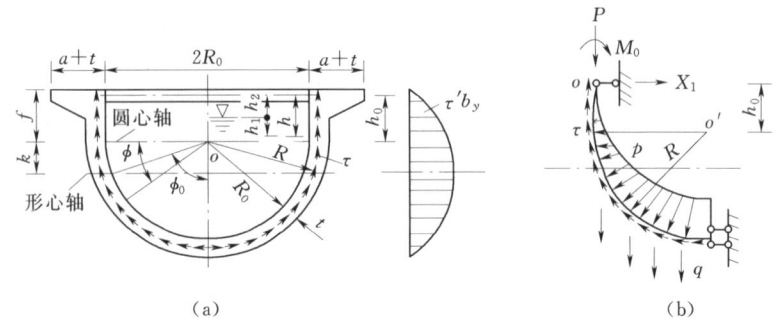

图 3-15 U 形槽身内力计算简图

如图 3-15（b）所示计算结构，由力法方程可求得拉杆超静定内力 x_1 为：

$$x_1 = -\frac{\Delta_{1q}}{\delta_{11}} = -\frac{\Delta_{1集} + \Delta_{1弯} + \Delta_{1自} + \Delta_{1水} + \Delta_{1剪}}{\delta_{11}} \tag{3-8}$$

式中 $\Delta_{1集}$、$\Delta_{1弯}$、$\Delta_{1自}$、$\Delta_{1水}$、$\Delta_{1剪}$——P_0、M_0、自重、水压力及截面剪力在 x_1 方向引起的 o 点的水平位移，计算公式见表 3-1；

δ_{11}——单位力 $x_1=1$ 在 o 点引起的水平位移，见表 3-1。

求得 x_1 后，即可按静定结构计算 U 形断面槽直线段和圆弧段的弯矩和轴力，计算公式见表 3-1。圆弧段计算时，一般每 15°取一计算截面。表 3-1 中公式为非满水情况，当满槽水时，可在各式中令 $h_2=0$，$h_1=h_0$。表中弯矩 M 以外壁受拉为 +，轴力 N 以压为 +。

表 3-1 系 数 计 算 表

项目	计 算 公 式
系数及自由项	$\delta_{11}=\dfrac{1}{EI_t}R^3(0.333a^3+1.571a^2+2a+0.785)$ $\Delta_{1集}=-\dfrac{1}{EI_t}PR^3(0.571a+0.5)$ $\Delta_{1弯}=\dfrac{1}{EI_t}M_0R^2(0.5a^2+1.57a+1)$ $\Delta_{1自}=-\dfrac{1}{EI_t}\gamma_h tR^4(0.571a^2+0.929a+0.393)$ $\Delta_{1水}=-\dfrac{1}{EI_t}\gamma(0.033h_0^5-0.125h_2h_0^4+0.167h_2^2h_0^3-0.083h_2^3h_0^2+0.008h_2^5)$ $\qquad -\dfrac{1}{EI_t}\gamma R[h_1^3(0.262h_0+0.167R)+h_1^2R(0.5h_0+0.393R)+h_1RR_0(0.5R+0.57h_0)+RR_0^2(0.215h_0+0.197R)]$ $\Delta_{1剪}=\dfrac{1}{EI_t}\dfrac{qt}{I}R^6(0.214a-0.294a\cdot\cos\varphi_0+0.197-0.265\cos\varphi_0)+\dfrac{TR^3}{EI_t}(0.571a+0.5)$

3.1 槽 身

续表

项目		计 算 公 式
横向弯矩	直段部分	$M=M_{弯}+M_{水}+M_{x1}$ 当 $y \leqslant h_2$ 时，$M=M_0+X_1 y$ 当 $y > h_2$ 时，$M=M_0-\frac{1}{6}\gamma(y-h_2)^3+X_1 y$
	圆弧段部分	$M_{\varphi}=M_{弯}+M_{集}+M_{自}+M_{水}+M_{剪}+M_{x1}$ $=M_0-PR(1-\cos\varphi)-\gamma_h tR^2\left[a(1-\cos\varphi)+\sin\varphi-\varphi\cos\varphi\right]-\gamma\left[\frac{1}{2}(h_1^2\right.$ $\left.+R_0^2)R\sin\varphi-\frac{1}{2}RR_0^2\varphi\cos\varphi-RR_0h_1\cos\varphi+\frac{1}{6}h_1^3+RR_0h_1\right]+\frac{qt}{2I}R^4\left[\sin\varphi\right.$ $\left.-\varphi\cos\varphi+\cos\varphi(\varphi^2-\pi\varphi+2\cos\varphi+\pi\sin\varphi-2)\right]+TR(1-\cos\varphi)+X_1R(a+\sin\varphi)$ $=C_1\sin\varphi+C_2\cos\varphi+C_3\varphi\cos\varphi+C_4\varphi(\pi-\varphi)+C_5$ 式中 $C_1=X_1R-\gamma_h tR^2-\frac{1}{2}\gamma R(h_1^2+R_0^2)+\beta(1+\pi\cos\varphi_0)R$ $C_2=R(P-T)+\gamma_h tR^2a+\gamma RR_0h_1+2\beta R\cos\varphi_0$ $C_3=\gamma_h tR^2+\frac{1}{2}\gamma RR_0^2-\beta R$ $C_4=-\cos\varphi_0\beta R$ $C_5=M_0-\gamma_h tR^2a-\gamma h_1\left(\frac{1}{6}h_1^2+RR_0\right)-2\beta R\cos\varphi_0+R(T-P)+X_1h_0$ $\beta=\frac{1}{2I}qtR^3$
轴向力	直段部分	直线顶端 $N=N_{集}=P$ 直线末端 $N=N_{集}+N_{自}+N_{剪}=P+\gamma_h th_0-T$
	圆弧段部分	$N_{\varphi}=N_{集}+N_{自}+N_{水}+N_{剪}+N_{x1}$ $=P\cos\varphi+\gamma_h tR(a+\varphi)\cos\varphi+\frac{1}{2}\gamma R_0^2\varphi\cos\varphi-\frac{1}{2}\gamma(R_0^2+h_1^2)\sin\varphi-\gamma h_1 R_0(1-\cos\varphi)$ $=\frac{1}{2I}qtR^3[\varphi\cos\varphi+(1-\pi\cos\varphi_0)\sin\varphi-2\cos\varphi_0(\cos\varphi-1)]-T\cos\varphi+X_1\sin\varphi$ $=A_1\sin\varphi+A_2\cos\varphi+A_3\varphi\cos\varphi+A_4$ $A_1=X_1-\frac{1}{2}\gamma(h_1+R_0)-\beta(1-\pi\cos\varphi_0)$ $A_2=P-T+\gamma_h tRa+\gamma h_1 R_0+2\beta\cos\varphi_0$ $A_3=\gamma_h tR+\frac{1}{2}\gamma R_0^2-\beta$ $A_4=-\gamma h_1 R_0-2\beta\cos\varphi_0$

表 3-1 中：I_t——单位长槽壁对壁厚中线的惯性矩，$I_t \approx \frac{1}{12}t^3$，m^4（忽略槽顶加厚部分）；

    E——钢筋混凝土弹性模量，N/m^2；

    h_0、h_1——圆心轴至拉杆中心线的距离和圆心轴至水面的距离，m；

    h_2——水面至拉杆中心线的距离，m；

    k——圆心轴至断面形心轴的距离，m，$k=R\cos\varphi_0$；

    φ——形心轴与壁厚中线的交点所在的半径与截面对称中线的夹角，(°)；

    a——系数，$a=h_0/R$；

I——U形槽横断面对其形心轴的惯性矩，m^4；

q——单位长槽身的所有荷重（含槽壳自重＋拉杆重＋人行道重＋人群重＋设计或校核水深时水重），N/m^2；

y——拉杆中心线至直线段计算截面的距离，m，以向下为＋；

φ——圆弧段计算截面与圆心轴的夹角，（°）；

γ、γ_h——水和钢筋混凝土的容重，N/m^3；

T——直线段上的剪应力总和，$T = \dfrac{qt}{2I}\left[(f+k)f^2 - \dfrac{1}{3}f^3\right]$，其中，$f$为圆心轴至拉杆顶面的距离，m。

(2) 无横拉杆时，U形断面槽身的横向结构计算简图，与图3-15相似，且仍可用表3-1公式计算内力，但须在各式中令$x_1 = 0$。

3.2 南水北调工程中的渡槽

3.2.1 结构型式

我国南水北调工程是目前世界上最为宏伟的跨流域调水工程，其输水流量之大前所未有，位于其输水干渠上的渡槽流量一般达到数百立方米每秒，是以往农田灌渠上渡槽流量的上百倍，例如中线干渠河北段漕河渡槽（见插页图1、插页图2、插页图3）加大输水流量$385m^3/s$。由于输水流量大，要求槽身有巨大的宽、高尺寸形成足够的过水断面；此外在地形较平缓的河流或沟谷上，宜用梁式渡槽，为了提高梁的跨度多采用预应力混凝土结构。因此为满足大流量、大跨径输水需要，南水北调工程中涌现出了众多梁式渡槽槽身的新型式，现简介如下。

1. 整体多纵横梁式

这种型式用于南水北调中线河南段跨坞河渡槽，如图3-16所示，它是在以往小型多纵梁渡槽的基础上，除设置多条纵梁外，并在槽底等间距布置横梁，横梁与槽身外侧的横肋连为一体，以加强横向刚度，整体形成肋板结构。这种型式

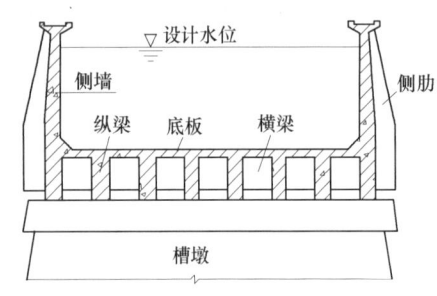

图3-16 整体加肋多纵横梁式

过水断面大，水流平顺，整体性好，但纵梁高度有限，不便大规模施加预应力措施，加大跨度受到一定限制。

2. 分离多纵梁式

如图3-17所示，它是借鉴装配式T形梁式桥结构，槽身的支承结构由若干根带有横隔板的T形梁构成，各根纵梁通过在横隔板间设置焊接钢板或互相连通的钢筋连成整体，槽身安置在纵梁上，槽身底板和侧墙只起输水作用，不承担纵向荷载，其水流特征与整体多纵梁式槽身相同。这种型式结构受力明确，可通过加大纵梁高度，来提高纵向刚度和加大槽身跨度，但纵向整体性取决于横隔板之间连接的可靠程度和槽身与纵梁翼板间的连接方式。

3.2 南水北调工程中的渡槽

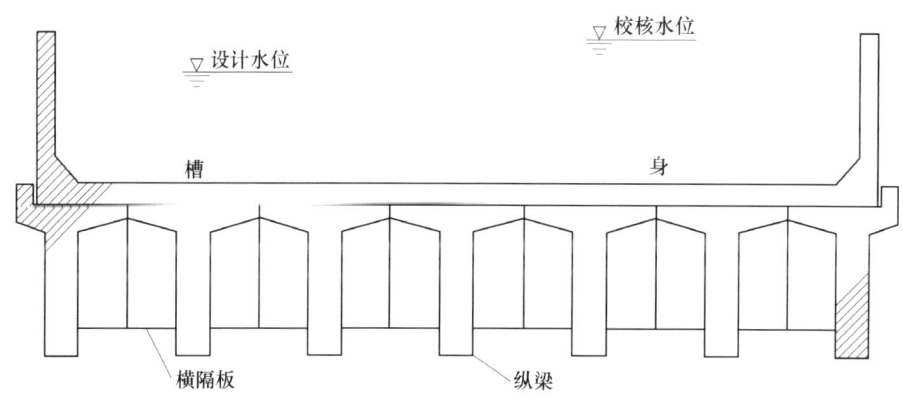

图 3-17 分离多纵梁式（中线河北段跨曲庄沟渡槽）

3. 矩形薄腹梁式

它是在槽身下设矩形断面梁，而把梁的中腹部挖去数个大尺寸矩形孔（如图 3-18 所示），形成空心薄腹矩形梁，它可在梁重不大的情况下获得较大的梁高和纵向刚度，同时又可在梁腹板内设置预应力钢筋，从而做成更大跨度。为增加其侧向稳定性，薄腹梁与其下部的支承槽墩连为一体，但这又会受地基不均匀沉陷影响较大。这种型式曾作为南水北调中线干渠跨黄河渡槽方案（后由 2 条直径为 8.5m 的穿黄隧洞方案代替）。

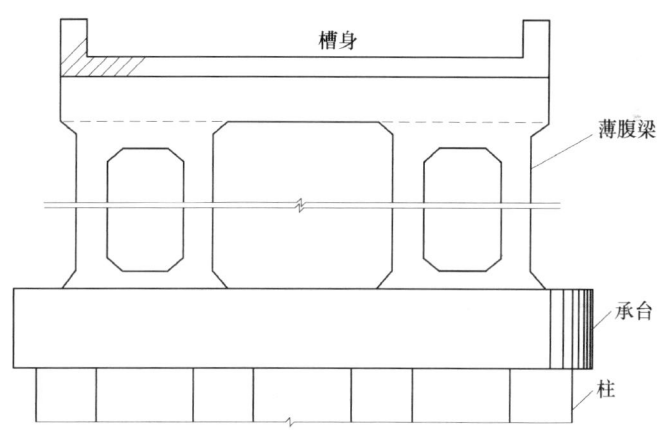

图 3-18 矩形薄腹梁式（中线跨黄河渡槽方案）

4. 多侧墙式

如图 3-19 所示，它是在两侧边墙形成的矩形过水断面内设置数道隔墙（中墙），形成多孔过水，中墙与边墙（合称侧墙）由底板及底板下的横梁连为一体，在纵向起梁的作用。这种型式槽身同时具有输水和纵向承载的双重作用，是一承载结构，其侧墙内设置纵向和竖向应力钢筋，底板和横梁内设置横向预应力钢筋，形成三维预应力结构，因而可做成大跨度、大高度和大宽度的"三大"槽身结构，并借助纵、横向预应力的反拱效应减小跨中挠度，实现大流量、大跨度输水需要。这种型式结构整体性好，但施工技术复杂，对施工质量要求高。

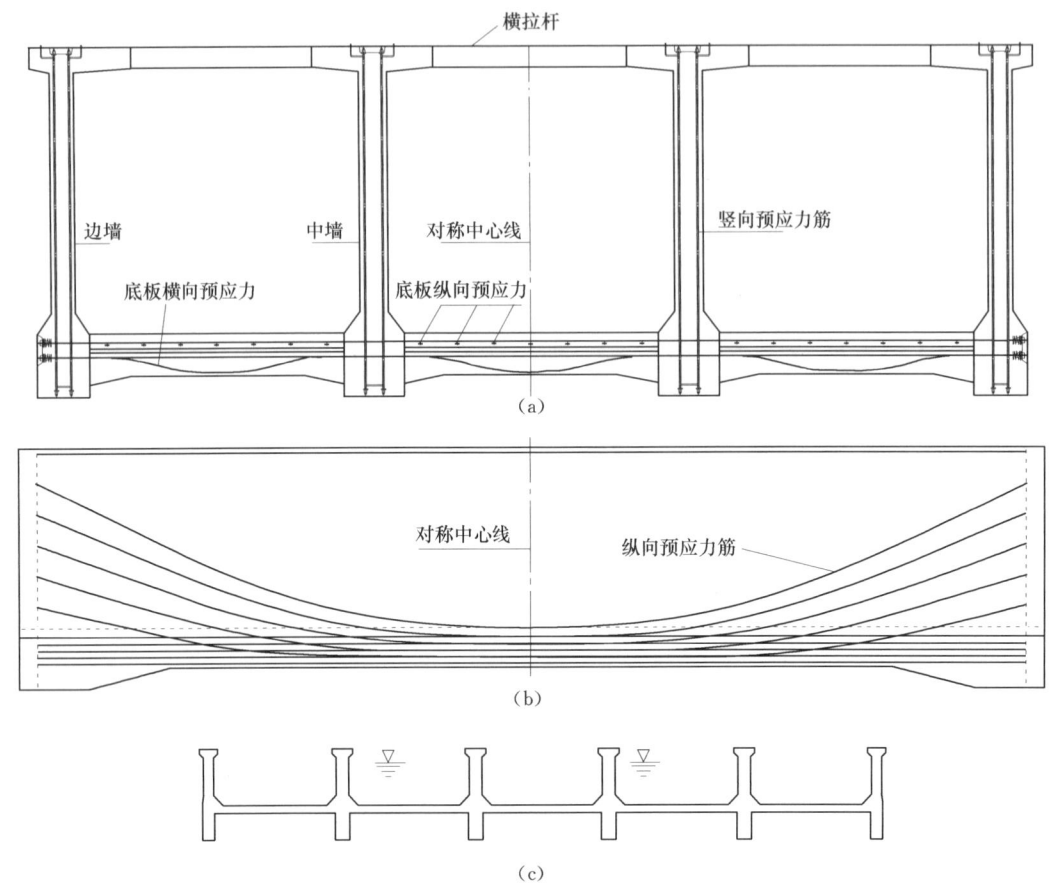

图 3-19 多侧墙式——中线河北段跨漕河渡槽
(a) 总干渠穿漕河渡槽槽身横断面；(b) 侧墙内纵向预应力钢筋布置；
(c) 广利渠坡水区排水渡槽横断面

3.2.2 工作特点和受力特点

与以往灌溉渠系上的小流量渡槽相比，跨流域调水工程中的渡槽具有如下特征。

(1) 为了满足大流量过水和采用较大的跨度，跨流域调水工程中的渡槽大都为具有大宽度、大高度、大跨度、大宽跨比的预应力巨型结构。由于其槽宽大、宽跨比大（例如漕河渡槽 $B/L=20.1/36=0.558$），横向的挠度与纵向挠度相比不能再被忽略；从外观上看，虽槽身或其承重结构（组合 T 形梁、薄腹梁等）依然表现为支承于槽墩上的梁式结构，但从受力性质看，已成为具有组合变形（纵横双向挠曲＋绕对称纵轴扭转）的空间复杂结构，其力学模型有待深入分析研究。

(2) 由于槽身（多纵梁槽身、多侧墙槽身）或其承重结构（组合 T 形梁、薄腹梁）均为由狭长矩形构成的非圆组合截面，其抗扭能力较低，因此槽身横向挠度导致的自身扭转变形也是不可忽略的因素。

(3) 对槽高较大的渡槽，巨大的水体和建筑物质量集中在顶部，对结构抗震不利，主要表现为：①在水平横槽向地震影响下，水体横向晃动对槽身侧墙安全不利，激荡水体与槽壁的流—固耦合作用将进一步加剧这种不利；②在水平顺槽向地震影响下，槽墩顺槽向的位移或破坏将影响渡槽整体安全。

由此可见，对广泛应用于跨流域调水工程中的大流量巨型渡槽，以往小流量渡槽采用的"梁理论"已不再适用。在工程实践中，大多采用三维有限元法和模型试验进行设计与校核，准确的力学模型及其受力机理分析有待进一步开展。笔者认为，借鉴拱坝多拱梁法或整体式梁桥分析方法，在力学模型上，可将槽身或承重结构视为由纵横梁系在梁轴交点处连系起来的空间体系，根据梁轴交点处的变形相容条件，可将水荷载在纵横梁系间进行分配，从而转化为两个平面问题，荷载分配后，纵向按简支梁、横向按弹性嵌固的连续梁计算其内力与变形，取其不利者可进行结构优化设计或承载力及正常使用条件下的安全验算。

3.3 支承结构——槽墩、槽台和槽架

梁式渡槽的支承结构有墩、台式和排架式三种。

3.3.1 槽墩和槽台

槽墩和槽台一般为重力式结构，前者用于中间槽跨，后者用于边跨与岸边连接。

1. 槽墩

槽墩有实体式和空心式两种。实体墩，如图3-20所示，一般用浆砌石或混凝土建造，常用高度为8～15m，其构造简单，墩身强度和稳定易满足要求，但自重大，用料多，当槽墩较高，所受竖向及水平荷载较大时，要求地基有较高的承载力；跨越河流时，实体墩的墩头常采用半圆形、流线形或三角形；墩顶长度应稍大于槽身宽度（每边裕度约20cm），墩顶宽度 b 应满足槽身支承面所需宽度，常不小于0.8m；墩顶常设置混凝土墩帽，厚0.3～0.4m，四周向外伸出5～10cm，墩帽设置构造钢筋并预埋支座部件；墩身四周常以20:1～30:1的坡比向下放大，以满足墩身强度和地基承载力要求，墩底宽度 b_1 一般为墩高 H 的1/5～1/6。

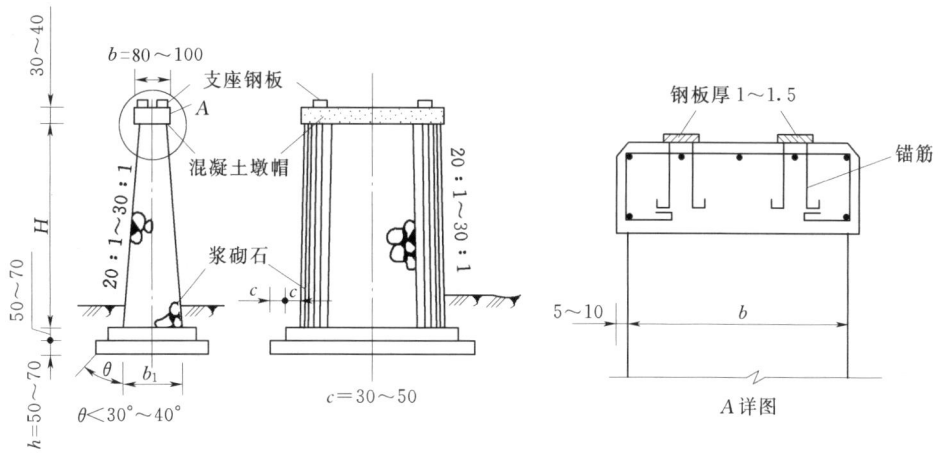

图3-20 实体槽墩（单位：cm）

空心重力墩多为混凝土结构，外形轮廓、尺寸与实体墩基本相同，横断面有矩形、圆矩形、双工字形、圆形几种，如图3-21所示。墩壁厚一般为15～30cm，为加强墩身整体性，沿竖向每隔2.5～4.0m设1～2道水平横梁；墩顶、墩底处常设进人孔，以便施工与检修；墩身下部为混凝土现浇，上部为混凝土预制块砌筑，也可将墩身分段预制后现场吊装，当墩数多，墩身较高时，可采用升滑钢模施工方法整体现场浇筑。

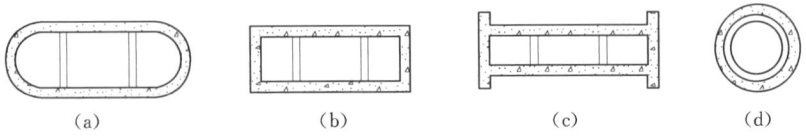

图3-21 空心重力墩的横剖面形式
(a) 圆矩形；(a) 矩形；(a) 双工字形；(a) 圆形

在淤泥层较深厚的软弱地基上，南水北调工程中采用了一种桩基式空腹墩（如图3-22所示），它由空腹墩及其墩帽、桩基及其承台组成。空腹墩是在槽墩内挖出顺槽向的城门洞形空洞，以减轻槽墩重量，墩底部与桩基承台浇筑为一体，桩基穿过软弱土层，将上部荷载传至坚硬地层上（端承桩），也可一部分传至坚硬地层，一部分传给桩周围的地基（摩擦桩）。在河道主槽位置时，墩的上下游面做成半圆形或流线形，以使绕墩水流平顺。空腹墩减轻了支承结构的重量，桩基的数目与尺寸（长度与直径）可根据上部荷载确定，以适应地基承载力要求。

2. 槽台

槽台常采用挡土墙式实体重力墩，如图3-23所示。其作用是支承槽身和挡土；高度一般不大于5～6m，挡土侧墙背坡度系数m一般为0.25～0.5；为减小墙背水压力，墙身中常设1～2排排水孔，孔径一般为5～8cm，排水孔进口处设反滤层；槽台顶部构造与槽墩相同。

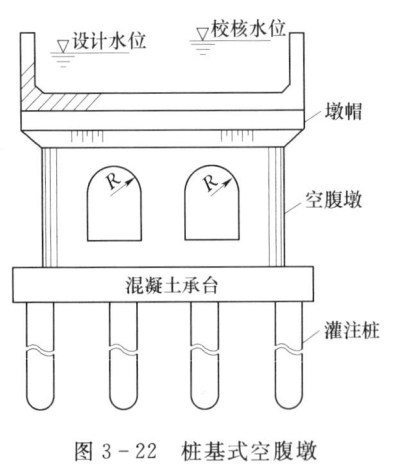

图3-22 桩基式空腹墩
（南水北调中线军营沟排水渡槽）

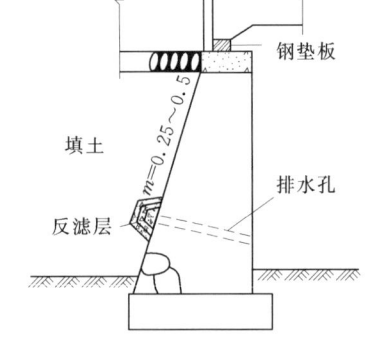

图3-23 重力式槽台

3. 墩台稳定及结构计算

槽墩与槽台一般应针对：①空槽+风载（必要时计入漂浮物撞击力）工况，验算横槽向抗滑、抗倾及地基应力（主要是地基应力不均匀系数）；②满槽水+风载及漂浮物撞击

3.3 支承结构——槽墩、槽台和槽架

时,验算横槽向地基应力;③施工期一跨槽身已吊装完毕另一跨槽身未吊装时,验算顺槽向地基应力。上述地基应力验算,一般按横槽、顺槽两个方向单独验算,不予叠加,按偏心受压结构验算。

至于结构计算,由于槽墩断面惯性矩较大,墩身应力较小,一般只需验算墩底及墩帽截面横槽向和顺槽向的应力。

槽台稳定及地基应力计算方法与一般挡土墙相同,不再赘述。

3.3.2 槽架

槽架一般是由钢筋混凝土筑成的排架结构,可现场浇筑或预制吊装。具体有单排架、双排架、A形排架及组合墩架等形式,如图3-24所示。

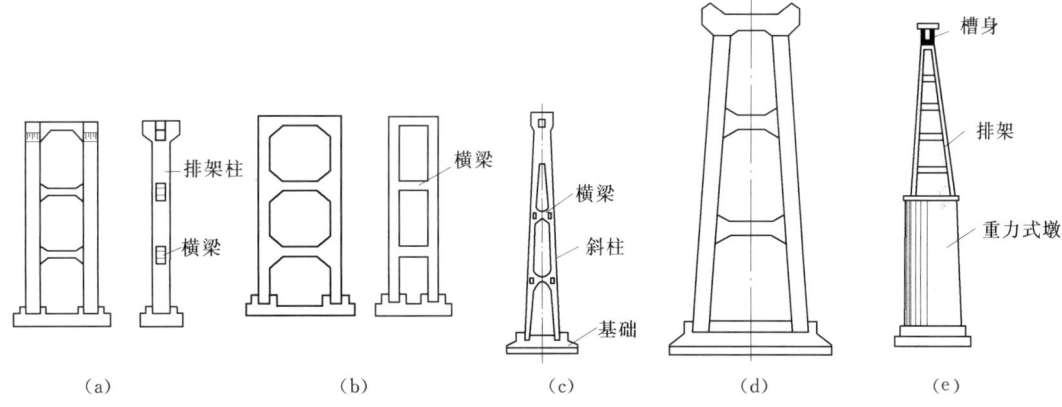

图 3-24 排架型式
(a)单排架;(b)双排架;(c)、(d) A字形排架;(e)组合式墩架

单排架是由两根立柱(肢柱)和数根横梁组成的多层平面刚架结构,常用高度为10～20m,现浇或预制吊装而成,其体积小,重量轻,应用广泛。

双排架是由两个单排架用水平梁联结而成的空间框架结构,可承受较大的水平及竖向荷载,其强度、稳定性及地基应力较单排架易满足要求,常用高度为15～25m。

A形排架可沿顺槽向或横槽向布置。顺槽布置时是由两个互相平行的A形排架连接成一空间框架结构,适用于流量和槽宽均较大的情况。对于小流量而受风载较大的高渡槽,可采用横槽向布置的A形单排架。A形排架稳定性好,适应高度大,但施工较复杂,造价较高。

组合墩架支承常用于跨越河道主槽部分时,在河道最高洪水位以下设置重力墩,以上设排架,总高度可达30m以上。

3.3.2.1 槽架基本尺寸拟定

现以单排架为例说明槽架尺寸的一般拟定方法,如图3-25所示。排架两根立柱的中心距取决于槽身宽度,应使槽身传来的荷重P的作用线与立柱中心线重合,使立

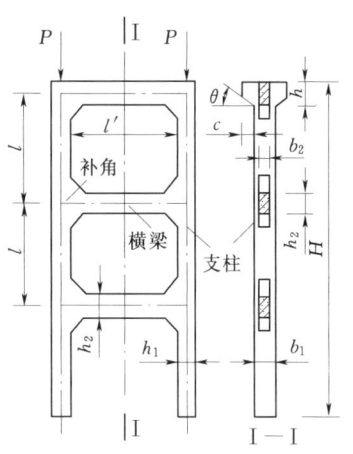

图 3-25 排架尺寸拟定示意图

柱为中心受压构件。立柱长边（顺槽向）宽度取 $b_1=(1/20\sim1/30)H$，常用 $0.4\sim0.7\mathrm{m}$；短边（横槽向）宽度取 $h_1=(1/1.5\sim1/2)b_1$，常用 $0.3\sim0.5\mathrm{m}$。对大型渡槽 b_1、h_1 取大值，也可超过上述值。当立柱以自身纵向稳定为控制条件时，可增大立柱长短边之比 b_1/h_1 值，尤其是流量较小高度较大的 A 形排架，b_1/h_1 可取 $3\sim4$ 或更大。为支承槽身，排架顶部伸出短悬臂式牛腿，牛腿长度取 $c\geqslant b_1/2$，高度取 $h\geqslant b_1$，倾角 $\theta=30°\sim45°$。为减小二立柱弯矩并将其连为整体，立柱之间设置水平横梁，一般横梁间距 l 不大于立柱间距，常用 $2.5\sim4.0\mathrm{m}$。横梁高度取 $h_2=(1/6\sim1/8)l$，宽度取 $b_2=(1/1.5\sim1/2)h_2$。横梁由上至下一般按等间距布置，最下一层的间距可稍大或稍小。

双排架和 A 形排架的基本尺寸，也可参考上述方法拟定。由上述拟定的尺寸需经过强度与稳定验算最终确定。

3.3.2.2 槽架与基础的连接

槽架一般采用整体板式基础，基础上筑有杯式接口，如图 3-26 所示。排架与基础的连接有固结和铰接两种形式。现浇排架多采用固结，排架竖筋直接伸入基础内，再浇筑混凝土连为一体。预制吊装排架，根据排架吊装就位后杯口的处理方式有固结与铰接两种情况。对固结端的处理方式是，在基础混凝土终凝前拆除杯口内模板、凿毛、清扫干净，然后先在杯口底部浇灌强度不低于 C_{20} 的细石混凝土 $5\sim10\mathrm{cm}$，将立柱放入杯口后，再在立柱四周浇灌细石混凝土并捣实至杯口顶部。铰接端施工时，先在杯口底部填以 $5\mathrm{cm}$ 厚的细石混凝土抹平，立柱放入杯口后，在立柱周围再灌以 $5\mathrm{cm}$ 厚的强度不低于 C_{20} 的细石混凝土，其上填塞沥青麻绳至杯口顶部。立柱深入杯口的深度 H_1 应满足：$H_1\geqslant0.05H$ 且 $H_1>b_1$ 及 $H_1\geqslant20d$（d 为立柱纵向受力钢筋直径）。

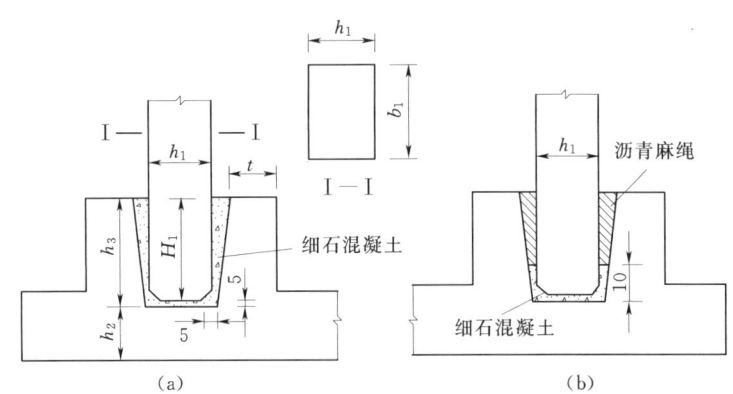

图 3-26 排架与基础连接（单位：cm）
(a) 固结；(b) 铰接

3.3.2.3 槽架结构计算（以单排架为例）

1. 槽架上的荷载

如图 3-27 (a) 所示，作用于槽架上的荷载有：①槽身传来的铅直力 P，等于一跨槽身总荷重的 $1/2$；②槽身上的横向风载通过支座传给排架立柱顶部一拉一压的垂直轴向力 P' [$(P'P')$ 的力偶矩 = 槽身风压力对槽底支座的力矩]；③槽身上的横向风载由支座传给排架顶部的水平力 T'，T 等于一跨槽身风压力的 $1/2$；④由排架立柱上的风压力化成的

结点风压荷载 T_1、T_2、T_3，且两立柱上的风压荷载相等，忽略彼此挡风作用；⑤排架自重化为节点铅直荷载，每一节点荷载等于与该点相邻杆件半长之重的总和（图中未画出）；⑥动水压力、漂浮物撞击力等，其量值视具体情况而定，均应化为结点荷载。

2. 计算工况与计算内容

槽架应对横槽和顺槽两个方向进行结构计算。计算工况一般为：

(1) 满槽水+侧向风载情况，计算简图如图 3-27 (b) 所示，必要时计入动水压力及漂浮物撞击力，此时，背风面立柱受力最为不利，轴向压力最大。横槽向，应计算立柱内力并确定其受压钢筋；顺槽向应考虑立柱自身纵向弯曲影响，验算承载力是否满足要求〔如图 3-27 (c) 所示〕。

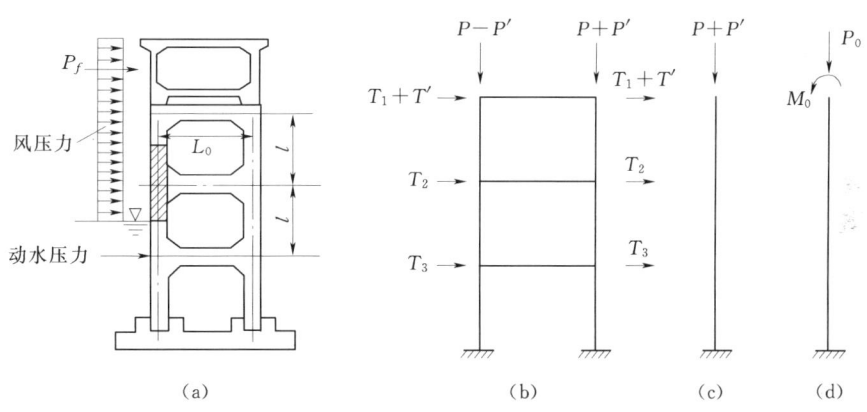

图 3-27 排架计算简图
(a) 排架上的荷载；(b) 简化为节点力；(c) 立柱竖向屈曲受力（顺槽向）；
(d) 立柱偏心受压荷载（顺槽向）

(2) 空槽+侧向风载情况，必要时计入动水压力及漂浮物撞击力，此时迎风面立柱轴向压力最小或为较大拉应力，应计算立柱内力并确定其受拉钢筋。

因风向是变化的，立柱处于迎风面和背风面都是可能的，故取 (1)、(2) 两种情况的较大者，对两根立柱进行相同的配筋。

此外对顺槽向，还应对满槽水+人群重情况，验算单根立柱的竖向屈曲稳定性。

(3) 施工吊装验算，应考虑以下两种情况。

1) 当一跨槽身吊装完毕而另一跨槽身尚未吊装时，立柱在顺槽向承受偏心受压作用，如图 3-27 (d) 所示，P_0 为半跨槽身重，M_0 为 P_0 对立柱轴线的力矩，此时应验算立柱内力与配筋是否超出前述 (1)、(2) 工况而起控制作用。

2) 排架刚起吊时强度验算。由于槽架一般是平放在地面上预制的，吊装时，一般当槽架高度 $H<12m$ 时采用双吊点，如图 3-28 (a)、(b) 所示，$H \geqslant 15m$ 时可采用四吊点（H 过大时宜分成 2~3 段预制吊装）。吊点位置一般设于立柱与

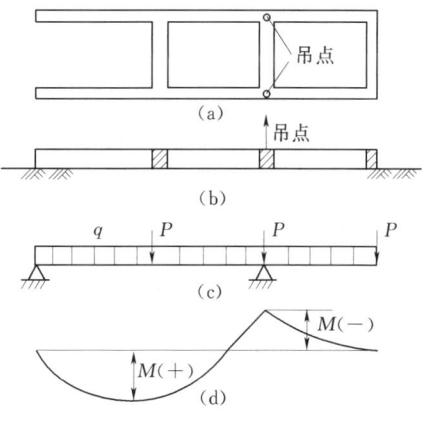

图 3-28 排架吊装强度计算简图

横梁的交点附近，并使最不利时刻立柱所受的正负弯矩接近相等，以充分发挥材料的承载力。当为双吊点时，槽架一端刚离开地面时受力最不利，此时吊点为一个支点，贴地一端为另一个支点，整个排架形成带单悬臂简支梁，如图3-28（c）所示，图中 q 为立柱自重，P 为横梁自重，立柱弯矩图如图3-28（d）所示，对如上求出的内力还应乘以1.1～1.3的动力系数。四点吊装时，排架按连续梁计算。

3.4 基 础

基础承担渡槽的全部荷载并传给地基，按其可否承受弯曲变形分为刚性基础和柔性基础。刚性基础设计时不考虑承受弯矩作用，而柔性基础则考虑。

3.4.1 刚性基础

最常用的刚性基础如图3-20所示，呈台阶状向下扩大，台阶阶数以满足地基承载力要求为准。刚性基础多用作重力式槽墩和槽台的基础，一般用浆砌石或混凝土建造，台阶高度 h 一般为0.5～0.7m，为使基础不产生弯曲和剪切破坏，每一台阶伸出的悬臂长 c 与台阶高度应保持一定比值，该比值按刚性角 θ 控制，即应满足 $\theta=\arctan^{-1}\dfrac{c}{h}\leqslant[\theta]$，$[\theta]$ 为允许刚性角，与地基反力、基础型式及材料性能有关，一般取30°～40°，当用低强度水泥砂浆砌块石时取30°，砂浆强度 M_5 以上的水泥砂浆砌石基础可取35°，混凝土基础可取40°。

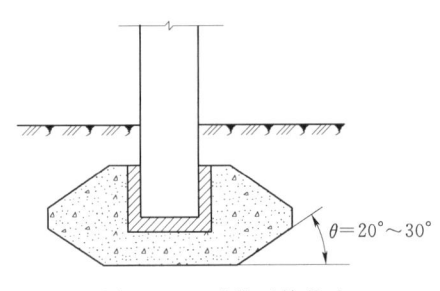

图3-29 独脚无筋基础

当地基条件较好且不受水流冲刷时，为减少基础工程量，也可采用独脚无筋混凝土基础，如图3-29所示。它是将基础底面做成四面倾斜的棱锥形，倾角一般为20°～30°，利用斜面上地基反力产生的压力来减小悬臂段弯矩作用产生的拉力，改善地基受力状况，基础水平投影长度与宽度应使地基压应力不超过地基承载力，杯口底部厚度应满足抗冲剪强度要求。

3.4.2 柔性基础

常用的柔性基础是一种钢筋混凝土梁板结构，也称整体板式基础，多用于槽架，如图3-30（a）所示。它可在较小的埋置深度下获得较大的基底面积，以减小地基压应力，施工方便且适应地基不均匀沉降的性能好，适用于地基承载力较低的情况。基础底板的尺寸取决于槽架传来的荷载与地基承载力大小，初拟时横槽向的长度 L 和顺槽向的宽度 B 可如下确定：

$$B \geqslant 3b_1 \tag{3-9}$$

$$L \geqslant S + 5h_1 \tag{3-10}$$

式中 S——两立柱间净距，m；

b_1、h_1——立柱横断面的长边边长及短边边长，m。

整体板式基础承受由槽架立柱传来的铅直力 N、水平力 V、力矩 M（立柱与基础铰

接时 $M=0$)、自重与填土重 q 等荷载,如图 3-30 (b) 所示。对其应验算沿基础底面的抗滑稳定性和地基应力,后者按偏心受压构件计算,如图 3-30 (c) 所示。结构计算时,地基反力作为荷载之一,与上述荷载一起作用于基础上,横槽向近似按上述全部荷载作用下的无约束板考虑,计算内力 [如图 3-30 (d) 所示] 与配筋,顺槽向将基础板伸出部分作为悬臂梁考虑,在地基应力较大的一侧取 1m 宽度计算其内力与配筋。

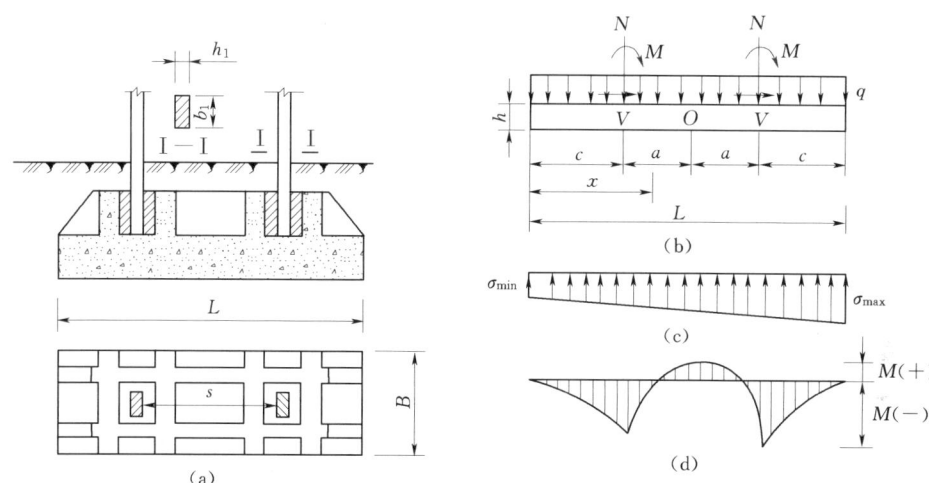

图 3-30 整体板式基础计算图

基础杯口底部的厚度按抗冲剪强度确定。试验表明,钢筋混凝土基础底板在局部荷载 N 作用下破坏时,是沿着一个锥体表面被拉裂,如图 3-31 所示,这是由于沿破坏面的主拉应力超过了材料的抗拉强度。破坏锥面的倾角在 $30°\sim60°$ 之间,计算时一般取 $45°$。为了防止冲剪破坏,应使底板具有足够的有效高度 h_0(h_0 是冲剪破坏锥体有效高度,该锥体底面与底板的下层钢筋重合),h_0 应满足按下式计算的冲剪强度要求:

$$KQ \leqslant 0.75 f_t S h_0 \quad (3-11)$$

式中 S——破坏锥面 $h_0/2$ 处的周长,m;
f_t——材料抗拉设计强度,N/m^2;
Q——冲剪荷载,等于局部荷载 N 减去破坏锥体底面范围内的荷载,kN;
K——冲剪强度安全系数,Ⅱ、Ⅲ级建筑物取 2.2,Ⅳ、Ⅴ级建筑物取 2.1。

3.4.3 深基础

当地基软弱或地下土层不均匀,采用浅基础沉降过大,或河床冲刷深度较大且不易精确估算时,宜采用深基础。渡槽常用的深基础有钻孔桩基础和

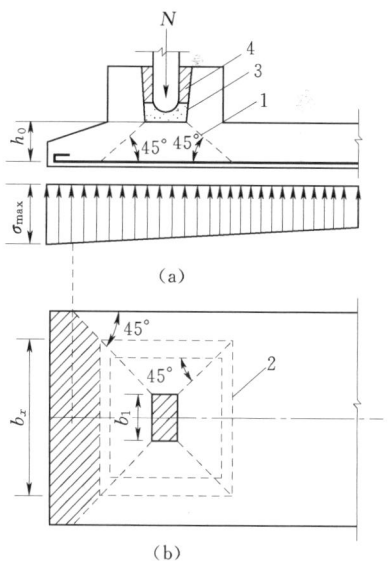

图 3-31 柱与基础铰式连接的冲剪强度计算图
1—冲剪破坏锥体截面;2—冲剪破坏锥体底面线;3—细石混凝土;4—沥青麻绳

沉井基础，如图3-32所示，其设计与施工方法与水闸底板下的桩基相似，请见地基处理课程。

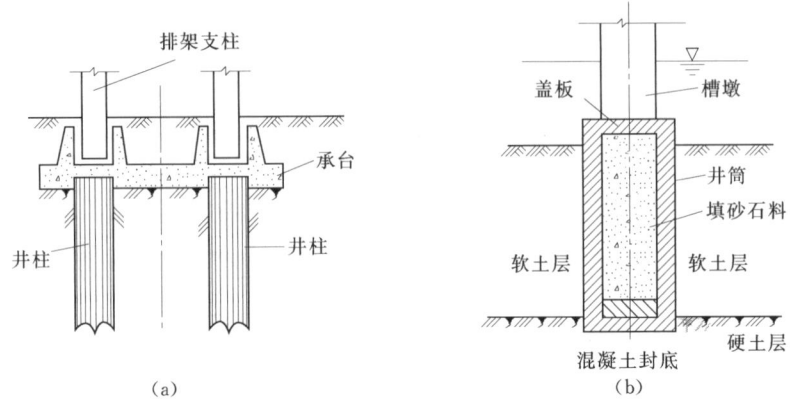

图 3-32 渡槽的深基础
(a) 钻孔桩基础；(b) 沉井基础

3.5 进、出口建筑物

渡槽进、出口建筑物的作用是将槽身与上、下游渠道连接起来，以使槽内水流与上、下游渠道平顺衔接，减少水头损失和防止渗漏。进、出口建筑物包括进、出口渐变段、连接段，有时为满足运用检修、交通、泄水等要求，还需设置节制闸、交通桥和泄水闸等。

3.5.1 渐变段

渐变段是设于渠道端部的过渡段。由于渠道过水断面常为梯形，尺寸较大，纵坡较缓，而为降低造价，渡槽纵坡较陡，过水断面及其槽宽比渠道小，为使进出槽身的水流平顺，减少水头损失和防止冲刷，渠道与渡槽衔接时均设渐变段，如图3-33所示。渐变段可采用扭曲面和八字翼墙等形式，扭曲面水流条件好，应用较多，一般采用浆砌石建造。八字墙可采用混凝土或浆砌石修筑，施工方便，但水流条件较差。渐变段长度常按以下经验公式确定：

$$L_a = C(B_1 - B_2) \tag{3-12}$$

式中 C——系数，进口取 1.5~2.0，出口取 2.5~3.0；
B_1、B_2——渠道和槽内水面宽度，m。

对于中小型渡槽，渐变段长度也可取为：进口 $L_a \geq 4h$，出口 $L_a \geq 6h$，h 为渠道水深 (m)。对于抗冲能力较低的土渠，为防止冲刷，靠近渐变段的一段渠道，可作干砌石护砌，护砌长度约等于渐变段长度。

3.5.2 连接段

连接段是槽身部分的过渡段，对 U 形渡槽，通过渐变段将 U 形断面转变为渐变段末端的矩形断面。对大型渡槽，为沟通渡槽两岸的交通，可在该段内设置交通桥或人行桥；

为了满足渡槽停水检修需要，该段内还可设置节制闸或留有检修门槽，连接段长度一般由布置要求确定。连接段与渐变段间的接缝需设止水，以防止其漏水影响渠坡安全。

为防止渡槽进出口处产生渗透变形，进出口段槽底渗径（包括渐变段和连接段）应不小于4倍渠道水深，否则应在进口段首端和出口段末端设置截渗墙，以延长渗径，防止渠水向渡槽方向渗透。

3.5.3 槽身与渠道的连接方式

当渠道为挖方或填方渠道时，槽身与之连接方式不同。

1. 槽身与填方渠道的连接

槽身与填方渠道连接时，通常采用斜坡式和挡土墙式两种形式。斜坡式连接，如图3-33所示。它是将连接段伸入填方渠道末端的锥形土坡内，按连接段远端的支承方式不同，又分为刚性连接和柔性连接两种。

（1）刚性连接，如图3-33（a）所示，是将连接段远端支承在埋置于锥形土坡内的支承墩上，支承墩建于老土基或基岩上。优点是当填方渠道沉降时连接段不会随之下沉，变形缝止水工作可靠，因此应用较多，但填土沉降较大时连接段常会与填土脱离而形成渗漏通道，所以连接段应做好底部防渗处理和采取措施减少填土沉降。对小型渡槽也可不设连接段，而将渐变段直接与槽身连接，如图3-33（b）所示。

（2）柔性连接，如图3-33（c）所示，是将连接段直接修建在填方渠道上，靠近槽身的一端仍支承在支墩上，这时连接段将随填方渠道沉降而下沉，因此对填方压实质量要求严格。应根据可能产生的沉降量，对连接段预留沉降超高，并要求接缝止水能够适应沉降变形。该连接方式可节省支墩工程量，但施工技术、质量要求较高，工程中应用不多。

渐变段和连接段下面的回填土宜采用砂土填筑，分层夯实，上部铺0.5～1.0m厚的黏土作防渗铺盖。填方渠道末端的锥形坡不宜过陡以保证边坡稳定，坡面需做砌石或草皮防护，坡脚处设反滤层和排水沟，以利防渗和排水。

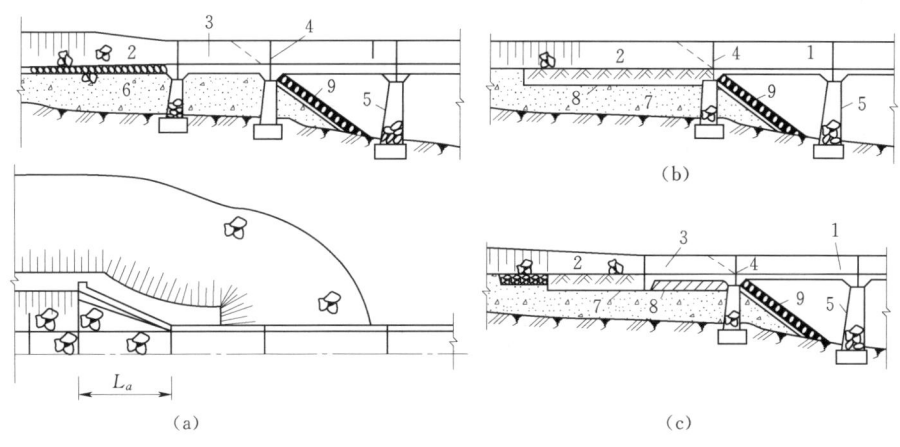

图3-33 斜坡式连接
(a) 刚性连接；(b) 刚性连接（渐变连接段）；(c) 柔性连接
1—槽身；2—渐变段；3—连接段；4—伸缩缝；5—槽墩；
6—回填黏性土；7—回填砂性土；8—铺盖；9—砌石护坡

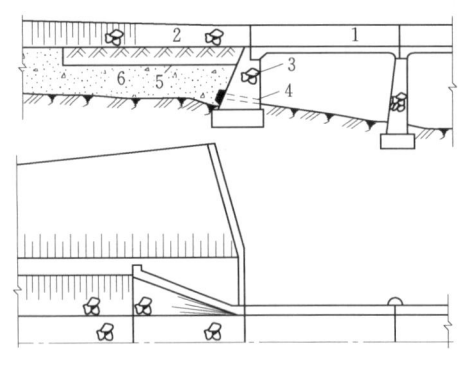

图 3-34 挡土墙连接
1—槽身；2—渐变段；3—挡土墙；4—排水孔；
5—铺盖；6—回填砂性土

挡土墙式连接，如图 3-34 所示。它是将边跨槽身的一端支承在重力挡土墙式槽台上，槽台建于老土或基岩上，槽台两侧做成一字或八字斜降墙挡土。与边跨槽身相连的连接段和渐变段修建在填方渠道上，属柔性连接，有时也可不设连接段。挡土墙身内设置排水孔，以降低墙后水位，减小水压力作用。挡土墙式连接常用于填方高度不大的情况。

2. 槽身与挖方渠道的连接

槽身与挖方渠道连接时，一般是将边跨槽身远端支承在地梁或高度不大的实体墩上，如图 3-35 所示。由于连接段（小型渡槽也可不设连接段）和渐变段直接建于老土地基上，沉降较小，其底板、侧墙可用浆砌石或混凝土建造。

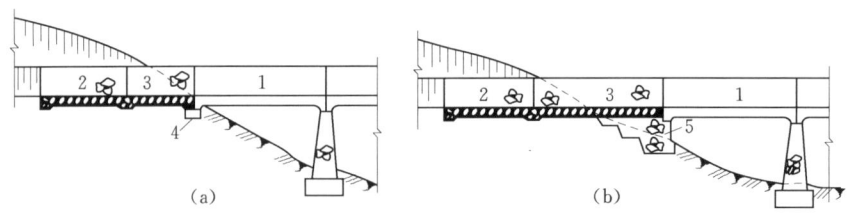

图 3-35 槽身与挖方渠道的连接
(a) 矩形地梁；(b) 设齿墙地梁
1—槽身；2—渐变段；3—连接段；4—地梁；5—浆砌石底座

思 考 题

1. 梁式渡槽一般由哪几部分组成？
2. 梁式渡槽有哪些支承形式，受力有何特点？
3. 矩形槽身结构型式有哪些，各有何特点和适用情况？
4. U形槽身基本参数有哪些，如何确定？
5. 槽身接缝与止水有哪些型式，分别适于什么情况？
6. 槽身支座有哪些型式，各有何特点和适用情况？
7. 槽身稳定计算包括哪些内容，计算单元如何选取？
8. 矩形槽身横向结构计算要计算哪些内容？
9. 有拉杆的矩形槽，横向结构计算时，计算简图如何选取？
10. 有拉杆加肋的矩形槽，如何进行横向结构计算？
11. 多纵梁式矩形槽身，如何进行横向结构计算？
12. U形梁式槽身，如何进行纵向结构计算？
13. 有拉杆的U形槽身，如何进行横向结构计算？

思 考 题

14. 南水北调工程中的梁式渡槽，有哪些新的型式与特点？
15. 分离多纵梁式槽身与整体多纵梁式槽身受力有何不同？
16. 多侧墙矩形槽身有何结构与受力特点？
17. 梁式渡槽的下部支承结构有哪些类型，分别适于什么情况？
18. 桩基空腹槽墩有何受力特点，适于什么情况？
19. 槽架有哪些型式，分别有何特点和适用情况？
20. 槽架与基础连接有哪些型式，构造与受力有何不同？
21. 槽架结构计算包括哪些内容，分别考虑哪些工况？
22. 槽架结构计算简图如何选取，风压与自重如何简化成节点荷载？
23. 何谓刚性基础和柔性基础，材料与受力有何区别？
24. 何谓深基础，有哪些类型和适用情况？
25. 梁式渡槽的进出口连接段有哪些形式，其分别有何特点？

第4章 拱 式 渡 槽

拱式渡槽的支承结构由墩台、主拱圈和拱上结构组成。槽身荷载通过拱上结构传给主拱圈,再由主拱圈传给墩台,其中主拱圈是主要承重构件。

4.1 主 拱 圈

4.1.1 主拱圈的结构型式与构造

主拱圈的结构型式常采用板拱、肋拱、双曲拱等几种。

1. 板拱

板拱一般是一矩形断面的实体拱圈,多用石料、混凝土预制块或砖(小型渡槽)砌筑,也可用混凝土整体现浇而成。板拱自重较大,常用于跨度较小的渡槽,大跨度时也可采用钢筋混凝土结构。板拱构造简单,施工简易,坚固耐久,可就地取材,但用工用料多,工期长。构造上,用料石等砌筑拱圈时,沿径向应砌成通缝,如图4-1所示,以利均匀地传递轴向力。较厚的拱圈需分层砌筑,各层间的切向缝应错开,错距不小于10cm,以保证结合良好。较厚的变截面拱圈可用料石砌筑内圈,块石砌筑

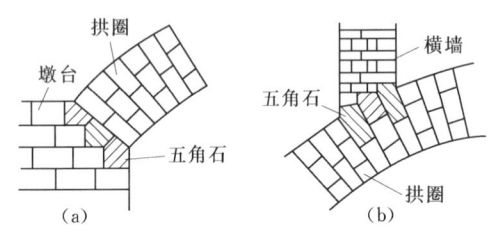

图4-1 拱圈与墩台和横墙的连接

外圈,这样以便从拱顶至拱脚逐渐加大拱圈厚度。拱圈与墩台、横墙结合处常用五角石砌筑,利于减小局部压力。

2. 肋拱

肋拱的主拱圈由两根(槽宽较小时)或数根(槽宽较大时)拱肋构成,拱肋间等距离布置刚度较大的横系梁。横系梁与拱肋连接处设托承,且横系梁钢筋与拱肋主筋相连,以将拱肋连接为整体,保证其横向稳定。拱肋横截面多为矩形,厚宽比一般为1.5~2.5。为减轻重量或增大拱肋抗弯刚度,大跨度时可采用T形、工字形或箱形拱肋。小跨径(20~30m以内)时拱肋常为等截面,大跨径时可采用变截面。肋拱式的主拱圈为钢筋混凝土结构,混凝土强度等级不宜低于C20。当主拱圈为无铰拱时,拱肋内受力钢筋伸入墩帽内的长度不小于1.5倍拱脚厚度,当为二铰拱或三铰拱时,拱铰处构造如图4-2所示。肋拱自身轻,工程量少,外形轻巧美观,可分段预制吊装,也可现场浇筑,但钢筋用量较多。

4.1 主 拱 圈

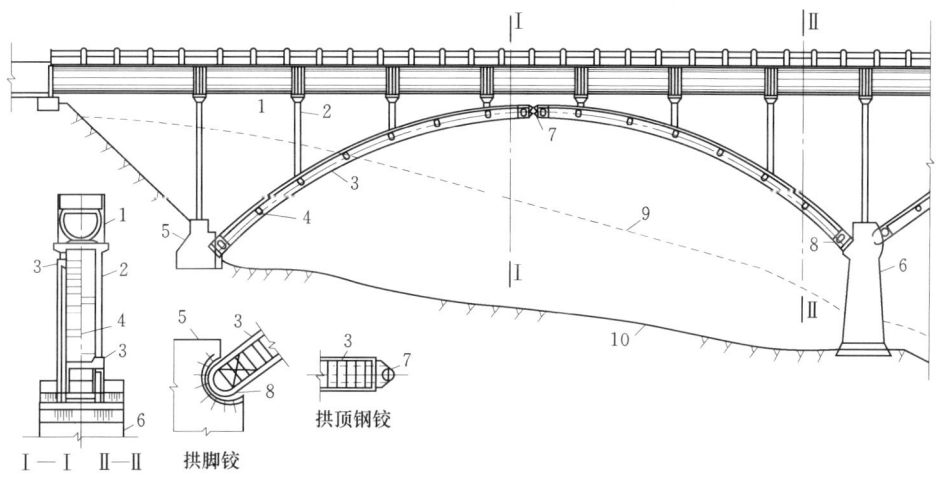

图 4-2 肋拱渡槽
1—U形槽身；2—排架；3—肋拱；4—横系梁；5—拱座；6—墩；
7—拱顶钢铰；8—拱脚铰；9—原地面线；10—开挖线

3. 双曲拱

双曲拱式的主拱圈是由拱肋、拱波、横向连系构成的纵横两个方向均呈拱形的结构，如图 4-3 所示。其中拱肋是主要承重构件，可现浇或分段预制吊装。当采用无支架施工时，分段预制吊装拼接后的拱肋可作为其余结构部分施工的支架。中肋横断面多采用⊥形、凹形或工字形，边肋多用L形。为了加强与拱波的连接，常在拱肋顶面设有齿槽并配置锚固钢筋，如图 4-4 所示。

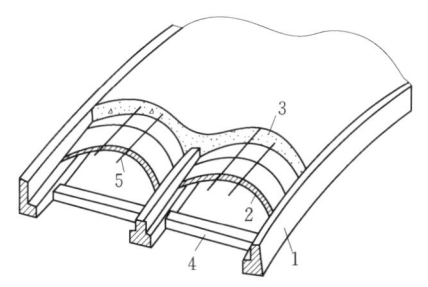

图 4-3 双曲拱圈组成图
1—拱肋；2—预制拱波；3—现浇拱板；
4—横系梁；5—纵向钢筋

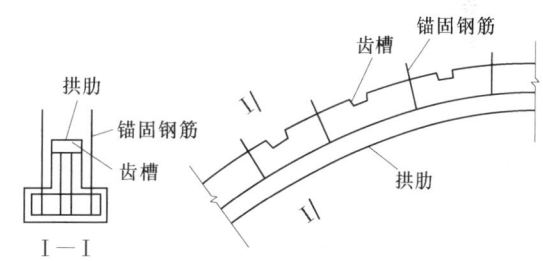

图 4-4 连接齿槽及锚固钢筋

拱波一般分预制和现浇两层，预制拱波位于下层，一般为圆弧形，横断面为矩形，一般厚6cm，宽20~30cm，每块重一般不宜过大，以便运输安装；预制拱波的一侧常做成有削角的斜面，以便与上层现浇拱波更好地结合。上层现浇拱波（也称拱板）应不小于预制拱波厚度，在两波面相交的波谷处宜适当填高，一般填高至主拱圈高度 t 的 0.6 倍，如图 4-5 所示。拱波跨径 L_0 一般为 1.2~1.6m 或稍大，矢跨比为 1/3~1/5。拱波个数视主拱圈宽度而定，常采用单波、双波和三波，为减少拱波与拱肋连接，增强其整体性，以采用少波为宜。

横向连系构件由横系梁（如图 4-5 所示）和横隔板（如图 4-6 所示）构成，其作用是加强主拱圈的横向整体性和稳定性，横系梁等距布置，间距为 3～5m，横断面尺寸按构造要求确定；横隔板间距不大于 10m，常布置在拱顶、1/4 拱跨，拱上结构的横墙、立柱、排架下面，以及分段吊装的拱肋接头处等部位，厚度一般为 20cm。为减轻重量，有时在横隔板上布置几个圆孔，或做成变厚度的。横向连系构件内钢筋按构造要求布置，一般采用 4～6 根 $\phi 10 \sim \phi 16 mm$ 的钢筋，并尽量与拱肋主筋连接。

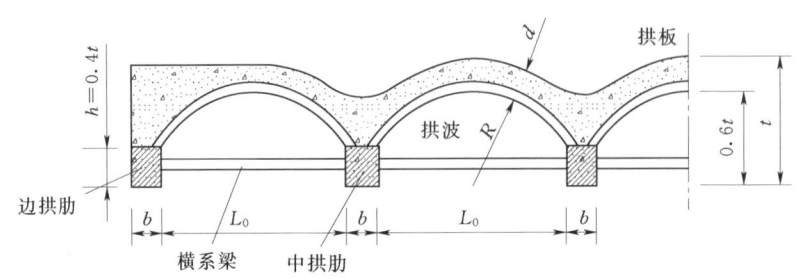

图 4-5 双曲拱拱圈横系梁及横向尺寸

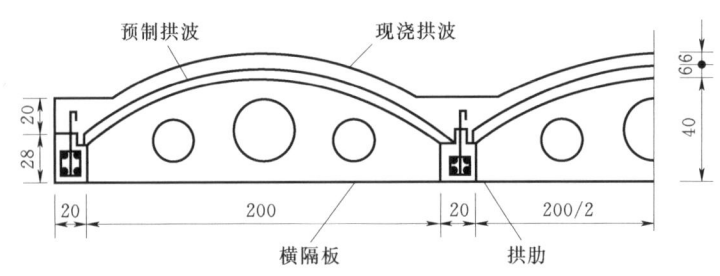

图 4-6 双曲拱横隔板形式及尺寸（单位：cm）

中小跨度的双曲拱可用砌石砌砖、无筋或少筋混凝土建造；当采用钢筋混凝土结构时，双曲拱可做成大跨度，例如我国广西玉林万龙双曲拱渡槽，跨径 126m、高 45m。由于双曲拱在纵横两个方向均呈拱形，可比用同样多数量的材料做成的实心板拱有更大的承载力，但结构复杂，整体性和横向刚度较板拱稍低，易产生纵向裂缝。与肋拱相比，双曲拱较节省钢材，但其自重比肋拱大。

4.1.2　主拱圈的基本尺寸

1. 跨度 l

拱式渡槽的主拱圈有大、中、小三种跨度，$l<15m$ 为小跨度，$l=20\sim50m$ 为中跨度，$l>60m$ 为大跨度。当槽高不大时宜采用小跨度，若渡槽跨越深谷，槽高很大，基础施工困难时宜采用大跨度，一般无特殊要求时，宜采用 40m 左右的中跨度。

2. 拱圈宽度 b 和宽跨比 b/l

主拱圈宽度 b 常与槽身结构的总宽度相等。宽跨比 b/l 常对主拱圈的横向稳定性影响较大，b/l 愈小横向稳定性愈低。根经验，b/l 宜大于 1/20；对于大跨度小流量渡槽，b/l 常较小，但也不宜小于 1/25。

为了提高主拱圈的宽跨比，可从以下两方面考虑：

4.1 主 拱 圈

(1) 槽身断面采用较小的高宽比，以适当加大槽宽。

(2) 采用变宽度拱，从拱顶向拱脚逐渐加大拱宽。

3. 矢高 f 与矢跨比 f/l

主拱圈的矢高等于拱顶截面中心与拱脚截面中心的高差。矢跨比也称拱度，一般矢跨比 $f/l \leqslant 1/5$ 时称坦拱；$f/l > 1/5$ 时为陡拱。

从受力、施工与工程量的角度看，坦拱便于施工，拱上结构高度较低，可节省材料，但对墩台推力大，同时因拱圈弹性压缩、温度变化、混凝土收缩等引起的附加应力也较大，拱顶挠度较大；陡拱对结构受力有利，但施工不便。从拱圈稳定性看，f/l 过大或过小都是不利的。

根据工程经验，适宜的主拱圈矢跨比 f/l 一般为 $1/3 \sim 1/8$，实体板拱、肋拱常用 $1/3 \sim 1/5$，双曲拱多用 $1/4 \sim 1/8$。对槽高大的拱渡槽，f/l 可适当取大些，以加大矢高，降低拱脚高程，改善墩台受力；对多跨拱渡槽，各跨的 f 及 f/l 宜采用相同数值，以使槽墩两侧的拱脚水平推力接近相等，改善墩底应力分布。当受地形地质条件限制作不等跨布置时，应尽量使 l 较大的拱圈采用较大的 f/l 值、较轻的拱上结构和较低的拱脚高程；l 较小的拱圈采用较小的 f/l 值、较重的拱上结构和较高的拱脚高程，以使墩两侧的水平推力及其力矩接近平衡，也可采用不对称槽墩。

4. 主拱圈厚度

对中小跨度的等截面板拱，主拱圈厚度 d 可按式（4-1）估算：

$$d = mK l_0^{\frac{1}{3}} \text{（cm）} \tag{4-1}$$

式中　l_0——拱圈净跨，cm；

　　　m——系数，一般为 $4.5 \sim 6.6$，矢跨比越小，m 值越大；

　　　K——荷载系数，一般取为 $1.2 \sim 1.3$，当渡槽跨度较大或槽内水深较大时，宜取为 $1.4 \sim 1.8$。

对于中大跨度（跨径大于 20m）变截面主拱圈厚度，可采用式（4-2）估算：

$$\left. \begin{array}{ll} \text{拱顶厚} & d_c = 0.12(1+\sqrt{l_0}) \text{（m）} \\ \text{拱脚厚} & d_s = (1.3 \sim 1.5) d_c \text{（m）（坦拱用较大值）} \end{array} \right\} \tag{4-2}$$

对于砌石板拱渡槽，拱顶厚度除用上述公式估算外，还可参照表 4-1 确定。

表 4-1　　　　　　　　砌石板拱渡槽拱顶厚度 d_c 值

拱圈净跨（m）	6	8	10	15	20	30	40	50	60
拱顶厚度（m）	0.30	0.30~0.35	0.35~0.40	0.40~0.45	0.45~0.55	0.55~0.65	0.70~0.80	0.90~0.95	1.00~1.10

对于跨径为 $20 \sim 30$m 的肋拱，常采用等截面拱肋，跨径更大时宜采用变截面拱。初拟尺寸时，顶拱处拱肋厚度可取为跨径的 $1/40 \sim 1/60$，拱脚处拱肋厚度可取为跨径的 $1/20 \sim 1/50$。

横系梁断面多为矩形，梁宽一般不小于梁长的 $1/15$，且不小于 20cm。

对于双曲拱，主拱圈高度 t（如图 4-5 所示）可按以下经验公式计算：

多波 $$t=\left(\frac{l}{100}+35\right)K\text{ (cm)}$$

单波 $$t=\left(\frac{l}{100}+50\right)K\text{ (cm)}$$

(4-3)

式中　l——主拱圈计算跨径，cm；

　　　K——系数，跨径较小或槽内水深较浅时，取 1.0～1.3，跨径较大或槽内水深较大时，取 1.4～1.8，跨径大且槽内水深较大时，取 1.9～2.5。

当拱肋中距大于 2.0m 时，主拱圈高度 t 值宜适当加大。

双曲拱拱肋截面尺寸，可按以下经验公式拟定：

拱肋宽　　　　　　　　　　$b=\dfrac{l}{800}+18$（cm）　　　　　　　　(4-4)

拱肋厚　　　　　　　　　　$h=0.4t$　　　　　　　　　　　　　　(4-5)

拱波厚度（预制与现浇部分总厚）　$d=\dfrac{l}{800}+8$（cm）　　　(4-6)

式中符号意义同前或如图 4-5 所示。

当采用无支架施工，主拱圈起施工支架作用时，拱肋厚 h 还应不小于主拱圈跨径的 0.9%～1.2%，以保证纵向稳定。跨径不大于 50m 时，h 应取大值，且拱肋底宽 b 不小于拱肋厚度 h 的 0.6～1.0 倍。

5. 拱脚高程

确定拱脚高程应考虑以下几点。

(1) 墩台一般应有一定高度，防止拱脚埋入地面以下。

(2) 槽高不大时，拱脚高程一般布置在河道最高洪水位附近。

(3) 对多跨拱渡槽，因槽身有一纵坡 i，在每一跨长 l 内槽身下降一高度 il，为此拱脚高程布置有以下三种情况。

1) 改变拱上结构的高度使之满足槽身纵坡 i 的要求，这时墩台受力不受 i 影响，但渡槽较长时，施工较麻烦。

2) 每一墩顶两侧的拱脚设一高差值 il，施工简单，但对墩身应力及基底压力分布不利。

3) 使各跨拱圈的两个拱脚高程相差 il，而每一槽墩两侧的拱脚高程相同。这时主拱圈成为不对称拱，对拱圈、槽墩受力均有不利影响，但因纵坡 i 值一般不大，这种影响通常很小，且施工简单，工程中应用较多。

4.2　拱　上　结　构

拱上结构位于主拱圈以上用以支承槽身，结构型式有实腹式和空腹式两种。

4.2.1　实腹式拱上结构

实腹式拱上结构，是用圬工材料将拱上结构筑成实体，按其构造又可分为砌背式和填背式两种。

4.2 拱 上 结 构

1. 砌背式

砌背式拱上结构是用浆砌石或混凝土等材料将拱上结构砌成实体，多用于槽宽不大时；当槽宽较大时，为节省材料，宜采用填背式。

2. 填背式

填背式是先在拱背两侧砌筑挡土边墙，再在墙内填以砂性土料并夯实而成［如图2-1（b）所示］，其上砌筑槽身的底板和侧墙。填背式拱上结构的挡土边墙，顶厚应等于槽身侧墙的底厚。墙外侧为垂直面，内侧自墙顶向下以 1∶0.3～1∶0.4 的边坡或以台阶状逐渐放宽，以承受侧向土压力，墙底宽一般为 2/5～1/2 倍墙高；为防止槽身渗水侵蚀主拱圈，拱背与挡土边墙内侧一般铺设一层混凝土或沥青混凝土、三合土作防水层，防水层以上的渗漏水设排水管排出墙外。排水管设于拱上结构的最低处，管进口设 2～3 层砂石反滤料。若采用混凝土防水层，还可起护拱作用。

实腹式拱上结构的槽身不承担纵向荷载，主要作用是抗冲、防渗和承担槽内水压力，可用混凝土或浆石材料筑成。断面多为矩形或梯形，底板可做得较薄，但一般不宜小于 0.2m；侧墙顶厚按构造要求确定，一般不宜小于 0.3m，底部墙厚由计算确定。对浆砌石槽身，为减小糙率和防止槽身渗水侵蚀主拱圈，侧墙与底板迎水面可抹一层 1～2cm 厚的水泥砂浆或浇 5～10cm 厚的混凝土。

为适应主拱圈变形及温度变化引起的纵向变形，槽身与拱上结构常在墩台顶部设置贯通的横缝，缝距一般不宜大于 15m；当跨径较大时，还可在主拱圈拱顶处再设一道横缝，缝宽 2～5cm，槽身横缝须设止水。下部挡土边墙缝，对填背式拱上结构，可在边墙内铺设反滤层，将渗水由缝渗出，也可缝内填塞止水材料而将渗水由排水管排出。

实腹式拱上结构构造简单，施工方便；但用材多、重量大。一般用于中小跨度的拱式渡槽，其下的主拱圈一般为板拱或双曲拱。

4.2.2 空腹式拱上结构

当渡槽跨径较大时，为了减小拱上结构自重以降低主拱圈上的荷载，宜将拱上结构做成空腹式。空腹式拱上结构常用的有横墙空腹式（如图 4-7 所示）和排架式（如图 4-2 所示）两种。

1. 横墙空腹式拱上结构

横墙空腹式拱上结构，是在实腹式拱上结构中对称地布置若干个城门洞形孔洞，孔洞之间用横墙隔开。孔洞称腹孔，顶部的拱形称腹拱，腹拱以上多做成实体称实腹段（也可在腹拱以上再设小腹拱、不设实腹段），其上建筑槽身。槽身荷载通过腹拱以上砌体传给腹拱，腹拱支承于横墙顶部，横墙又支承于主拱圈上。主拱圈将上部荷载传给墩台，主拱圈常采用板拱或双曲拱。

腹拱在半拱跨内常设为 3～5 个，从主拱圈拱脚布置至 1/3 拱跨附近（主拱跨较大时，也可增大空腹范围），中间约 1/3 拱段常为实腹段；腹拱一般做成等厚度圆弧拱或半圆拱，净跨径可取为主拱圈跨度为 1/8～1/15（主拱圈跨度大时取小值），通常采用 2～5m；腹拱厚度一般不宜小于 15cm（混凝土拱）或 30cm（浆砌石拱）。横墙可做成等厚的或以 20∶1～30∶1 的坡度向下加厚，其顶部墙厚不宜小于腹拱厚的 2 倍。拱跨较大时，为进一步减小主拱圈荷载，可在横墙上设孔洞，也可用立柱加顶横梁代替横墙支承腹拱。

为适应主拱圈变形,对靠近墩台的第一腹拱或位于槽墩顶部的腹拱(也可在墩顶设腹拱)宜做成三铰拱或二铰拱。在墩台顶部常将槽身与拱上结构设置贯通横缝,此外,当主拱圈跨度较大时,还可考虑在拱顶、1/4拱跨或1/3拱跨处、空腹与实腹交接处、腹拱铰缝等处,对拱上结构或拱上结构连同槽身设置横缝,防止其因主拱圈变形而开裂,横缝止水布置与实腹式的相同。在这种型式中,槽身作用及构造与实腹式的相同。

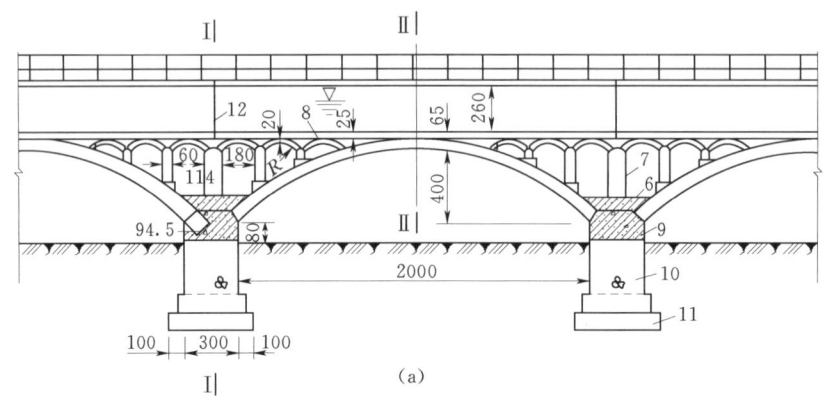

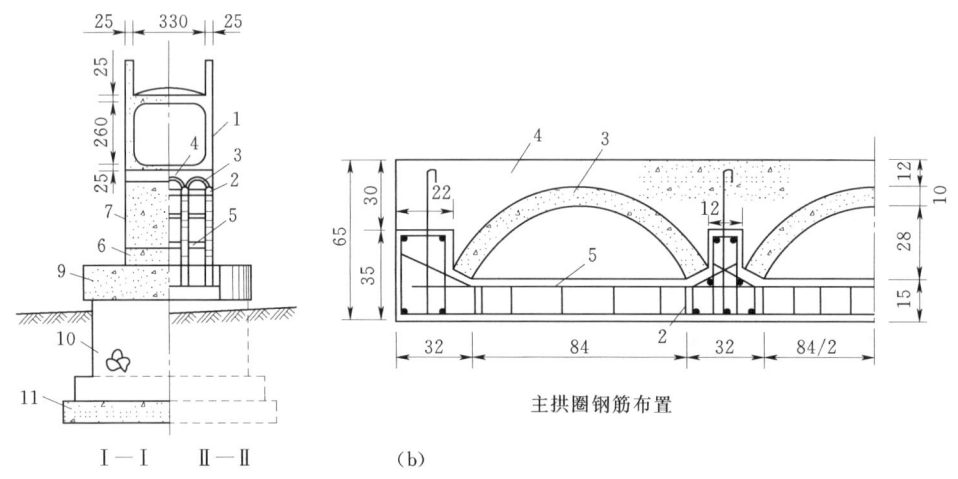

图 4-7 横墙空腹式双曲拱渡槽(单位:cm)

1—C20钢筋混凝土槽身;2—C25钢筋混凝土拱肋;3—C20混凝土预制拱波;
4—C10混凝土填平层;5—C20钢筋混凝土横系梁;6—C15混凝土护拱;
7—C10混凝土腹拱横墙;8—C15混凝土腹拱;9—C20混凝土墩帽;
10—M8浆砌石槽墩;11—C10混凝土;12—伸缩缝

2. 排架式拱上结构

拱上结构由钢筋混凝土排架构成(如图 4-2 所示),槽身支承于排架上,排架固结在主拱圈上,主拱圈多为肋拱。

一般排架对称地布置在主拱圈上,排架间距视主拱圈跨度大小而定,主拱圈跨度较小时,可取为 1.5~3.0m;主拱圈跨度较大时,可采用 3~6m 或约为拱肋宽度的 15 倍。排架间距小时,槽身跨度小且主拱圈受力较均匀,但排架工程量大;反之亦然。排架与拱肋连接常采用杯口式或预留插筋、型钢、钢板等，如图 4-8 所示。

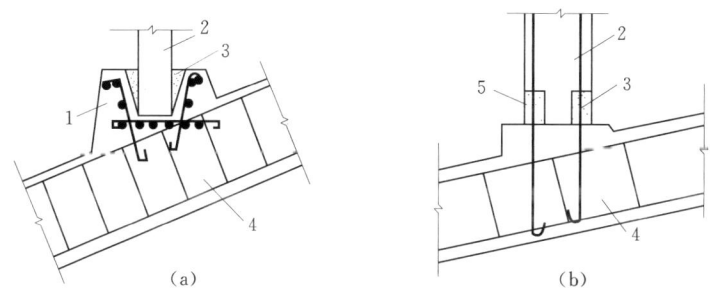

图 4-8 排架与拱肋连接
(a) 杯口式；(b) 预留插筋连接
1—杯口；2—排架支柱；3—二期混凝土；4—拱肋；5—钢筋焊接接头

排架上部的槽身为梁式结构，每节槽身支承于两个排架上，支承形式可为简支或双悬臂式，小型渡槽也可采用连续梁式。在这种型式中，槽身与排架的结构计算同于梁式渡槽。

一般地，因槽身跨度较小，纵向弯矩不大，槽身可采用少筋或无筋混凝土结构。槽身断面形式可为 U 形或矩形。

排架式拱上结构轻巧美观，常用于大跨度的肋拱渡槽。

4.3 主拱轴线的形式

4.3.1 设计拱轴线的确定原则

为充分利用拱结构的特性，发挥材料的抗压性能，使拱圈结构设计得既安全又经济，合理的主拱圈轴线形式，应与渡槽设计工况下的荷载压力线（以截面合内力为切线的曲线）重合或接近重合。此时拱圈截面内唯有轴向力 N 而没有弯矩 M 和剪力 Q。但由于在工程应用中槽内水深是变化的，加之其他因素如温变、混凝土干缩、拱圈受载后的弹性压缩等影响，实际上难以找到一条拱轴线，在各种情况下都能与拱圈的荷载压力线重合。因此设计时通常按槽内为设计水深或满槽水时的拱圈荷载，作为设计荷载确定其压力线，以之作为主拱圈设计拱轴线。

4.3.2 实腹式拱上结构拱圈的荷载压力线与设计拱轴线

对实腹式拱渡槽，拱上设计荷载（结构自重＋水重）是连续分布的，如图 4-9 (a) 所示。设拱顶荷载强度为 g_d，拱上材料的平均容重为 γ，则在拱脚即拱轴坐标 $y_1 = f$（矢高）处的荷载强度 g_j 为：

$$g_j = g_d + \gamma f$$

或

$$\gamma = \frac{g_j - g_d}{f} = \frac{g_d}{f}(m-1) \tag{4-7}$$

$$m = \frac{q_j}{q_d}$$

式中 m——拱轴系数。

距拱顶为 x 处的荷载强度为：

$$g_x = g_d + \gamma y_1 = g_d + \frac{g_d}{f}(m-1)y_1 \tag{4-8}$$

设 $\widehat{dj}$ 为拱上荷载压力线，于是在拱顶 d 处弯矩 $M=0$，剪力 $Q=0$；将拱上荷载对拱脚截面中心取矩，可得拱顶水平轴向力 H_g 为：

$$H_g = \frac{M_j}{f} \tag{4-9}$$

式中 M_j——半跨拱上荷载对拱脚截面中心的力矩，$N \cdot m$。

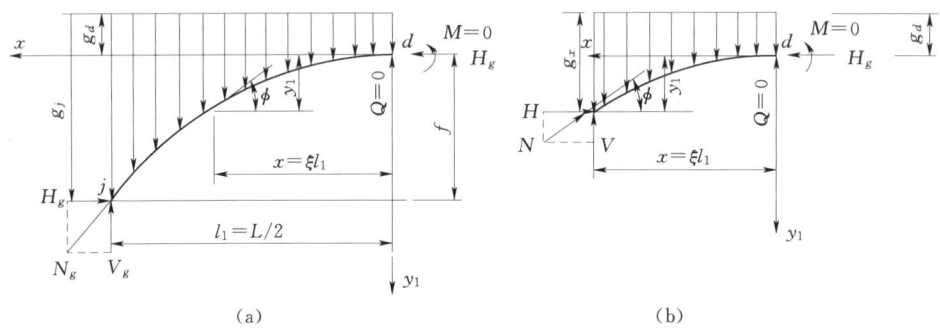

图 4-9 实腹式拱上结构的主拱轴线
(a) 拱轴线受力图；(b) x 截面以右脱离体

由于 $\widehat{dj}$ 为拱上荷载压力线，任意位置处的弯矩和剪力均为零，即对距拱顶为 x 的任意截面处，有 $M=0$，$Q=0$ [见图 4-9 (b)]。设 x 处轴力 N 的水平及铅直分力分别 H 和 V，由平衡条件可知 $H=H_g$。又设荷载压力线方程为 $y_1(x)$，其切线水平倾角为 ϕ，由几何微分关系可得：

$$\frac{dy_1}{dx} = \tan\phi = \frac{V}{H} = \frac{V}{H_g} \tag{4-10}$$

将上式对 x 微分一次，并注意到内力 V 与荷载 g_x 有微分关系 $\frac{dV}{dx} = g_x$，得到：

$$\frac{d^2 y_1}{dx^2} = \frac{g_x}{H_g} \tag{4-11}$$

令 $x=\xi l_1$，有 $dx = l_1 d\xi$，并将式 (4-8) 代入式 (4-11) 可得：

$$\frac{d^2 y_1}{d\xi^2} = \frac{l_1^2}{H_g} g_d + k^2 y_1 \tag{4-12}$$

$$k^2 = \frac{l_1^2 g_d}{H_g f}(m-1)$$

式 (4-12) 是一个二阶常系数非齐次线性微分方程，其解为：

$$y_1 = \frac{f}{m-1}(chK\xi - 1) \tag{4-13}$$

式 (4-13) 既是实腹式拱渡槽的主拱荷载压力线，也是其设计拱轴线，可见它是一悬链线。

将 $\xi=1$ 时 $y_1=f$ 代入式（4-13）可得 $m=chK$，或
$$K=\ln(m+\sqrt{m^2-1}) \qquad (4-14)$$

用式（4-13）确定主拱轴线时需采用试算法：

(1) 先初设 m 值，用式（4-13）或附录表 1 数值求出主拱轴线上各点坐标，并绘出主拱轴线。

(2) 拟定主拱圈尺寸，布置拱上结构、槽身与槽内水深，并据之计算拱轴系数 $m=\dfrac{g_j}{g_d}$ 值。

(3) 若求出的 m 值与初设值相等，则上述主拱轴线即为所求；否则，另设 m 值重复上述计算，直至满足要求为止。

一般只需试算 2～3 次即可满足要求。

4.3.3 排架空腹式拱上结构拱圈的设计拱轴线

当拱上结构为排架空腹式时，主拱圈承受排架立柱传来的铅直力和结构自重作用，由于排架自重一般不大，可忽略其高度差对自重的影响，当排架等间距布置时，主拱圈上荷载可近似视为均

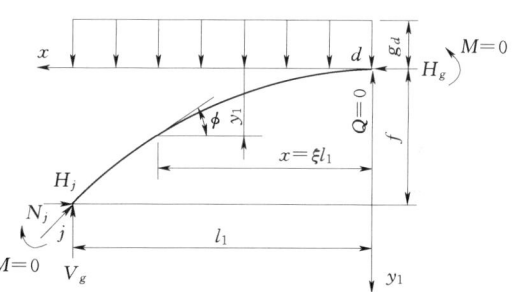

图 4-10 排架空腹式拱上结构的主拱轴线

匀分布，如图 4-10 所示。此时拱轴系数 $m=1$，并注意到拱顶推力 $H_g=\dfrac{g_d l_1^2}{2f}$（由 $\sum M_j=0$ 得到），由式（4-12）可得：

$$\dfrac{d^2 y_1}{d\xi^2}=2f \qquad (4-15)$$

对上式积分二次并代入边界条件，可得其解为：

$$y_1=f\xi^2 \qquad (4-16)$$

由上式可见，排架式拱上结构的设计拱轴线是一个二次抛物线，它也是 $m=1$ 的悬链线。

4.3.4 横墙空腹式拱上结构拱圈的设计拱轴线

横墙空腹式拱上结构，如图 4-11 所示。主拱圈承受横墙传来的集中力 G_1、G_2、G_3 末腹拱传来的水平力 H_1 及拱顶附近实腹段的分布荷载 W_1。由于拱上荷载不连续，其压力线也不是一光滑连续曲线，此时拱轴线难以与压力线完全重合。对此，工程中常采用"五点重合法"来设计主拱轴线，即使主拱轴线在拱顶、左、右拱脚、两个拱跨 1/4 点处与设计荷载压力线重合，该五点之外主拱轴线与荷载压力线可以有偏离。

由于在拱顶 d、拱脚 j、1/4 拱跨处（V 点）拱轴线与压力线重合，即有 $M=0$，$Q=0$，分别取半拱跨、1/4 拱跨以右的拱圈为研究对象，由平衡条件 $\sum M_j=0$ 及 $\sum M_v=0$ 可得：

$$H_g f=M_j$$

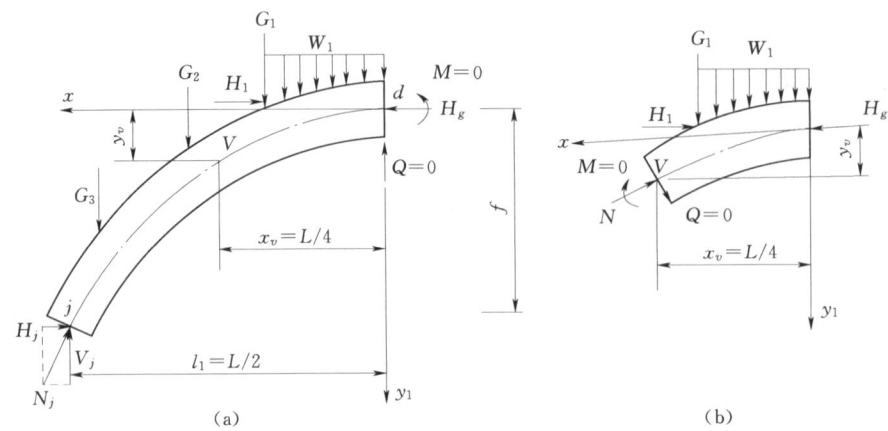

图 4-11 横墙空腹式拱上结构的主拱轴线
(a) 拱圈受力图; (b) x_v 截面以左脱离体

$$H_g y_v = M_v$$

化简以上二式得到：

$$\frac{y_v}{f} = \frac{M_v}{M_j} \tag{4-17}$$

式中 M_v、M_j——1/4 拱跨处（V 点）以右的荷载对 V 点的力矩和半跨荷载对拱脚 j 点的力矩，N·m；

y_v、f——1/4 拱跨处截面中心纵坐标和主拱圈矢高，m。

采用"五点重合法"设计拱轴线时，试算如下：

(1) 先假设一拱轴系数 $m_设$，并根据 $m_设$ 值由本书附录表 1 查得主拱轴线坐标，并绘出主拱轴线。

(2) 拟定主拱圈尺寸，布置拱上结构及设计荷载，计算 M_v、M_j 值并代入式 (4-17) 求得 y_v/f 值。

(3) 由 y_v/f 值在附录表 2 中查得一拱轴系数 m 值，若 $m = m_设$，则以上拱轴系数及拱轴线即为所求；否则另设 m 值并重复上述过程，直至满足要求为止。

实际工程中，当跨度较大时，板拱多采用变截面悬链线拱，肋拱多用变截面悬链线拱或二次抛物线拱，双曲拱常用悬链线或高次抛物线拱。为施工方便，对较小跨径的主拱圈，如实体板拱跨径 $l < 20m$，肋拱 $l \leqslant 20 \sim 30m$ 及中小拱跨的双曲拱，常采用等厚圆弧拱，中心角多为 $120° \sim 130°$，有时也可用 $180°$ 的半圆拱，但应力条件较差。

4.4 主拱圈的内力与稳定计算

工程设计中，计算主拱圈的内力与稳定常利用有关设计手册中的图表进行简化计算，现以等厚度悬链线无铰板拱为例，说明其计算内容及其计算方法。

4.4.1 荷载作用下的拱圈内力（不考虑弹性压缩时）

不考虑弹性压缩，即认为拱轴线在荷载作用下无缩短变形，因此在设计荷载下，拱轴

4.4 主拱圈的内力与稳定计算

线与荷载压力线重合。此时对悬链线式实腹拱、排架空腹拱的任意截面上，横墙式空腹拱在拱顶、拱脚、1/4 拱跨截面上，只承受轴向压力 N 而弯矩 M、剪力 Q 均为零。这时无铰拱成为实际上的静定三铰拱，拱圈内力可由静力平衡条件求出如下。

1. 实腹拱

拱顶水平推力 H_g、拱脚垂直反力 V_j 及任意截面的轴向压力 N 为：

$$H_g = K_g \frac{g_d l^2}{f} \tag{4-18}$$

$$V_j = K_g' g_d l \tag{4-19}$$

$$N = \frac{H_g}{\cos\varphi} \tag{4-20}$$

$$l = l_0 + d\sin\varphi_j$$

$$f = f_0 + d/2(1-\cos\varphi_j)$$

式中 K_g、K_g'——系数，可由附录表 3 查得；

l——计算跨径，m；

f——计算矢高，m；

d——拱圈厚度；

l_0、f_0——主拱圈净跨径，m，净矢高，m；

φ_j——拱轴线在拱脚处切线的水平倾角，(°)；

φ——任意截面处拱轴线切线的水平倾角，(°)。

2. 横墙空腹拱

拱顶水平推力 H_g、拱脚垂直反力 V_j 及 1/4 拱跨截面的轴向压力 N 分别为：

$$H_g = \frac{M_j}{f} \tag{4-21}$$

$$V_j = \frac{G_{总}}{2} \tag{4-22}$$

$$N = \frac{H_g}{\cos\varphi_v} \tag{4-23}$$

式中 $G_{总}$——拱上全部垂直荷载之和，kN；

M_j——半跨拱上全部荷载对拱脚截面的力矩，kN·m；

φ_v——1/4 拱跨处拱轴线切线的水平倾角，(°)。

当靠近拱顶的最后一个腹拱为非半圆拱时，腹拱拱脚将对拱圈作用以水平推力 H_1，计算 M_j 时应计入 H_1 的力矩。计算 H_1 作用点以左截面的轴向压力 N 时，式（4-23）中的 H_g 应代以 $H_g - H_1$。

对于排架空腹式拱上结构的情况，对起主拱圈作用的拱肋，可视为均布荷载作用下的三铰拱，按静定结构计算任意截面上的轴向内力及拱脚反力。

4.4.2 设计荷载作用下拱圈的弹性压缩内力

当考虑弹性压缩时，拱圈在外荷载作用下，因受到轴向压力的压缩，拱轴线将缩短而变形，使荷载压力线不再与设计拱轴线重合，因此拱圈内将产生附加内力，称为弹性压缩内力。弹性压缩内力包括：附加弯矩 ΔM、附加轴向力 ΔN（剪力 ΔQ 很小，一般忽略

第4章 拱式渡槽

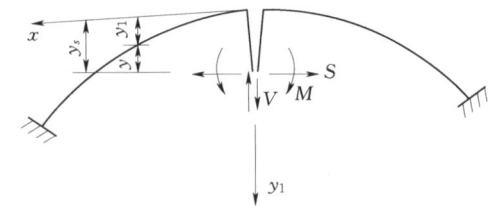

图4-12 无铰拱弹性压缩内力计算图

不计),其值可用弹性中心方法求出为(如图4-12所示):

$$\Delta M = -Sy = \mu_1 H_g (y_s - y_1)$$
$$(内侧受拉为+) \quad (4-24)$$

$$\Delta N = -S\cos\varphi = -\mu_1 H_g \cos\varphi (受压为+) \quad (4-25)$$

其中: $S = -\mu_1 H_g$ (一号表示 S 与 H_g 互为反向)

$$\mu_1 = \frac{\int_0^l \dfrac{\mathrm{d}x}{EA\cos\varphi}}{\int_s \dfrac{y^2 \mathrm{d}s}{EI}} \quad (4-26)$$

式(4.26)积分分别沿拱圈跨径 l 和弧长 s 进行。

对于砌石板拱一般可取1m宽拱圈计算内力,对于1m宽矩形等截面拱圈,有:

$$\mu_1 = \frac{d^2}{12v_1 \theta f^2} \quad (4-27)$$

式中 S——考虑弹性压缩时在拱圈弹性中心处产生的附加水平力,kN;

H_g——未考虑弹性压缩时拱顶水平推力,kN;

y_s——弹性中心到拱顶的距离,m,可由附录表4查得;

y——计算截面中心到弹性中心距离,m;

y_1——计算截面中心到 x 轴距离,m;

μ_1——弹性压缩系数;

θ、$1/v_1$——系数,可分别由附录表5、表6查得;

d、f——拱圈厚度和计算矢高,m。

于是考虑弹性压缩时,设计荷载作用下的拱圈内力应等于以上两项内力之和,即:

$$M' = M + \Delta M = \mu_1 H_g (y_s - y_1) \quad (4-28)$$

$$N' = N + \Delta N = (1 - \mu_1 \cos^2 \varphi) \frac{H_g}{\cos\varphi} \quad (4-29)$$

在下列情况下,ΔM、ΔN 影响较小,一般可忽略弹性压缩影响:

$l \leq 30\text{m}$,$\dfrac{f}{l} \geq \dfrac{1}{3}$ 时;$l \leq 20\text{m}$,$\dfrac{f}{l} \geq \dfrac{1}{4}$ 时;$l \leq 10\text{m}$,$\dfrac{f}{l} \geq \dfrac{1}{5}$ 时。

式中 l——计算跨径;

f/l——矢跨比。

4.4.3 水深变化时的附加内力

由于拱轴线设计时,一般是以设计水深和满槽水深为设计条件确定的,仅当为上述水深时,拱轴线与压力线重合或五点重合。但实际应用中,槽内水深往往是变化的,因此当处于非设计水深时,荷载压力线与拱轴线会发生偏离,此时拱圈内将产生第二种附加内力 $\Delta M'$、$\Delta N'$。

计算 $\Delta M'$、$\Delta N'$ 时,实际水深相对于设计水深的变化值,可看作是增加或减少一附加均布水重 p(p 是按水深变化值折算成的单位面积上的附加水重,水深增大为正,水深减小为负），p 产生的顶拱附加弯矩 ΔM_1、顶拱附加水平推力 ΔH_1（如图4-13所示），可由下式计算：

$$\Delta M_1 = K_1 p l^2 \quad (4-30)$$

$$\Delta H_1 = K_2 p \frac{l^2}{f} \quad (4-31)$$

式中 K_1、K_2——附加均布水重 p 作用下的附加顶拱弯矩系数及附加顶拱水平推力系数，可由附录表7、表8查得。

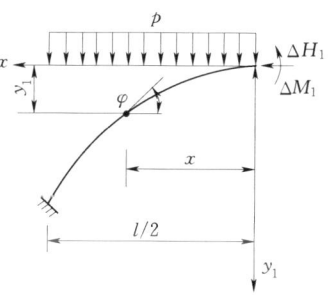

图4-13 水深变化时是附加内力计算简图

ΔM_1、ΔH_1 求得后，附加均布水重 p 作用下拱圈任意截面的附加内力 $\Delta M'$、$\Delta N'$，可由静力平衡条件求得为：

$$\Delta M' = \Delta M_1 + \Delta H_1 y_1 - \frac{p}{2} x^2 \quad (4-32)$$

$$\Delta N' = \Delta H_1 \cos\varphi + px\sin\varphi \quad (4-33)$$

将附加内力 $\Delta M'$、$\Delta N'$ 与设计水深下水重+结构重产生的内力叠加，即得某一应用水深下的拱圈内力。

须指出：①式（4-30）、式（4-31）用于横墙空腹拱时为近似计算，因附加均布水重 p 是通过腹拱、横墙以集中力形式传给拱圈的；②此时由 $\Delta M'$、$\Delta N'$ 引起的弹性压缩内力忽略不计。

4.4.4 温变作用下的内力

对于超静定拱，由于两端约束限制拱圈不能自由变形，温度变化会在拱内产生第三种附加内力。计算温变引起的附加内力时，可先求出弹性中心处的附加水平力 H_t，然后根据静力平衡条件，求得任意截面附加弯矩 M_t 及附加轴力 N_t 为：

$$M_t = -H_t(y_s - y_1) \quad (4-34)$$

$$N_t = H_t \cos\varphi \quad (4-35)$$

其中：

$$H_t = \frac{\alpha \Delta t E I}{\theta f^2} \quad (4-36)$$

式中 α——材料的线膨胀系数，钢筋混凝土及混凝土 $\alpha = 1 \times 10^{-5}$，混凝土预制块砌体 $\alpha = 9 \times 10^{-6}$，石砌体 $\alpha = 8 \times 10^{-6}$，砖砌体 $\alpha = 7 \times 10^{-6}$；

Δt——温度变化值，即拱圈合拢时温度与当地最高或最低月平均气温之差，温度上升为正，下降为负；

I——拱圈截面的惯性矩（m^4），对矩形截面拱圈 $I = \frac{b}{12} d^3$，d 为拱圈厚度，b 为拱圈宽度，m；

E——拱圈材料的弹性模量，N/m^2；

其余符号意义同前。

尚若需考虑石砌体的塑性和徐变影响时，可对温度变化引起的内力乘以折减系数 0.7。

4.4.5 混凝土收缩引起的内力

对于混凝土或钢筋混凝土超静定拱圈,混凝土收缩将在拱圈内引起第四种附加内力,其值可按温降考虑。温降值见 2.3.3 小节,内力计算公式与温变作用下的相同。

当考虑材料塑性和徐变影响时,混凝土收缩内力应乘以折减系数 0.45。

对于跨径 $l \leqslant 25\mathrm{m}$,$f/l \geqslant 1/5$ 的石、砖、混凝土预制块砌体拱,可不计温变及结构收缩影响。

4.4.6 横向风力作用下的拱脚内力

对于大跨径渡槽,当宽跨比 $b/l \leqslant 1/20$ 时,应验算水平横向风力作用下拱脚内力,一般近似按下述假定计算:

(1) 先将拱圈作为两端固定的水平梁,跨径等于拱圈计算跨径 l,全梁平均承受总风压力,如图 4-14 (a) 所示。由此求出固端弯矩 M_1 为:

$$M_1 = \frac{1}{12} p_1 l^2 \qquad (4-37)$$

$$p_1 = \frac{A_1 + A_0}{l} W$$

式中 　W——风压强度,N/m^2;
　　　A_1、A_0——拱脚至拱顶的受风面积和拱顶以上包括槽身在内的受风面积,m^2。

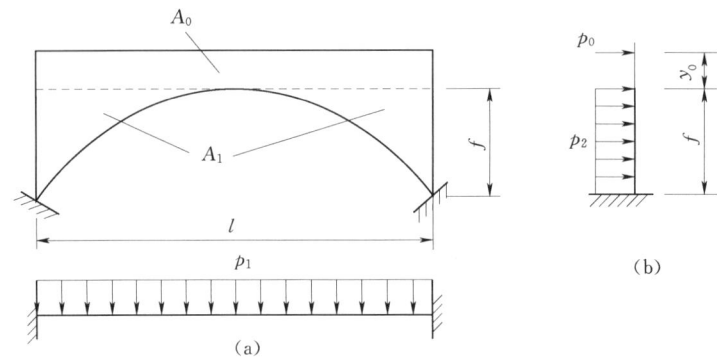

图 4-14　横向风力作用下的内力

(2) 再将拱圈作为下端固定的悬臂梁,梁长等于拱圈计算矢高 $f+y_0$ [如图 4-14 (b) 所示],承受半拱跨内的风压力,由此求出固端弯矩 M_2 为

$$M_2 = \frac{1}{2} p_2 f^2 + P_0 (f + y_0) \qquad (4-38)$$

$$P_2 = \frac{1}{2} \times \frac{A_1 W}{f}$$

$$P_0 = \frac{1}{2} A_0 W$$

式中　y_0——拱顶以上受风面积形心至顶拱截面中心的距离,m。

(3) 拱脚截面在横向风力作用下的计算弯矩 M,等于弯矩 M_1(绕铅直轴)和 M_2(绕水平轴)在拱脚截面上的投影之和,即:

4.4 主拱圈的内力与稳定计算

$$M = M_1 \cos\varphi + M_2 \sin\varphi \tag{4-39}$$

式中 φ——拱轴线切线在拱脚处的水平倾角，(°)。

需指出，对于等截面悬链线无铰肋拱主拱圈，上述公式也可用来计算其拱肋内力，但截面积与惯性矩等几何特性，应按拱肋的截面尺寸计算。每片拱肋承受的荷载等于拱上排架立柱传来的荷载及拱肋自重。当考虑横向风力作用于槽身时，排架立柱还以集中力的形式传给拱肋附加垂直力。

对于等截面悬链线无铰双曲拱主拱圈，内力计算步骤和计算用表也可参考"等截面悬链线无铰板拱"进行。但因主拱圈是用不同材料组成的非矩形截面，须将拱圈折算成同一弹性模量的截面。计算折算截面时，由于现浇拱波所占面积最大，常以其为标准层，将拱肋和预制拱波通过折算系数 $n = E_i/E$（E_i 为预制拱波或拱肋的弹性模量，E 为现浇拱波的弹性模量），折算成与现浇拱波相同弹性模量的截面面积。

4.4.7 主拱圈承载力计算

求得拱圈内力后，即可按最不利情况进行荷载效应组合，按偏心受压构件进行承载力验算和配筋设计。

拱式渡槽承载力验算的基本组合一般为：设计水深+恒载（结构重）情况，或设计水深+恒载+混凝土收缩情况；偶然组合一般为：恒载+温升（或温降）+混凝土收缩情况，或恒载+温升（或温降）+混凝土收缩+横向风压情况，地震区还应验算地震力影响。一般以基本组合设计拱圈截面，偶然组合进行校核。

拱圈承载力验算时，一般只需验算拱顶、拱脚、1/4 拱跨几个控制截面；对于大跨径渡槽，还应验算 1/8 拱跨与 3/8 拱跨截面；对于小跨径渡槽，可只验算拱顶与拱脚截面。

4.4.8 主拱圈稳定验算

主拱圈是以受压为主的构件，当跨度大且横向尺寸较小时，受力后可能会产生较大的屈曲变形而丧失稳定，故需进行稳定验算。验算内容包括：纵向稳定（屈曲后拱轴仍在原拱轴平面内，即绕横截面内水平重心轴挠曲）和横向稳定（屈曲后拱轴不再在原拱轴平面内，即绕横截面内铅直重心轴挠曲），一般采用以下方法近似计算：

1. 纵向稳定验算

把曲线形拱圈换算成计算长度为 l_0 且有

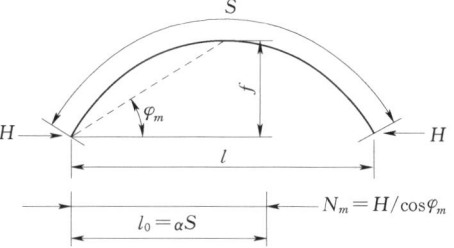

图 4-15 主拱圈纵向稳定计算简图

同等刚度的直杆，杆端承受平均轴向压力 N_m，见图 4-15，按考虑纵向弯曲影响的轴心受压构件验算其稳定性，即：

$$\sigma = \frac{N_m}{\varphi A} \leqslant f_c \tag{4-40}$$

$$N_m = \frac{H}{\cos\varphi_m} \tag{4-41}$$

$$\varphi_m = \frac{1}{\sqrt{1 + 4\left(\dfrac{f}{l}\right)^2}}$$

第4章 拱式渡槽

$$S = \frac{1}{\nu_1} l$$

$$l_0 = \alpha S$$

$$i_x = \sqrt{\frac{I_x}{A}}$$

式中 σ——考虑纵向弯曲影响的拱圈截面内的平均压应力，N/mm²；

A——拱圈横截面面积，mm²；

H——拱脚水平推力，kN；

φ_m——半拱的弦与水平线夹角，(°)；

f_c——拱圈材料轴心抗压强度设计值，N/mm²；

f、l——矢高与计算跨径，m；

S——拱轴线长度，m；

$\dfrac{1}{\nu_1}$——系数，可由附录表6查得；

φ——拱圈的纵向弯曲系数，根据直杆计算长度 l_0 和拱圈横截面绕水平重心轴 x 的惯性半径 i_x 由表4-2查得；

α——系数，对实腹式板拱渡槽，无铰拱 $\alpha=0.36$，二铰拱 $\alpha=0.54$，三铰拱 $\alpha=0.7$；对肋拱渡槽，无铰拱 $\alpha=0.5$；二铰拱 $\alpha=1.0$；

I_x——拱圈横截面绕其水平重心轴 x 的惯性矩，m⁴，对单宽矩形截面拱 $I_x=\dfrac{d^3}{12}$，d 为拱圈厚度，m；

其余符号意义同前。

表4-2　　　　　　　　混凝土构件的纵向弯曲系数 φ

l_0/b	<4	4	6	8	10	12	14	16
l_0/i	<14	14	21	28	35	42	49	56
φ	1.00	0.98	0.96	0.91	0.86	0.82	0.77	0.72
l_0/b	18	20	22	24	26	28	30	
l_0/i	63	70	76	83	90	97	104	
φ	0.68	0.63	0.59	0.55	0.51	0.47	0.44	

注 b 为矩形截面的边长，对轴心受压构件取为短边尺寸，对偏心受压构件取为弯矩作用平面的截面高度；i 为任意截面的回转半径，对轴心受压构件取为最小回转半径，对偏心受压构件取为弯矩作用平面的回转半径；l_0 为构件计算长度。

对于实腹拱，一般跨径不大，纵向稳定也可不作验算。

2. 横向稳定验算

拱圈的横向稳定，仅当拱圈宽跨比 $b/l < 20$ 时才作验算，公式与纵向稳定的相同，但确定拱圈纵向弯曲系数 φ 值时，所采用的惯性半径 i 值及拱轴计算长度 l_0 如下计算：

（1）惯性半径 i 值确定。拱圈横向失稳（按拱圈铺平成直杆考虑，如图4-15所示）

4.4 主拱圈的内力与稳定计算

即绕竖轴 y 挠曲,惯性半径应取为:

$$i = i_y = \sqrt{\frac{I_y}{A}} \quad (4-42)$$

式中 I_y——拱圈横截面绕其面内竖轴 y 的惯性矩,m^4,对矩形截面拱 $I_y = \frac{b^3}{12}d$,b 为拱圈宽度,d 为拱圈厚度;对肋拱(见图 4-16),I_y 为两二根拱肋对其共同竖轴的惯性矩;

A——拱圈横截面面积,mm^2,对肋拱,A 为两根拱肋横截面积之和。

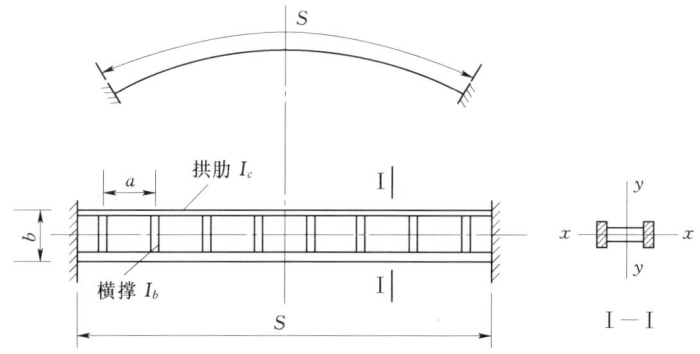

图 4-16 肋拱横向稳定计算简图

(2) 拱轴计算长度 l_0 确定。

对板拱、双曲拱:

$$\left. \begin{array}{l} l_0 = \dfrac{1}{2} \times \dfrac{\sqrt{1+\lambda\left(\dfrac{\alpha_0}{2\pi}\right)^2}}{1-\left(\dfrac{\alpha_0}{2\pi}\right)^2} S(\text{无铰拱}) \\[4ex] l_0 = \dfrac{\sqrt{1+\lambda\left(\dfrac{\alpha_0}{\pi}\right)^2}}{1-\left(\dfrac{\alpha_0}{\pi}\right)^2} S(\text{二铰拱}) \end{array} \right\} \quad (4-43)$$

对有横撑的肋拱(如图 4-16 所示):

$$l_0 = \alpha_1 S \sqrt{1 + \frac{\pi^2 E I_y}{(\alpha_1 S)^2}\left(\frac{ab}{12EI_b} + \frac{a^2}{24EI_c}\right)} \quad (4-44)$$

$$\lambda = EI_y/GI_K$$

式中 λ——拱圈截面的刚度比;

E、G——拱圈材料的弹性模量和剪切模量,N/mm^2;

I_K——拱圈截面的抗扭惯性矩,mm^4;

α_0——拱圈圆心角(弧度),对悬链线或抛物线拱,可近似取通过拱顶和两拱脚截面中心所作圆弧的中心角;

S——拱轴线长度,mm,计算公式同前;

α_1——系数,无铰拱取 0.5,二铰拱取 1.0;

$a、b$——横撑中距和拱肋中距，mm；

I_b——横撑截面惯性矩，mm^4；

I_c——拱肋截面惯性矩，mm^4。

4.5 墩 台

拱式渡槽的槽墩和槽台，按其受力情况不同，可分为对称墩，不对称墩、单向推力墩、加强墩等几种形式。

4.5.1 对称墩

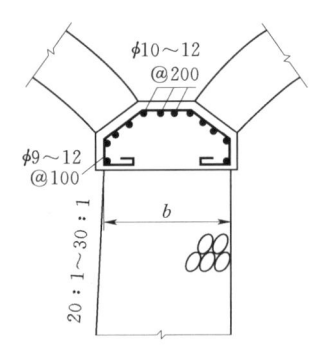

图 4-17 墩帽

对于等跨布置的拱渡槽，中墩两侧受力平衡，称对称墩。对称墩只受竖向力，墩两侧水平推力和力矩互成平衡。对称墩与梁式渡槽的重力式中墩相似，其形式与构造也相近，墩身可为实体或空心结构。但墩帽（如图 4-17 所示）要求较高，常用不小于 C20 的混凝土建造。在墩帽与拱脚结合部位常铺设 1~2 层 $\phi9\sim12@100mm$ 的钢筋网。无铰拱槽墩还应埋设锚固钢筋。墩帽宽度可为拱跨的 1/15~1/25（混凝土墩）或 1/10~1/20（浆砌石墩）或 2~3 倍主拱圈厚度。

4.5.2 不对称墩

对多跨拱渡槽，因地形地质条件等限制布置成不等跨时，须设置不对称墩，以承受两侧不等跨拱圈传来的荷载。不对称墩的结构形式与布置，应根据墩两侧拱圈的布置而定，结构尺寸应由计算确定。

4.5.3 槽台

槽台即拱渡槽的边墩，也称单向推力墩或拱座。拱式渡槽槽台除承受顶部铅直荷重、台后侧向土压力（按静止土压力计）外，还承受一侧拱圈传来的拱脚内力，如图 4-18 所示。槽台的结构尺寸，应保证槽台在上述荷载作用下有足够的稳定性，还应尽量使荷载压力线（各截面合内力作用点连线）靠近槽台各水平截面的重心，使各截面及基底面承受的压力接近于均匀分布。为此，槽台的基本形状多为梯形（上窄下宽）。槽

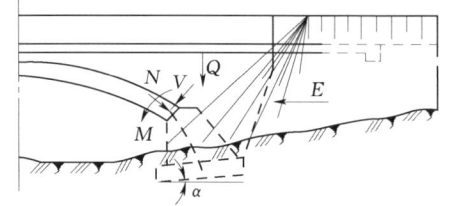

图 4-18 实心砌体槽台

台基础底面，一般做成水平的，为提高槽台抗滑稳定性，也可做成稍微倾斜的或底部设抗滑齿墙。

槽台结构形式，当拱跨较小，槽身较窄时，可用砖、石或混凝土做成实体重力式的，否则，可采用填背式 U 形槽台，如图 4-19 所示。U 形槽台由前墙、两侧侧墙，基础底板及填料等组成，常为浆砌石结构；前墙承受拱脚作用力，支承边跨槽身，并承受墙后填料土压力；顶宽（顺槽向）应不小于 0.4m，常用 0.6m，任一水平截面宽度不宜小于该截面至墙顶高度的 0.4 倍；侧墙顶宽亦不宜小于 0.4m，任一水平截面宽度不宜小于该截面

4.5 墩　　台

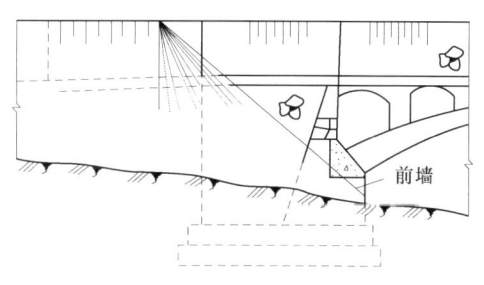
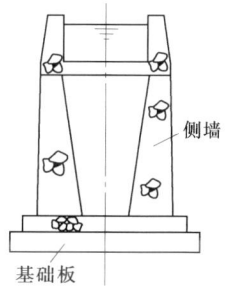

图 4-19　U 形槽台

至墙顶高度的 0.35 倍（砌块石、料石或混凝土墙体）或 0.4 倍（砌片石墙体）；侧墙应伸入两岸岸坡或填方渠道的锥形坡内，伸入长度视岸坡长度或锥形坡布置情况确定，保证槽身与渠道较好连接；前墙和两侧墙之间填以透水性较好的砂石料，以利排水，上部填黏土夯实以防渗；基础底板将前墙和两侧墙连成一体，组成 U 形结构，基底长度根据槽台抗滑稳定和基底应力情况确定。

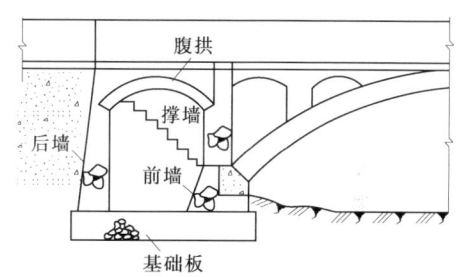

图 4-20　空腹式槽台

U 形槽台适用于较好的地基。当槽台较高，地基承载力较低时，也可将槽台做成空腹式，如图 4-20 所示。

槽台的拱脚高程应接近地面高程，以减小拱脚作用力对基底的力矩。

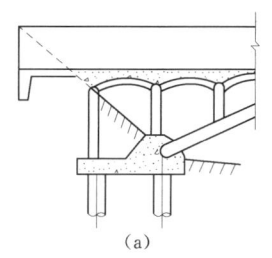
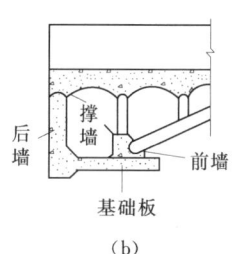
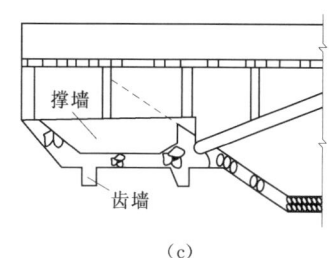

图 4-21　其他槽台形式
(a) 桩式；(b) 曲尺式；(c) 翘尾式

根据地质条件不同，槽台也可采用桩式、曲尺式、翘尾式，如图 4-21 所示。若岸坡为基岩或基岩覆盖层不深时，也可将基岩开挖后直接浇混凝土，做成块体基础，如图 4-22 所示。

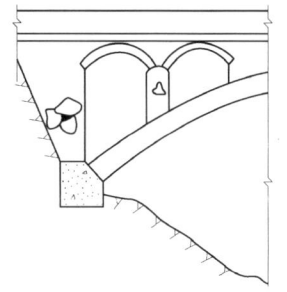

图 4-22　块体基础

4.5.4　加强墩

对重要的多孔拱渡槽，为防止某一槽墩破坏时引起连锁反应，可每隔 3～5 孔设一加强墩，如图 4-23 所示。加强墩须能承受单侧拱圈传来的作用力，满足抗滑、抗倾稳定要求，基底与墩身承载力要求，墩身与墩帽接触面处及墩身内的抗剪承载力要求等。

第 4 章 拱 式 渡 槽

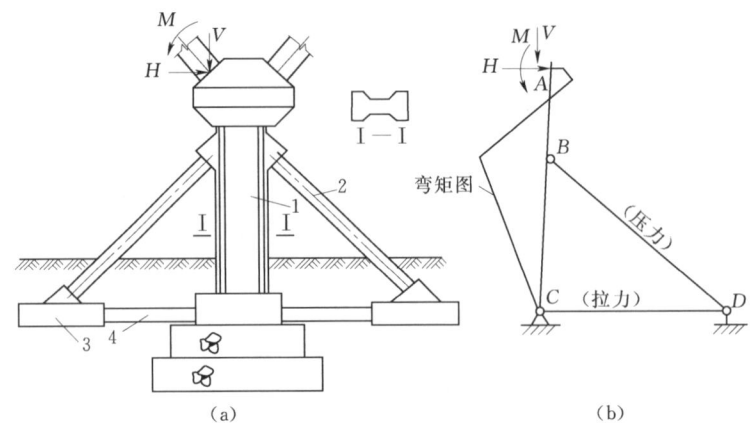

图 4-23 加强墩
(a) 加强墩结构形式；(b) 内力分析图
1—墩柱；2—斜撑；3—基础板；4—水平拉杆

思 考 题

1. 拱式渡槽是如何将槽身荷载传给地基的？
2. 拱式渡槽的主拱圈有哪些形式，各有何特点和适用情况？
3. 主拱圈的矢跨比对拱圈受力、稳定性及施工等方面有何影响？
4. 如何确定板拱、肋拱、双曲拱渡槽主拱圈的厚度？
5. 拱脚布置须考虑哪些因素，有哪些布置形式？
6. 实腹式拱上结构有哪些形式，各有何特点和适用情况？
7. 空腹式拱上结构有哪些形式，各有何特点和适用情况？
8. 何谓合理拱轴线，对于不同的拱上结构，合理拱轴线有哪些形式，分别适用于什么情况？
9. 何谓"五点重合法"，如何用其确定横墙空腹式拱上结构的合理拱轴线？
10. 如何计算上部荷载作用下的拱圈内力（不考虑弹性压缩）？
11. 考虑弹性压缩时，如何计算拱圈附加弹性内力？
12. 如何计算水深变化引起的拱圈附加内力？
13. 什么情况下需计算拱圈的温变内力和混凝土收缩内力，如何计算？
14. 横向风载作用下，如何计算拱脚内力？
15. 拱圈承载力须验算哪些工况？
16. 如何进行拱圈的纵向和横向稳定性？
17. 不对称墩和加强墩分别用于什么情况？
18. 拱式渡槽的槽台有哪些结构形式，分别适于什么情况？

第5章 倒 虹 吸

5.1 概 述

5.1.1 倒虹吸管道的作用、特点及适用情况

倒虹吸管道是设于渠道与河流、沟谷、道路或另一渠道相交处的压力输水建筑物。管身下凹设于地表或埋置于地面以内，进、出口分别与上、下游渠道相连。与渡槽相比，可省去支承部分，通常造价较低，但运用管理不如渡槽方便，水头损失较大，常用于以下情况。

（1）当渠道跨越河流、沟谷、道路等障碍，经技术经济比较，采用其他方案如渡槽、填方渠道、绕线渠道等有困难或不经济时；

（2）当渠道与河流、道路或另一已建渠道相交且两者水位（或水位与路面高程）相差不多，不能采用渡槽、涵洞等其他建筑物输水时。

5.1.2 倒虹吸管道的类型

倒虹吸管道按管线数目分，有单管、双管和多管等几种形式。一般单管用于小流量，双管和多管用于较大或大流量输水，当输水流量变幅较大，通过小流量时流速低，管内淤积，经计算比较后，也可采用小管径的双管或多管代以大管径的单管输水，以便于输送小流量时只启用部分管道，以保证管内有一定的流速（一般要求管内流速 $V=1.5\sim3.0\text{m/s}$），但此时管道进口须设闸门，以便运用调度。设单管时，进口可不设闸门。

按筑管材料不同，倒虹吸管有混凝土管、钢筋混凝土管、预应力钢筋混凝土管、钢丝网水泥管、铸铁管、钢管等。

混凝土管一般只用于低水头（不大于 $4\sim6\text{m}$）、小流量情况；钢筋混凝土管适用于 $30\sim50\text{m}$ 水头情况，且通常管径不大于 3m；预应力钢筋混凝土管，由环向和纵向钢筋对混凝土管壁预施外压，以抵消管道输水时由内水压力产生的拉应力，具有较高的弹性、不透水性和抗裂性，可承受较大的工作水头（工程中已有内压水头达 212m，管径 $1.25\sim1.3\text{m}$ 和内压水头 140m，管径 2m 的实例），该种管比钢管可节省钢材 80%～90%，但制造工艺复杂，管径不能太大；钢丝网水泥管一般仅用于小型工程，自重轻，抗拉、抗裂性能均较好，但其刚度低，承受外载能力、抗渗与耐久性均较差，易锈蚀；铸铁管适用于较高的水头（可达 $45\sim90\text{m}$），管径可达数米，可就地铸制；钢管适用于高水头 H（通常大于 60m），大直径 D 情况，HD 值有的已达 540m^2；铸铁管与钢管耗金属材料较多，应用较少，多用于高水头部位。为充分利用材料性能，节省造价，在保证安全运用的前提下，设计时可考虑在不同地段采用不同材料的管道。

从管身断面形状看，大中型工程中的倒虹吸管通常采用圆形断面，水流条件和受力条件均较好。但在大流量、低水头的平原渠道上，尤其对穿越道路的倒虹吸管，常采用矩形断面，其整体性好，施工方便，且较经济。

5.1.3 管路的布置要求与布置形式

1. 布置要求

倒虹吸管路的布置，应根据地形地质条件，尽量与河流、沟谷、道路等正交，避免转弯过多，以缩短管长，平顺水流，减少水头损失，又要尽量选择较缓的地形，以保证管身稳定和便于施工；在地质上，尽量避开易滑坡、崩塌等的不稳定地段；管路进、出口尽量避免设在高填方渠道上。

为防止温变、冰冻、耕作、河水冲刷等不利影响，管道应埋于耕作层以下，寒冷地区管顶应在冰冻层底面 0.5m 以下；穿越河流时，管顶应在冲刷线 0.5m 以下；穿越道路时，管顶应在路面约 1m 以下。

2. 管路布置形式

按埋设方式及地形高差大小不同，倒虹吸管路有以下几种布置形式。

(1) 竖井式。竖井式多用于内压水头较低（一般小于 5m），流量较小，穿越道路的倒虹吸，如图 5-1 所示。水平段管身布置于路基内，管断面多为矩形、圆形或城门洞形；进、出口一般用砖石或混凝土筑成矩形或圆形断面的竖井，尺寸稍大于水平管身，井底常设约 0.5m 深的集沙井，以沉积泥沙及检修管身时用于排水；为防止管顶分缝漏水，常在管顶上填筑一层厚约 10cm 的简易防渗层。这种形式的倒虹吸管结构简单，管路短，但水流条件较差，一般用于工程规模较小的倒虹吸管。

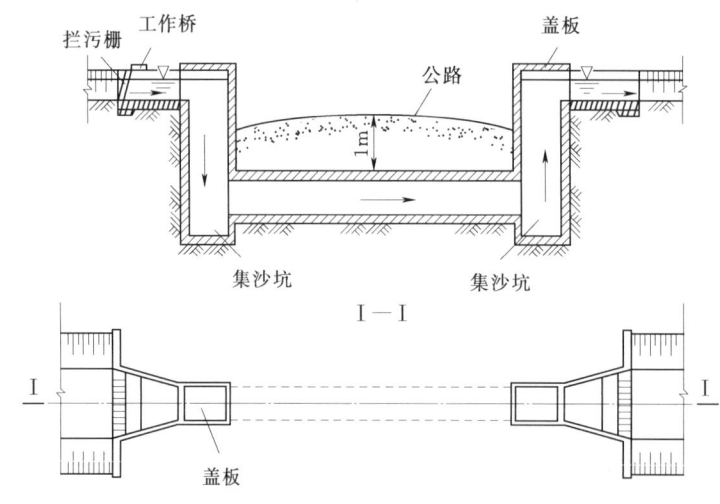

图 5-1 竖井式倒虹吸管

(2) 斜管式。斜管式多用于内压水头较小，穿越渠道或河流的倒虹吸，如图 5-2 所示。渠道或河流主槽底部设置水平管段，两端用斜管段与进、出口相连，水流条件较好，且构造简单，施工方便，实际工程中应用较多。

5.1 概 述

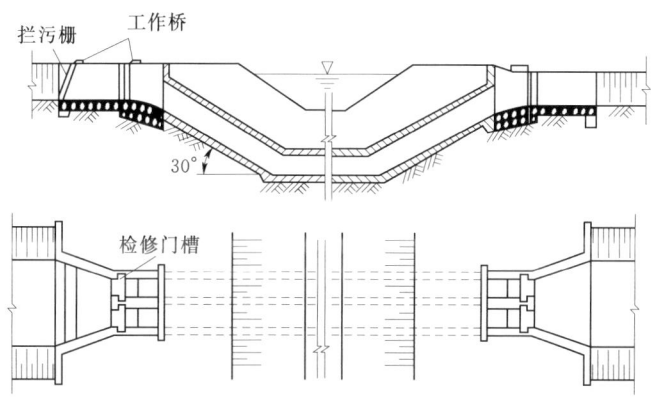

图 5-2 斜管式倒虹吸管

(3) 曲线式。当河谷宽阔，岸坡较缓（土坡缓于 1:2.0，岩石坡缓于 1:1.0），地形较复杂时，倒虹吸管可随地形敷设成曲线形，如图 5-3 所示。一般对位于最高洪水位以上的管段，根据地形可直接沿地面敷设（以减少开挖量）或浅埋于距地表 0.5~0.8m 以下（以防止管身产生温度裂缝）；对位于最高洪水位以下的管段，应应置于地层以内洪水冲刷线以下；在寒冷地区，管顶应埋置于冻土层以下不小于 0.5m 或设置管身保护层，以防止温变开裂。管道转弯处设置镇墩，以承担水流转弯产生的动水压力。

曲线式倒虹吸管，开挖量小，施工较方便，且水流条件较好，但温度影响及地基不均匀沉陷易造成管身裂缝，引起渗漏甚至危及工程安全。

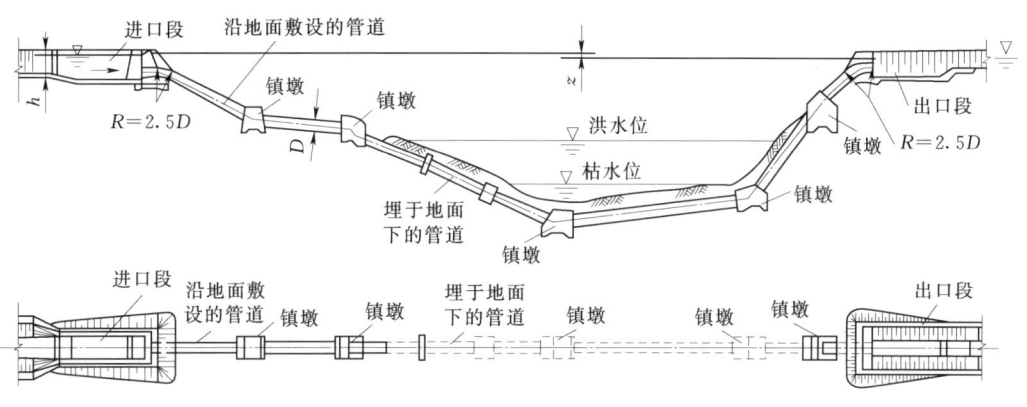

图 5-3 曲线式倒虹吸管

(4) 桥式。当渠道通过较深的复式断面河道或窄深式河谷时，为降低管道内压水头，减少水头损失，缩短管长和减小施工难度，可在深槽部位建桥，将管道敷设于桥面上或直接支承于桥墩或排架上，即为桥式倒虹吸管，如图 5-4 所示。桥下应有足够的净空高度，以满足通航或泄洪要求。管道在桥头山坡转弯处设镇墩，并在镇墩上设置虹吸管放水孔，兼作维修、清淤进人孔，以便检查维修。

为了养护维修方便，一般对于钢管、钢筋混凝土管、预应力钢筋混凝土管及钢丝网水泥管多采用外露式；日温差变化剧烈地区，可采用浅埋式或设管身保护层。

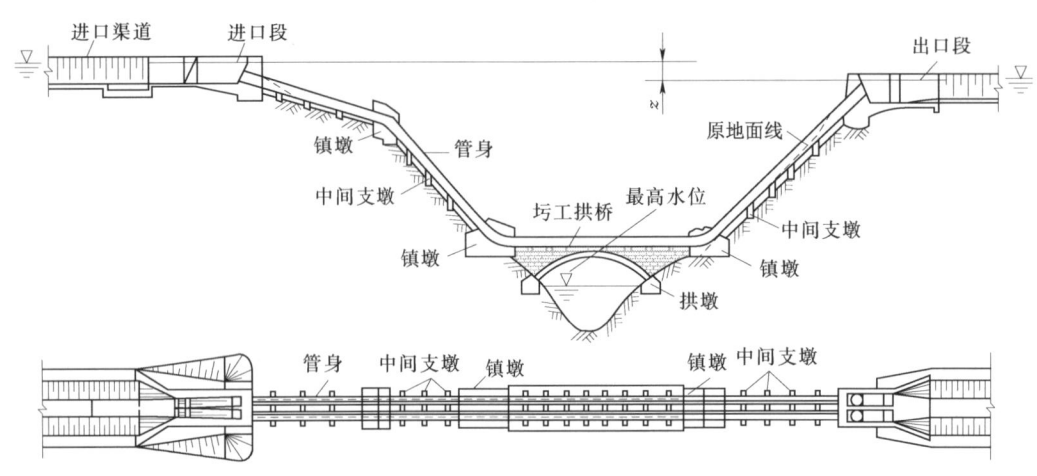

图 5-4 桥式倒虹吸管

5.2 倒虹吸管道的构造

倒虹吸管道一般由进口段、出口段、管身段三部分组成，如图 5-4 所示。

5.2.1 进口段

进口段一般包括渐变段、沉沙池、退水冲沙设施、闸门、拦污栅及其启闭设施、连接段、进水口等，如图 5-5 所示。

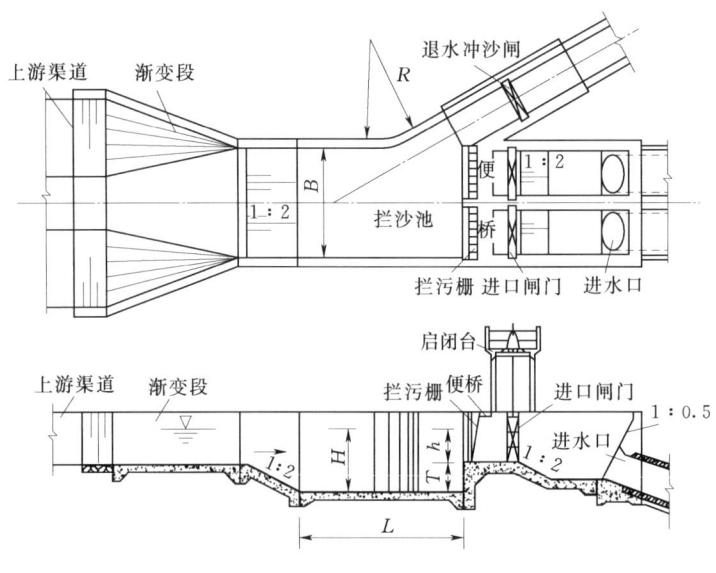

图 5-5 倒虹吸管进口段布置

1. 进口渐变段

它是渠道与虹吸管进口沉沙池之间的过渡连接段，渐变形式常采用扭曲面，其水头损失小；当流量不大且水头有富裕时，为施工方便也可采用八字墙连接。渐变段长度一般取

5.2 倒虹吸管道的构造

为（3～5）h（渠道设计水深）。渐变段上游的渠道，一般应作适当砌护。

2. 沉沙池

沉沙池的作用是拦截和沉淀渠道来水所挟带的大粒径砂石及杂物，防止其进入管内磨损和淤积管道，沉沙池尺寸可如下确定：

池深（池底低于渠底的深度）： $T \geqslant 0.5D + \delta + 20 \text{ (cm)}$ (5-1)

池内水深： $H = h + T \text{ (m)}$ (5-2)

池宽： $B \geqslant \dfrac{Q}{HV} \text{ (m)}$ (5-3)

池长： $L = K \dfrac{H}{\omega_0} V \text{ (m)}$ (5-4)

式中 D、δ——管道内直径及管壁厚度，cm；

H、h——池内水深及上游渠道水深，m；

Q——渠道设计流量，m³/s；

V——沉沙池内平均流速，m/s，其取值与沉沙粒径 d 有关，$d = 0.25 \sim 0.4$mm 时，可取 $V = 0.25 \sim 0.5$m/s，$d > 0.7$mm 时，可取 $V = 0.6 \sim 0.7$m/s；

ω_0——泥沙沉速，m/s，根据泥沙粒径 d、水温等因素可从表 5-2 查得；

K——安全系数，一般取 1.2～1.5。

泥沙较少的渠道，池长、池宽也可按以下经验公式确定：

$$l \geqslant (4 \sim 5)h \quad (5-5)$$
$$B \geqslant (1 \sim 2)b \quad (5-6)$$

式中 b——渠道底宽，m。

池深仍由式（5-1）计算。

对于沿山坡修建的渠道，为防止沿渠进入的石屑严重磨损管道，沉沙池应适当加深加长；对以悬移质为主的平原渠道，也可不设沉沙池，而将虹吸管进水口略抬高些；对于有输沙要求的虹吸管，管内流速应不小于挟沙流速，不设沉沙池。

沉沙池可进行人工和水力清淤。对于重要或大型工程，进口段还常设置退水泄洪闸，以满足防洪需要和事故检修时泄走上游来水。退水泄洪闸常布置于沉沙池下游旁侧，也兼作冲沙闸，以利于借助退水和泄洪的水力作用冲洗池内淤沙。

3. 闸门

为了满足冲沙、清淤，检修和临时停水等需要，虹吸管进口前常须设置闸门；对双管和多管倒虹吸，通过小流量时，为防止进口水面跌落，甚至产生水跌恶化管道工作条件，或为防止流速过小时管内淤积，采用部分管道输水时，须由闸门关闭其他管孔，此时进口段必须设闸门；对单管或小型虹吸管道，也可不设闸门，或只在侧墙上留门槽，需要时临时安装叠梁或插板挡水。闸门多采用平板闸门或叠梁式闸门。

4. 拦污栅

为防止漂浮物或人畜落入渠内被吸入倒虹吸管，闸门前应设拦污栅，栅面与水平面夹角宜采用 70°～80°，利于增加过水断面，减小流速和水头损失，也便于清污。栅体多用

$\phi 8 \sim \phi 16$ 的圆钢或 $5 \sim 8 mm$ 厚的扁钢焊接而成，栅条间距一般为 $5 \sim 15 cm$。过栅流速一般不超过 $1.0 m/s$（人工清污）或 $1.25 m/s$。拦污栅可采用活动式或固定式。

5．工作桥

工作桥用于启闭闸门和清理拦污栅，桥底高出闸墩顶的高度按闸门形式及运用要求确定；桥面宽约 $1.8 \sim 2.2 m$，桥横断面多采用 T 形。

6．连接段

连接段是设于闸门之后、虹吸管进口之前的静水池段，由两侧侧墙和下游侧挡水胸墙（内设虹吸管进水口）组成，结构形式有消力池式（如图 5-5 所示）、斜坡式［如图 5-6 (a) 所示］和消力井式［如图 5-6 (b) 所示］。形式选择与布置应保证通过不同流量（尤其小流量）时，管道进口均处于淹没状态，不致产生水跌或水跃引起管身振动；池（井）底高程应使虹吸管进口顶缘位于进水口前最低计算水位（由通过最小流量计算得到）以下；墙顶高程应高出进水口前最高壅水位（由通过最大流量计算得到），并由水力计算确定。

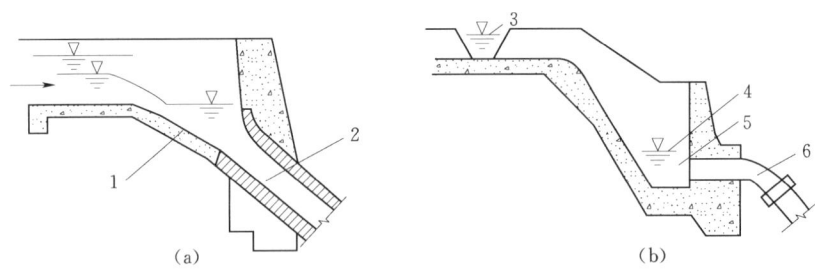

图 5-6　进口形式

(a) 斜坡式进口；(b) 消力井式进口

1—斜坡段；2—管身；3—渠道水面；4—进口最小水位；5—消力井；6—管道进口

7．进水口

为减少水头损失，虹吸管进水口常做成喇叭形。喇叭形始、末断面直径比或宽度比一般为 $1.3 \sim 1.5$，喇叭口长度约为 0.83 倍管道内径。进水口与胸墙的连接常用有以下三种形式。

(1) 对岸坡较陡，管径较大的钢筋混凝土管，常将喇叭口水平设置于胸墙内，喇叭口下游，用竖曲线与管身连接，曲线半径 $R=(2.5 \sim 4.0)D$，如图 5-7 (a) 所示。

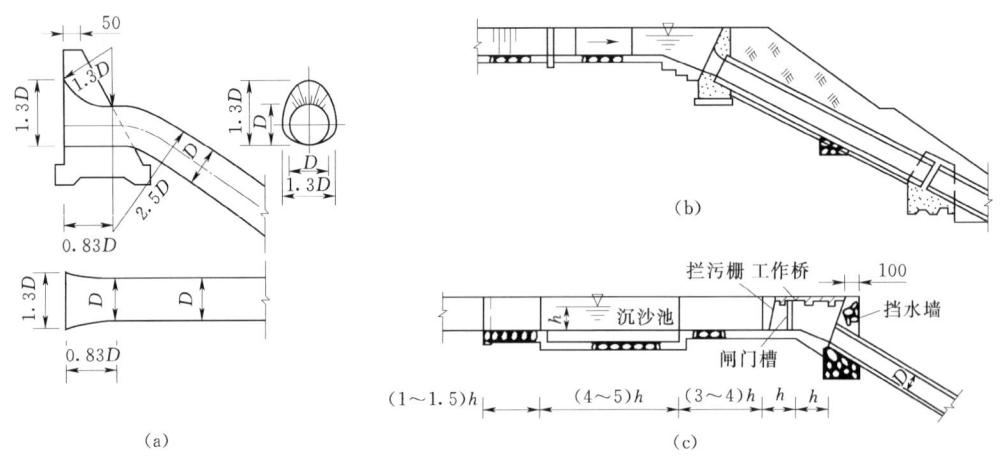

图 5-7　倒虹吸管进口布置（单位：cm）

(2) 岸坡平缓时，也可不设竖曲线，将管身直接伸入胸墙内长 0.5~1.0m，与墙内喇叭口连接，如图 5-7 (b) 所示，胸墙迎水面最好与管轴线正交，以减少水头损失。

(3) 对小型倒虹吸管，为施工方便，也可不设喇叭口，将管端直接穿过胸墙，如图 5-7 (c) 所示，但其水流条件较差。

对淹没式消力池（井），为消除通过小流量时管口可能出现的水跃，将空气带入管内引起管身振动和空蚀，可在胸墙下游处设通气孔。通气孔孔径不小于倒虹吸管径的 1/4，如为钢质倒虹吸管，通气孔最小面积为：

$$A = \frac{KQ}{400c\sqrt{\Delta p}} (\text{m}^2) \quad (5-7)$$

式中　Q——通气孔进风量，可近似取虹吸管内的水流量，m^3/s；

　　　c——通气孔流量系数，设有通气阀时 $c=0.5$，采用无阀通气管时 $c=0.7$；

　　　Δp——钢质虹吸管内外允许压力差，取值不得大于 $1 \times 10^5 \text{N/m}^2$；

　　　K——安全系数，取 $K=3.5$。

5.2.2 出口段

出口段包括虹吸管出水口、出口闸门、消力池、出口渐变段等。

1. 出水口

虹吸管出水口设于出口挡水胸墙内，形式选择与布置要求与进水口基本相同，但因出水口外形对水头损失无影响，为便于施工，常将管道直接伸入出口胸墙内，如图 5-8 所示。

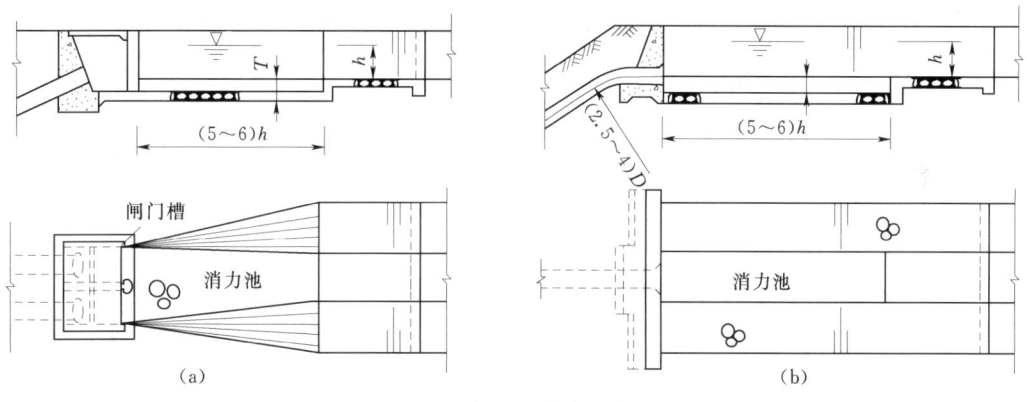

图 5-8　倒虹吸管出口布置

2. 出口闸门

对双管或多管倒虹吸，为便于管理运用，常在出口设置闸门；若虹吸管进、出口水位差过大，也常需设置出口闸门，以便利用闸门开度调节上游进水位，以保证在不同流量时管进口均处于淹没状态。

3. 消力池

倒虹吸管出口水流流速一般较小（约 2m/s），常不需消能。但为调整流速分布，使水流平稳进入下游渠道，避免产生冲刷，也常在出口闸门后设置消力池。池深、池长应按水力计算确定，初拟时可按下式估算（如图 5-8 所示）：

池长：　　　　　　　　$l \geqslant (5 \sim 6)h \, (\text{m})$ 　　　　　　　　(5-8)

池深: $$T \geqslant 0.5D + \delta + 30 \text{(cm)} \tag{5-9}$$

式中 h——下游渠道设计水深，m；

其余符号意义同前。

消力池形式有以下几种。

(1) 当虹吸管管径及流量均较大时，常做成渐变段形式的消力池，即出口闸门后设渐变段，底部作消力池，如图 5-8 (a) 所示。

(2) 当流速过大时，可设矩形消力池，池后再以渐变段与下游渠道连接。

(3) 对中小型单管倒虹吸，可省去渐变段，管出口直接与下游渠道连接，而将渠底挖深成复式断面，底部矩形部分作消力池，如图 5-8 (b) 所示。

4. 出口渐变段

出口段的渐变也常采用扭曲面形式，渐变段长度一般为 4~6 倍渠道设计水深。渐变段下游渠道一般应再砌护 3~5m，以减缓对下游渠道的冲刷。

5.2.3 管身段

管身构造包括：管壁厚度、分缝与接缝、管身支承、泄水（冲沙）孔、进人孔等。

1. 管壁厚度 δ

管壁厚度 δ，设计时一般是先根据管径和工作水头大小，参考已建工程经验或近似方法初拟尺寸，再根据作用荷载，由结构计算进行校核或修正，并进行配筋和抗裂计算，初拟尺寸时可按以下方法进行。

(1) 对钢管，工程中目前主要采用平缝焊接，其壁厚 δ 可按圆筒公式初步估算为：

$$\delta = \frac{\gamma H D}{2\sigma_a} \tag{5-10}$$

式中 γ——水容重，N/m³；

H——计算断面中心处内压水头值，m；

D——管道内直径，m；

σ_a——降低 25% 后的钢板许可应力，N/m²。

(2) 对钢筋混凝土管，壁厚 δ 可按虹吸管承受的水头 H 及管内径 D 值，由图 5-9 所示的曲线选取。

(3) 预应力钢筋混凝土管，壁厚较钢筋混凝土管稍小，可根据管内径 D 值参考表 5-1 选用。

表 5-1　预应力钢筋混凝土管的管径 D 与管壁厚度 δ 关系

管径 D (mm)	600	800	1000	1200	1400	2000
壁厚 δ (mm)	55	60	70	80	90	130

2. 管身分缝与接缝

(1) 现浇管。为防止因混凝土干缩（施工期）、温变（运用期）、地基不均匀沉陷等引起管身开裂及方便施工，倒虹吸管应分段设置横缝，缝距在岩基上一般为 10~15m，土基上为 15~20m。

5.2 倒虹吸管道的构造

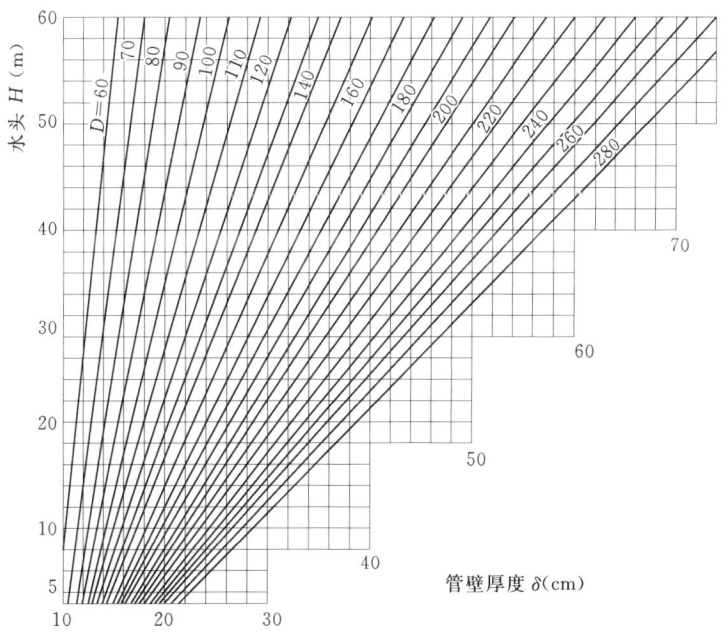

图 5-9 钢筋混凝土倒虹吸管管壁厚度选择曲线

管身分缝处须做好止水和接缝。接缝形式有平接、搭接（见《水工建筑物》坝下埋管部分），对高水头管也常采用如图 5-10（a）～（e）所示的套管连接和平接形式。图 5-10（f）所示为近年来广为采用的定型塑料止水，其效果好，施工简便，造价低。

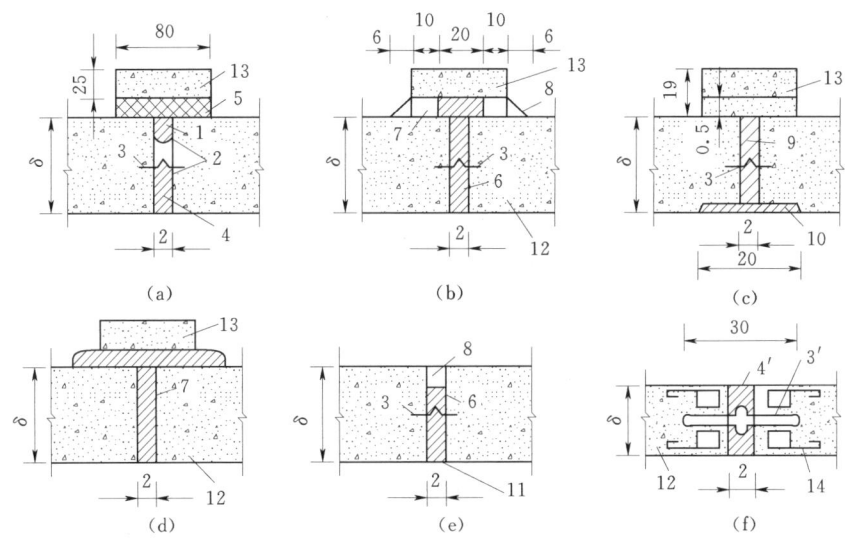

图 5-10 管的止水接头形式（单位：cm）

1—沥青；2—沥青石棉绳；3—金属止水片；3′—定型塑料止水片；4—沥青杉板；
4′—桐油杉板（或木丝板）；5—外层油毛毡，内层柏油麻袋；6—沥青麻绒；
7—3∶7 石棉水泥；8—M8 水泥砂浆封口；9—沥青玛瑞脂；10—环氧
基液贴橡皮；11—沥青麻绳；12—管壁；13—套环；14—固定钢筋

第5章 倒 虹 吸

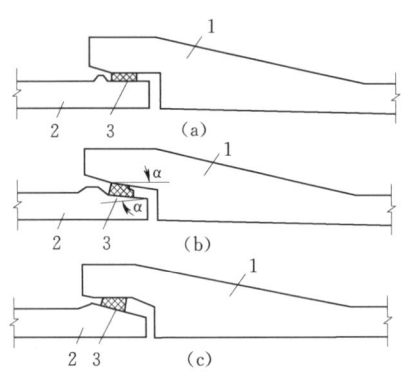

图 5-11 钢筋混凝土管承插式接头
(a) 平直型；(b) 双楔型；(c) "63" 型
1—承口；2—插口；3—橡皮圈

(2) 预制管。预制钢筋混凝土管或预应力钢筋混凝土管，管节长度可达 5～8m，管节接头处即伸缩沉降缝。接缝形式有平口式［如图 5-10 (a) 所示］和承插式（如图 5-11 所示）。近年来大多采用后者，安装简便，止水效果好，柔性大。

3. 管身支承

钢筋混凝土圆管及箱形管与地基的连接部件即管身支承，支承形式与土石坝下埋管基本相同。

钢质虹吸管有露天式明管和浅埋式暗管两种。露天式明管多为支墩式或不连续式支承，常用的有鞍形、滚轮或摆柱形、滑动形等几种［如图 5-12 (a)、(b)、(c)、(d) 所示］。

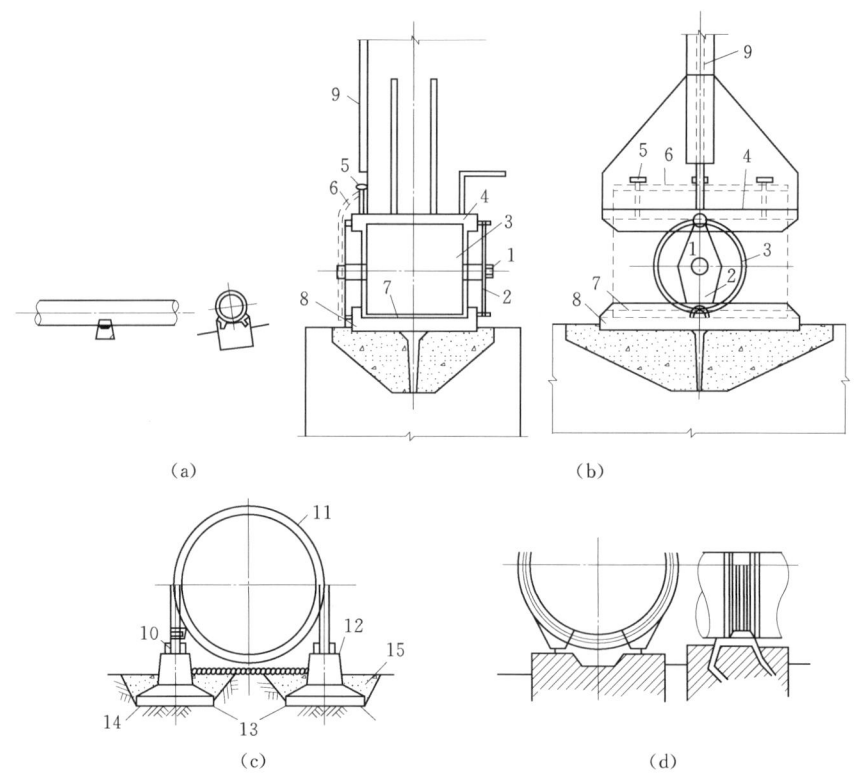

图 5-12 钢管支座
(a) 鞍形支座；(b) 滚轮支座；(c) 摆柱支座；(d) 滑动支座
1—滚轮螺栓；2—控制板；3—滚轮；4—顶板；5—调节螺栓；6—调节板；
7—承压板；8—底盘；9—支承环；10—铰座；11—支承刚环；
12—支承板；13—钢筋混凝土支座；14—回填土；15—护面

鞍形是在管壁与支墩接触部位焊接加强钢板，加强钢板与支墩之间涂润滑剂，以使管身自由伸缩。这种支座管身轴向伸缩时摩擦力较大，管在支承部位的承载力有限，一般用于管径不大于 1m 的钢管。支墩间距宜为 5～8m，支墩对管壁的包角一般为 120°。

5.2 倒虹吸管道的构造

滚轮支承是对支墩部位的钢管焊有支承环,支承环底部设滚轮,每侧一个或两个,滚轮铰接于支墩上,管身轴向伸缩时,滚轮可沿支墩作微小滚动。

摆柱支承是以摆动式短柱代替滚轮,短柱上端铰接于管身支承环,下端铰接于支墩,管身轴向位移时,短柱可绕下端铰轴作微小摆动。

滚轮或摆柱形支承适用于管径大于 2~3m 的钢管,支墩间距可达 10~18m。

滑动式支承是在管身支承环底部设钢板,支墩顶面亦焊接钢板,管身轴向变形时,两钢板间可做微小的相对滑动,以使管身可以自由伸缩,适用于管径为 1~3m 的中型钢管,支墩间距宜为 8~12m。

支墩可以是混凝土、钢筋混凝土或金属的。支墩高度应使管道与地面间留有不小于 0.6m 的净空,以便安装检修。

浅埋式暗管一般为连续管座支承,为防止锈蚀,管身表面应采取保护措施,如抹以涂料或进行金属热喷镀等。

4. 镇墩

在倒虹吸管的转弯和变坡处、不同壁厚的连接处、管身分缝处及坡度较陡的长斜管中部均应设置镇墩,以连接和固定管道,承担上述构造变化引起的相应荷载;镇墩一般为混凝土或钢筋混凝土重力式结构,砌石镇墩用于水头不大,管径较小的情况。按对管道的固定方式不同,有封闭式镇墩和非封闭式镇墩。除钢管外,各种类型的钢筋混凝土管大多采用前者。

(1)封闭式镇墩。封闭式镇墩在环向包围管身。镇墩上、下游端与管的连接有刚性连接和柔性连接两种,如图 5-13 (a)、(b) 所示。

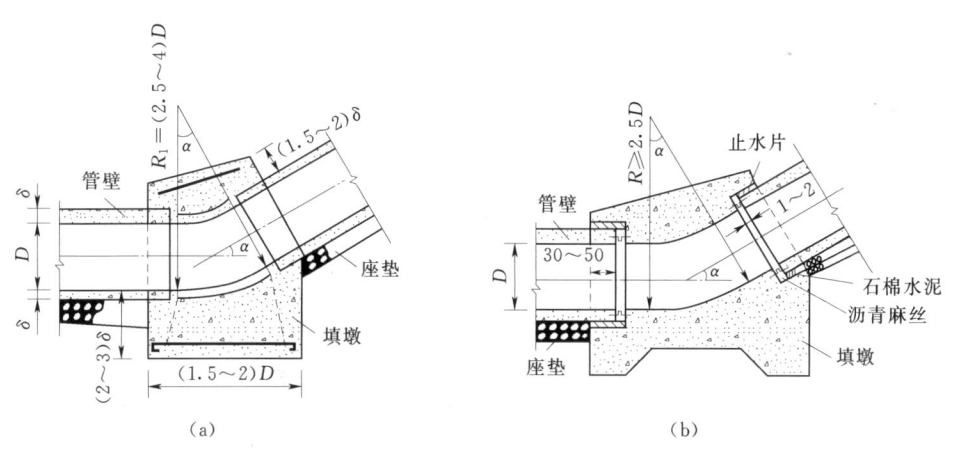

图 5-13 镇墩
(a) 刚性连接;(b) 柔性连接

刚性连接是将管端与镇墩混凝土浇筑成一整体(镇墩内设有弯管段),施工简便,但适应不均匀沉陷的能力较差,地基条件较差时有可能由于不均匀沉陷而使管身横向折裂。常用于斜管坡度陡且地基承载力较大的土基或岩基。

柔性连接是将管端伸入镇墩内 0.3~0.5m,管与镇墩混凝土用伸缩缝分开,缝内设止水,以适应不均匀沉陷。这种形式施工较复杂,但可适应软基变形,多用于管坡较缓的土基。

一般当斜管坡度大，有可能下滑，须靠镇墩协助维持稳定时，斜管段与镇墩之间则做成刚性的；斜坡上的中间镇墩，其上端与管连接多为刚性的，下端多为柔性的，这样在自重、填土重等荷载作用下，可使管身纵向受压而避免受拉；水平管段与镇墩连接，可做成柔性也可为刚性的。

镇墩的尺寸，主要根据荷载作用下自身稳定、地基承载力及构造要求确定。初拟时可参考以下经验数据（如图 5-13 所示）：镇墩长度可为管内径 D 的 1.5～2 倍；底部最小厚度为管壁厚度 δ 的 2～3 倍；顶部及侧向最小厚度为管壁厚度 δ 的 1.5～2 倍；弯管段外半径一般为管内径的 2.5～4.0 倍，圆心角 α 与前后管段中心线夹角相等。镇墩弯管段混凝土强度等级及配筋与直管段相同。

岩基上的镇墩，可用锚杆与基础连接，以提高其稳定性；软基上的镇墩，应使基底伸入冻土层以下 0.3～0.5m。砌石镇墩，可在管周围包一层混凝土，厚度满足施工和构造要求。

（2）开敞式镇墩。开敞式镇墩的弯管顶部不被混凝土包围，而是用锚筋将管身锚固在镇墩上，如图 5-14（a）所示。当弯管下凸时［如图 5-14（b）所示］，一般不需钢筋锚固，只将管段搁置在镇墩上。开敞式镇墩多用于固定薄壁管，主要是钢管。开敞式镇墩的管上无压重，对薄壁管的外压弹性稳定有利，也便于维修。

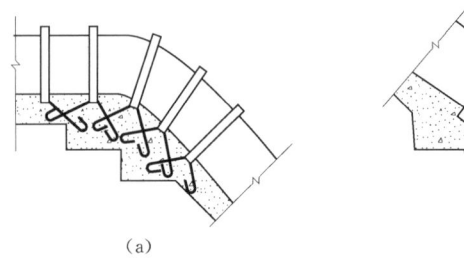

图 5-14 开敞式镇墩布置示意图

5. 支墩

在承载力大于 0.1MPa 的地基上敷设中小型混凝土或钢筋混凝土倒虹吸管时，也可不设连续座垫，而设混凝土支墩支承管道。预制管的支墩设于管道接头处，现浇管支墩间距一般为 6～20m，此时管道为梁式管，支墩为梁的约束。当为连续座垫支承时，管道则为弹性地基梁。

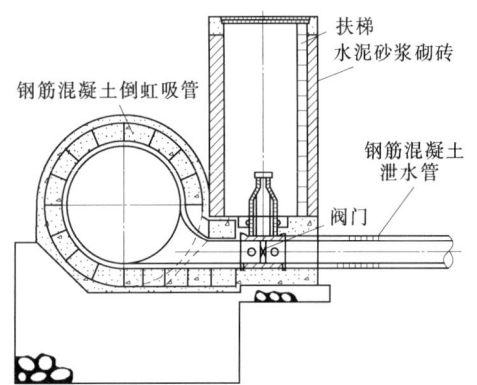

图 5-15 倒虹吸管泄水孔（冲沙孔）构造

6. 泄水、冲沙、进人孔

对较长和高水头的倒虹吸管，为了检修、冲沙、放空或清淤等需要，应在管身适当位置设置泄水孔、冲沙孔和进人孔等。泄水孔、冲沙孔常两者合用，宜布置在倒虹吸管靠出口一岸最低处的镇墩内，孔底高程一般与河道枯水位齐平，用支管引出接以高压阀门，使积水经阀门喷射于河中；支管可为钢管或钢筋混凝土管，管径为 0.3～0.4m；位于河床部位的阀门可设于竖井内，井口顶部高程应高于最高洪水位，如图 5-15 所示。

进人孔尽量布置在镇墩内或与泄水、冲沙孔结合布置，孔径一般不小于 0.7m。进口布置有斜向（如图 5-16 所示）水平向和竖向几种，进口盖板应高出地面，以防淤塞。

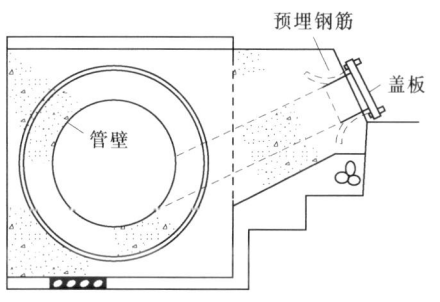

图 5-16 进人孔构造

5.3 倒虹吸管的水力计算

倒虹吸管水力计算的任务，是根据灌区规划中已确定的设计流量、进口渠底高程、允许水头损失，选择适合的管内流速、经济过水断面或管径，验算实际水头损失和进口水面衔接等。

5.3.1 管内流速

倒虹吸管内的流速，应根据技术经济比较确定。一般若流量一定，采用较小的管内流速，水头损失较小，出口水位较高，能自流灌溉的田间面积大，但管径大，工程量及造价较高，且管内易淤积，采用较大的管内流速则反之。因此适宜的管内流速 V，应是在满足灌溉要求的前提下尽量选用较大值，以减少造价和管内淤积。设计时应协调以下几种情况确定。

（1）通过设计流量时，管内流速一般为 1.5～3.0m/s，最大不超过 4m/s。

（2）通过加大流量时，实际水头损失值不超过灌渠规划的允许水头损失值。

（3）通过最小流量时，管内流速应大于挟沙流速。

有压管流的挟沙流速 $V_{挟沙}$ 可按式（5-11）计算：

$$V_{挟沙} = \left(\omega \rho^{\frac{1}{6}} \sqrt[4]{\frac{4Q}{\pi d_{75}^2}} \right)^{\frac{1}{1.25}} \tag{5-11}$$

式中 ω——泥沙沉降速度，m/s，见表 5-2；

ρ——挟沙水流的含沙量，以重量比计；

d_{75}——挟沙粒径，m，在渠道泥沙级配曲线中小于该粒径的沙重占 75%；

Q——管内通过的流量，m³/s。

表 5-2　　　　　泥沙粒径与沉速 ω 的关系表

粒径 (mm)	沉速 (mm/s)			
	水温 0℃	水温 10℃	水温 20℃	水温 30℃
0.001	0.00037	0.00051	0.00067	0.000832
0.002	0.00152	0.00206	0.00267	0.00333
0.003	0.00341	0.00463	0.00601	0.00748
0.004	0.00604	0.00822	0.0107	0.0133

续表

粒径 (mm)	沉 速（mm/s）			
	水温 0℃	水温 10℃	水温 20℃	水温 30℃
0.005	0.00946	0.0129	0.0167	0.0208
0.006	0.0136	0.0185	0.0240	0.0299
0.007	0.0185	0.0252	0.0327	0.0407
0.008	0.0242	0.0329	0.0426	0.0531
0.009	0.0306	0.0416	0.0540	0.0674
0.01	0.0379	0.0514	0.0667	0.0832
0.02	0.152	0.206	0.267	0.333
0.03	0.341	0.463	0.601	0.748
0.04	0.604	0.822	1.07	1.33
0.05	0.946	1.29	1.67	2.05
0.06	1.36	1.85	2.40	3.17
0.07	1.85	2.52	3.50	4.08
0.08	2.42	3.41	4.41	5.13
0.09	3.06	4.19	5.55	6.18
0.1	3.70	4.97	6.12	7.35
0.15	7.69	9.90	11.8	13.7
0.2	12.3	15.3	17.9	20.5
0.25	17.2	21.0	24.4	27.5
0.3	22.3	26.7	30.8	34.4
0.35	27.4	32.8	37.1	41.4
0.4	32.9	38.7	43.4	48.6
0.5	43.3	50.6	56.7	61.9
0.6	54.3	62.6	69.2	75.0
0.7	65.2	74.2	81.2	88.5
0.8	75.0	85.5	93.7	102
0.9	85.5	96.0	106	114
1.0	95.2	107	117	125
1.5	143	160	172	177
2.0	190	205	205	205
2.5	229	229	229	229
3.0	251	251	251	251
3.5	271	271	271	271
4.0	290	290	290	290
5.0	324	324	324	324
6.0	355	355	355	355
7.0	383	383	383	383
8.0	409	409	409	409

5.3 倒虹吸管的水力计算

5.3.2 管径或过水断面

倒虹吸管的管径 D 或过水断面积 A，可根据初选的管内流速 V 及设计流量 Q，按公式 $Q=VA$ 确定。若渠道流量变化范围较大，所求管径或断面积通过小流量时不满足冲沙要求，可采用双管或多管，这也有利于检修时不停止供水。

5.3.3 输水能力和水头损失验算

当管径或管断面积、进出口水头损失值一定时，倒虹吸管的输水能力 Q 可按有压管流公式计算，即：

$$Q = \mu A \sqrt{2gZ} \tag{5-12}$$

其中：
$$\mu = \frac{1}{\sqrt{\sum \xi_i + \frac{\lambda l}{D}}}$$

$$\lambda = \frac{8g}{C^2}$$

$$C = \frac{1}{n} R^{\frac{1}{6}}$$

式中 Z——倒虹吸管上、下游水位差，m，进口水面不发生壅高或跌落时，其值等于虹吸管自进口至出口的总水头损失；

μ——流量系数，即计入自进口至出口全部沿程和局部水头损失影响的流量系数，一般局部水头损失占沿程水头损失的 5%～20%；

$\sum \xi_i$——局部阻力系数之和；

D、A、l——虹吸管管径，m，管内断面积，m^2 及管长，m；

$\frac{\lambda l}{D}$——虹吸管沿程摩阻系数（若各段管径不等，应分别计算后求和）；

λ——能量损失系数；

R、C——管道断面水力半径，m，谢才系数；

n——管道内壁糙率，对钢筋混凝土管，可取 0.014～0.017。

当管径及流量已知时，可由式（5-12）计算虹吸管进出口水头损失 Z，设计流量下的 Z 值应等于或接近于渠系规划给定的允许值，即 $Z \approx [Z]$，否则，须调整管径和管内流速，直至满足要求为止。

5.3.4 下游渠底高程

根据通过设计流量时的上游水位 ∇、下游水深 h_t 及虹吸管总水头损失 Z，倒虹吸管出口下游渠底 $\nabla_{下底}$ 可由式（5-13）确定。

$$\nabla_{下底} = \nabla - Z - h_t \tag{5-13}$$

5.3.5 进、出口水面衔接

确定管径和下游渠底高程后，还应验算如下两种情况下，虹吸管进口段水面衔接形式。

1. 通过加大流量时，进口水面壅高

当需要通过大流量时，虹吸管进、出口需要有一个相应较大的水头值 Z（Z 可由上、下游明渠水力计算确定），该水头 Z 恰好等于通过该流量时虹吸管进出口产生的总水头损失值 Z_0 时，管进口不会发生水面壅高或跌落现象，而当 $Z < Z_0$ 时（如图 5-17 所示），虹

吸管进口则会出现水面壅高，壅水水位＝下游水位＋Z_0。在实际应用中一般要求：通过加大流量时的进口最大壅高水面，相对于通过设计流量时的水面不宜超过 0.5m，且进口段闸墙、渠堤、胸墙等的顶部高程应高出最大壅高水面一定超高，由此可验算初设中选定的进口建筑物顶部高程，是否满足要求。

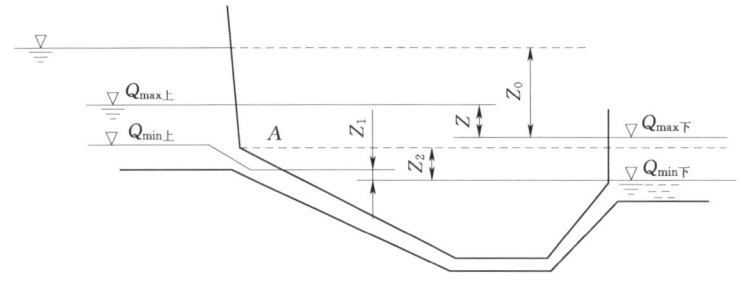

图 5-17 倒虹吸管进、出口水面衔接

2. 通过小流量时，进口段的水面跌落

当通过小流量时，虹吸管实际产生的进、出口总水头损失 Z_1（如图 5-17 所示）会因流速较小而较小。当 Z_1 等于通过该流量时上下游明渠水位差 Z_2 时，虹吸管进出口的水面衔接是平顺的，但常会出现 $Z_1 < Z_2$ 的现象，此时虹吸管进口则会产生水面跌落，水流以非淹没急流状态进入管道，形成跌落水跃，引起脉动掺气，为避免这种情况发生，可如下调整进口连接段的结构形式：

(1) 当差值 $\Delta Z = Z_2 - Z_1$ 不大时，可降低管道进口高程，将连接段底部做成斜坡式，如图 5-6 (a) 所示。

(2) 当 ΔZ 较大时，可适当降低连接段底部高程，在管道进口前设消力池，如图 5-5 所示，并使水跃被管道进口处水面所淹没。

(3) 当 ΔZ 很大时，可将连接段布置成消力井式，如图 5-6 (b) 所示，井底应低于管道进水口下缘一定深度，以使井有良好的消能效果。

消力井断面可为圆形或矩形，前者流态较好，后者施工方便。重要的工程，消力井的布置尺寸应通过水工模型试验决定。当布置消力井有困难或不经济时，也可在倒虹吸管出口设置闸门，利用闸门调节，抬高进口水位，使倒虹吸管进口被淹没，闸门下游一般需设消力池。

5.4 倒虹吸管的结构计算

5.4.1 作用于管身的荷载及其组合

1. 荷载计算

作用于倒虹吸管上的荷载，主要有自重、管内水重、垂直与水平填土压力、内水压力、外水压力、地面荷载、温度荷载、地基反力、地震荷载等。此处仅讨论以下几种荷载计算，其余荷载的计算与土石坝下埋管基本相同。

(1) 地面荷载。穿越道路的倒虹吸管会受到地面荷载（包括静载和活载）的作用。

5.4 倒虹吸管的结构计算

地面静载是指路面石渣、路轨等的作用，匀布时，其强度 q （kN/m²）可换算为填土高度为 $h=q/\gamma_s$ （γ_s 为填土容重 kN/m³）的填土来计算，如图 5-18 所示。

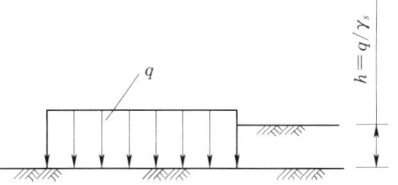

图 5-18 地面均布荷载换算高度

地面活载是指车辆荷载，其作用可分为静力作用和动力作用两部分。静力作用是将车辆的轮压 P （kN）按 30°压力角扩散，传至管身产生的压力，如图 5-19 所示，压力分布强度如下计算：

当 $H < \dfrac{c_1-b_2}{2\tan30°}$ 时， $q_B = \dfrac{P}{(a_2+2H\tan30°)(b_2+2H\tan30°)}$ (5-14)

当 $H \geqslant \dfrac{c_1-b_2}{2\tan30°}$ 时， $q_B = \dfrac{P}{(a_2+2H\tan30°)\left(\dfrac{b_2+c_1}{2}+H\tan30°\right)}$ (5-15)

式中 H——管顶以上覆土高度，m；
  a_2、b_2——汽车轮胎分别在行车方向及其垂直方向的着地长度，m；
  c_1——两轮中心距，m。

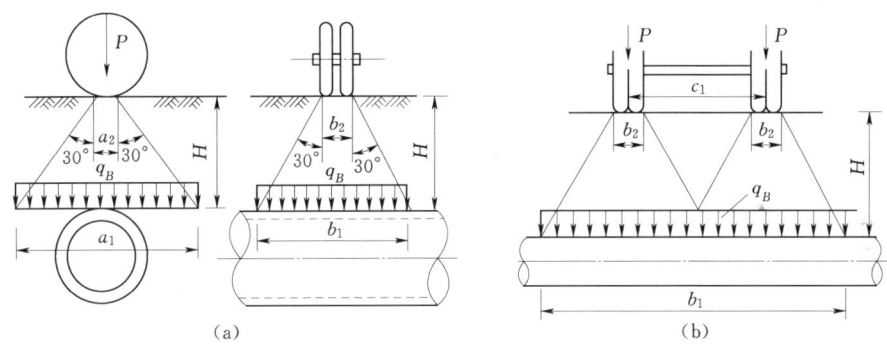

图 5-19 汽车轮压在土中的分布
(a) $H < \dfrac{c_1-b_2}{2\tan30°}$；(b) $H \geqslant \dfrac{c_1-b_2}{2\tan30°}$

对履带拖拉机，管身所受压力的分布强度为（如图 5-20 所示）：

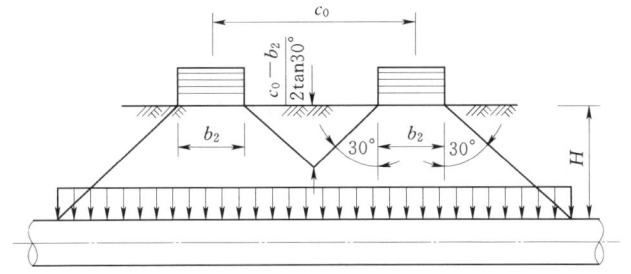

图 5-20 履带拖拉机压力在土中的分布

当 $H > \dfrac{c_0 - b_2}{2\tan 30°}$ 时，$\qquad q_B = \dfrac{q}{\dfrac{c_0 + b_2}{2} + H\tan 30°}$ (5-16)

当 $H \leqslant \dfrac{c_0 - b_2}{2\tan 30°}$ 时，$\qquad q_B = \dfrac{q}{b_2 + 2H\tan 30°}$ (5-17)

式中 q——履带单位长度上的压力，kN/m；

c_0、b_2——两履带中心距和履带宽度，m。

当管顶覆土深度 $H \geqslant 1.0$m 时，地面活载可不计动力作用；考虑动力作用时，一般是将静力作用乘以冲击系数 $1+\mu$，其值见表 5-3。

表 5-3　　　　　　埋管的活载冲击系数 $1+\mu$ 值

覆土深度 (m)	≤0.4	0.5	0.6	0.7	0.8	0.9	1.0
$1+\mu$	1.30	1.25	1.20	1.15	1.10	1.05	1.00

(2) 温度荷载。管身上的温度荷载，包括管身均匀温差 t 和管内外壁温差 Δt。t 是指管身接缝时温度与运用期最低温度之差，它是引起管身纵向应力和环向裂缝的主要原因，其数值应根据具体情况确定。对浅埋式暗管，一般不计 Δt，但重要工程应计入，这时 Δt 沿环向可视为匀布，其数值等于管内、外壁混凝土温度之差。无实测资料时，一般采用 $\Delta t = (\pm 3 \sim 5)$℃。对外露式明管，温度应力数值有时会很大，但目前尚无成熟计算方法，工程中宜尽量采用浅埋式暗管或采取保温措施，以减小温度应力影响。

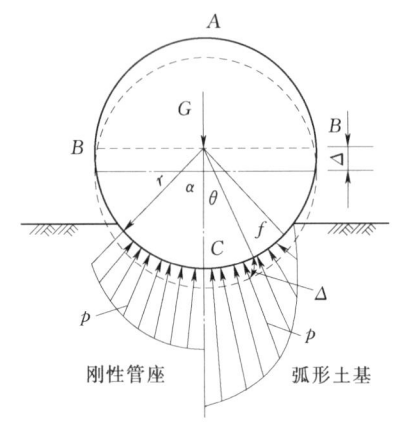

图 5-21　管的支承反力分布图

(3) 地基反力。管身上的全部荷载由地基反力来平衡。地基反力的分布规律与管身敷设方式有关，对平基上铺管，近似假定地基反力为一作用于管底的铅直集中力；对弧形土基和刚性管座基础，通常将地基视为半无限弹性体，利用文克尔假定确定地基反力沿弧面的分布强度 p，其分析结果如下（如图 5-21 所示）：

弧形土基：$\qquad p = \dfrac{3G(\cos\theta - \cos\alpha)\cos\theta}{r(3\sin\alpha + \sin^3\alpha - 3\alpha\cos\alpha)}$ (5-18)

刚性管座：$\qquad p = \dfrac{2G\cos\theta}{r(\sin 2\alpha + 2\alpha)}$ (5-19)

式中 G——管身单位长度上总荷重，kN/m；

r——管外半径，m；

其余符号意义如图 5-21 所示。

对刚性管座，基础底面的反力分布呈如图 5-22 所示曲线，基础边缘处最大，中心点最小；其数值与地基土质情况有关，对砂质黏土地基，中心点反力 $P_{中} = 0.81 G/l$，边缘

反力 $P_{边}=1.37G/l$；对黏土地基，$P_{中}=0.73G/l$，$P_{边}=1.56G/l$；对砂基，可认为反力沿基础底宽 l 均匀分布，即 $P_{中}=P_{边}=G/l(\text{kN/m})$。

（4）地震荷载。工程中一般只对7度以上地震区的大型倒虹吸管考虑地震影响。地震荷载包括管身、管内水体、管上填土等的地震惯性力，通常只考虑水平地震影响，但包括垂直管轴和顺管轴两个方向；水平地震惯性力的计算公式为：

$$P_1=K_H C_Z \alpha_i W_i \qquad (5-20)$$

式中：各项符号的物理意义同前，唯地震惯性力分布系数 α_i 按图 5-23 采用。

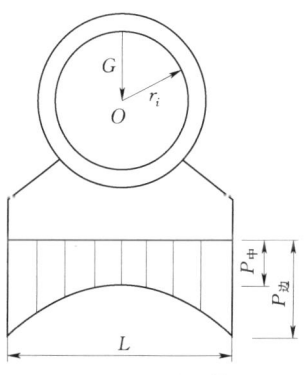

图 5-22 刚性管座地基反力分布

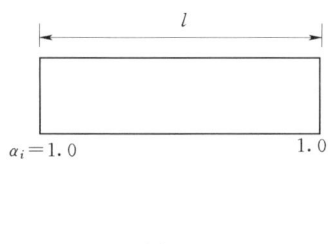
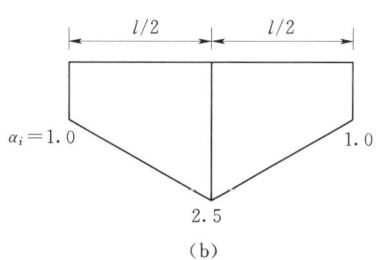

图 5-23 压力管道地震惯性力分布系数
(a) 顺管轴向；(b) 垂直管轴向

2. 荷载效应组合

倒虹吸管在施工、运用期间可能出现的不利荷载效应组合有以下几种。

（1）穿越河流的倒虹吸，管内正常输水，河流处于枯水位或断流时。应计算如下荷载的效应组合：管身自重、管内水重、土压力、内水压力、相应于河流水位的外水压力、管内外温差（外露管段）、地基反力等。

（2）洪水期，河流出现洪水位，而管内无水。此时应计算如下荷载的效应组合：管自重、相应于河流洪水位的外水压力、土压力、管内外温差（外露管段）、地基反力等。

（3）竣工试水验收或外露式明管输水时。应计算如下荷载的效应组合：管自重、管内水重、内水压力、管内外温差、地基反力等。

在上述组合中，（1）、（3）为满水情况，管壁处于偏心受拉状态，常起控制作用，可作为设计条件；（2）为空水情况，管壁处于偏心受压状态，可作为校核条件。

5.4.2 结构计算

1. 计算分段

对管道较长、水头较高的倒虹吸管，计算时一般是根据地形条件，将其按高程差10m（水头小于50m的管段）或5m（水头大于50m的管段）分成若干管段，每段取最大水头处断面验算管壁厚度和计算配筋。对中小型工程，若斜管段不长且荷载变化不大时，也可不分段，只取受力最不利断面进行计算。

管身结构计算包括：横向计算和纵向计算。

2. 横向结构计算

管身横向计算时，通常取 1m 长管段作为计算单元，按弹性中心法计算各种荷载单独作用时管段不同截面处的内力（圆管可查表计算，见《水工建筑物》坝下埋管部分或其他有关文献），然后进行叠加，据之进行配筋计算。

3. 纵向结构计算

倒虹吸管的纵向计算，目的是求出纵向拉力和纵向弯矩，以进行强度和抗裂验算。

（1）虹吸管纵向拉力由以下几部分组成：

1）内水压力引起的拉力：

$$N_{内}=2\pi\mu r_c r_i p_B \quad (5-21)$$

式中 μ——混凝土泊松比；

r_i、r_c——管内半径、平均半径，m；

p_B——管内水压力强度，N/m²。

2）温降引起的拉力：

$$N_{温}=A\alpha_t E t_m \quad (5-22)$$

$$A=2\pi r_c \delta$$

式中 A——管壁断面积，m²；

t_m——管身均匀温度变化值，等于管身浇筑温度与运用期最低温度之差，(°)；

δ——管壁厚度，m；

α_t——混凝土线性膨胀系数，$\alpha_t=1\times10^{-5}$；

E——混凝土弹性模量，N/m²。

其余符号意义同前。

3）现浇管混凝土收缩引起的拉力，一般按温降 15℃ 考虑，由式（5-22）计算。

（2）管身纵向弯矩，计算方法与其支承方式有关。对支墩式支承的圆管，按圆环形截面梁计算；对连续式弧形土基或刚性管座支承的圆管，常按圆环形截面弹性地基梁计算。对中小型工程，管身中的最大纵向弯矩 M 也可按式（5-23）估算：

$$M=CGl^2 \quad (5-23)$$

式中 G——1m 长管段上总荷重，kN；

l——管柔性接头间距，m；

C——挠曲系数，砂性土取 1/100，高压缩性黏土取 1/50，中等土质可取其中间值。

求出纵向轴拉力和纵向弯矩后，可按偏心受拉构件进行承载力即配筋计算及抗裂验算。

5.5 南水北调工程中的倒虹吸

5.5.1 特点

在跨流域调水工程中，倒虹吸也是应用极为广泛的一种交叉输水建筑物，比如中线总干渠京石段 227km 渠段内仅左岸排水倒虹吸就有 65 座，而渡槽 23 座，涵洞 18 座。

南水北调工程中的倒虹吸，按其承担的任务不同可分为两类：一是总干渠输水穿越河流、沟谷的倒虹吸；二是左岸河流、沟谷穿越总干渠的排水倒虹吸，与以往灌溉渠系上的

5.5 南水北调工程中的倒虹吸

倒虹吸相比,其在形式、布置、施工等方面具有如下一些特征。

(1) 总干渠上的输水倒虹吸,输送流量大;位于山前坡水区或平原河流、沟谷上的左岸排水倒虹吸,集水宽度大,洪峰流量变幅大(从数十至数百立方米每秒)。为此两类倒虹吸均具有较大的过水流量和结构尺寸,例如位于河南省的干渠穿淇河倒虹吸设计流量 $380m^3/s$,校核流量 $430m^3/s$,6 孔箱型结构宽×高=6m×6m(如图 5-24 所示);位于河北省的唐河二干二支坡水区穿总干渠排水倒虹吸,设计流量 $288m^3/s$,校核流量 $401m^3/s$,管身为 8 孔箱型钢筋混凝土结构(如图 5-25 所示)。

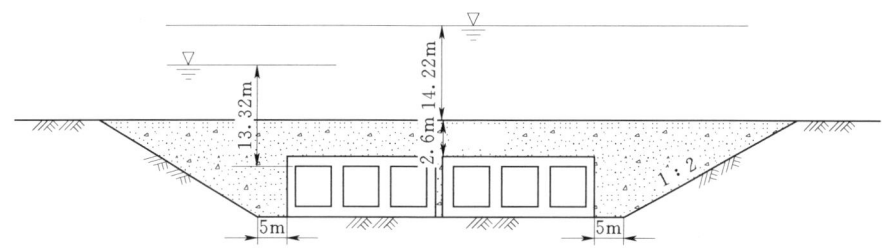

图 5-24 南水北调中线总干渠穿淇河倒虹吸

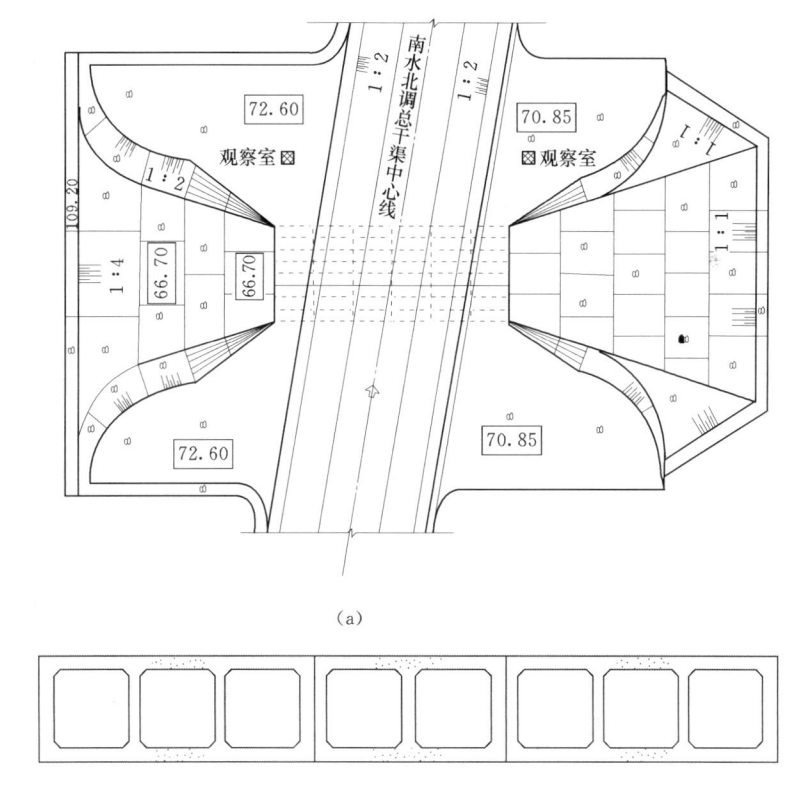

图 5-25 唐河二干二支坡水区穿总干渠排水倒虹吸
(a) 平面布置图;(b) 横断面图

(2) 由于结构规模巨大，工程重要程度高，发生安全事故后果严重，因此其安全级别均较高，大都为一等工程1级建筑物。

(3) 进出口一般设置工作闸门和启闭机室，进口上游设退水闸，以方便运用调度和维护检修需要（见插页图4、插页图5）。对水流含沙量较大的排水倒虹吸，还设有进口沉沙排沙设施，防止管内淤积。

(4) 结构形式及施工技术先进。上述两类倒虹吸均为钢筋混凝土或预应力钢筋混凝土结构，整体钢模施工，施工速度快、质量高。

(5) 由于南水北调工程中的倒虹吸多为大型整体结构，结构重量大，管内流速较小，且进出口段地形或坡度一般较为平缓，故整体稳定性较好，故其斜坡段及转折段较少采用镇墩结构维持其稳定性，设计中需进行斜管段抗滑稳定验算，并满足要求。管身多采用埋藏式，以减小温差变化引起管身开裂。

(6) 受已定干渠轴线和天然河流自然流向控制，两类倒虹吸纵轴线均不易做到与所穿河道主流正交，工程中一般由模型实验确定两者最优夹角，一般不小于60°～70°。

5.5.2 结构形式

由于南水北调工程中的倒虹吸流量大，结构尺寸大，与以往灌溉渠系上的倒虹吸相比，要求其整体性好，故大多数采用钢筋混凝土或预应力钢筋混凝土联体结构，为获得较好的受力条件和过流条件，单孔形式多采用方形或窄深式矩形，工程中实用结构型式或备选方案主要有以下几种。

1. 箱型（平顶底直墙联体结构）

常用的箱型倒虹吸有两孔一联（双箱式）或三孔一联（三箱式），其结构简单，施工方便，易于施加预应力，基础施工也较简单，地基压应力均匀。适于填土高度不大，顶底部及侧向土压力不大的情况，是工程应用最为广泛的一种形式。如图5-26所示为南水北调中线总干渠穿永定河倒虹吸采用的断面形式。

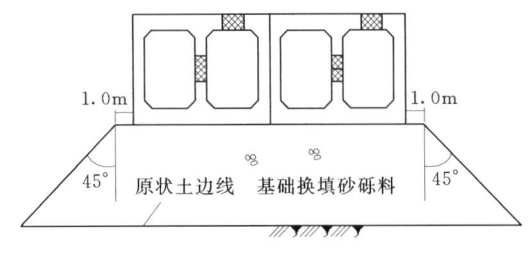

图5-26 南水北调中线穿永定河倒虹吸箱型断面式

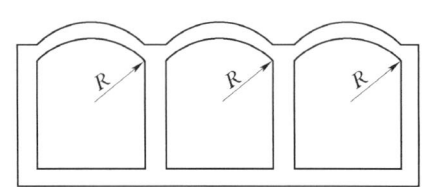

图5-27 直墙正拱断面方案

2. 直墙正拱形式

如图5-27所示，它是将箱型断面的顶部做成正拱形式，以利于承担较大的竖向填土压力，在竖向土压力作用下，其主要在拱圈内产生轴力而弯矩较小，可充分发挥材料的抗压性能。其适宜的拱轴线形式应使其与设计条件下的荷载压力线重合，为施工方便，也可采用圆弧拱。其对地基的要求与箱型相同，但采用多箱时，曲线形的顶部预应力施工不如箱型方便。深谷中的倒虹吸填土高度较大时，是适宜选用的一种形式。

3. 直墙反拱形式

如图 5-28 所示，它是将箱型结构的底部做成朝向地基方向的拱形，当地基较软弱，淤泥或软黏土层较厚时，可减少地基受载后，由于变形在底板内引起的弯矩。适于倒虹吸管顶部填土高度不大，而软弱层较深厚的情况，但曲线形的底板，基础施工及预应力施工均较不便。

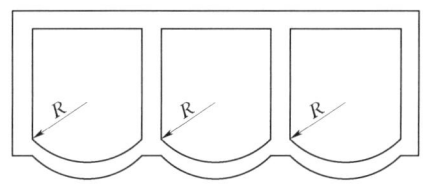

图 5-28 直墙反拱断面方案

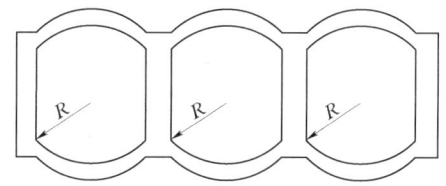

图 5-29 直墙正—反拱断面方案

4. 直墙正—反拱形式

如图 5-29 所示，它是直墙正拱的上半部和直墙反拱的下半部的结构形式，顶部的拱形适于承担较大的竖向填土压力，底板拱形可使其在地基变形较大的情形下，不至于产生过大的底板弯矩。顶部拱轴线形式按竖向填土荷载确定，底板拱轴线按地基反力情况确定。其在顶部填土高度较大、地基软弱黏土层较厚的情况下，结构受力较为合理，适于其地基处理较困难时采用。但其结构复杂，施工技术要求较高，工程中应用不多。

思 考 题

1. 在交叉输水建筑物方案比较中，倒虹吸多用于什么情况？
2. 倒虹吸管路布置有哪些形式，各有何特点和适用情况？
3. 倒虹吸管道一般由哪几部分组成，各部分的作用是什么？
4. 倒虹吸进口连接段有哪些形式，分别用于什么情况？
5. 倒虹吸进、出口闸门的作用各有哪些？
6. 倒虹吸圆管有哪些支承形式，各有何特点和适用情况？
7. 倒虹吸镇墩一般布置于何处，作用如何？
8. 镇墩与管身连接有哪些型式，受力各有何特点？
9. 如何初拟倒虹吸管的管壁厚度和最终确定？
10. 如何初拟倒虹吸管的管径或过水断面，需考虑哪些因素？
11. 倒虹吸管进出口水面衔接有哪些形式，各发生于什么情况，须验算什么内容？
12. 倒虹吸管身上有哪些主要荷载，如何计算其地面活载？
13. 圆形倒虹吸管身上地基反力分别有哪些形式，其理论依据是什么？
14. 倒虹吸管上地震荷载分布有何特点，如何计算？

15. 倒虹吸管结构计算须考虑哪些荷载或荷载效应组合？
16. 倒虹吸管纵横向结构计算的内容是什么，分别考虑哪些力？
17. 南水北调工程中的倒虹吸有哪些与以往倒虹吸不同的特点，为什么？
18. 南水北调工程中倒虹吸管方案有哪些结构形式，各有何特点与适用情况？

第6章 水利工程中的桥梁

6.1 概　述

6.1.1 作用与组成

在水利工程中，当渠道穿越公路时，需修建桥梁来衔接原有的道路，当在河流上修筑闸、坝等水工建筑物时，也常在建筑物顶部修建桥梁来连接两岸交通，闸－桥或坝－桥合建往往节省工程总造价。

桥梁主要由上部结构（桥面系统及承重结构如行车道板、行车道梁或主拱圈等）和下部结构（墩、台、基础等）组成。

6.1.2 类型与桥面宽度

桥梁的类型，按用途可分为以下几种。

（1）生产桥。可供人、马车、小型拖拉机等通行，桥面净宽约 2～2.5m。

（2）拖拉机桥。供农用拖拉机行驶，桥面净宽约 3.5～4m。

（3）一级、二级、三级、四级和高速公路桥。沟通县与乡、县与县、省与省之间的交通，可供汽-10 级～汽-超 20 级车辆行驶，其行车道净宽＝行车道数 $n×$车道宽度 W＋左侧路肩宽度 L_1＋右侧路肩宽度 L_2。车道宽度 W 按设计车速大小取值不同，当设计车速为 20～120km/h 时，车道宽度为 3.0～3.75m；二级、三级、四级公路桥只设置右侧路肩宽 L_2，一般取为 0.75～1.5m，当受条件限制时，最窄不小于 0.25～0.75m；一级公路或高速公路还须设置左侧路肩宽 L_1，当设计车速为 60～120km/h 时，取 $L_1=0.75～1.25m$。当桥梁设置人行道、自行车道时，桥面总宽应等于行车道净宽＋人行道与自行车道宽度(不小于 2.5m)。

按下部承重结构形式不同，桥梁又可分为梁式桥和拱式桥。常见的梁式桥有：整体式简支板桥、装配式铰接板桥、钢筋混凝土简支梁式桥（整体式及装配式）等；常见的拱式桥有：板拱桥、双曲拱桥、桁架拱桥等。

6.1.3 桥面构造

桥面（也称桥面系）是直接承载部分，包括行车道板或行车道梁、桥面铺装层、人行道与自行车道、栏杆、排水孔、变形缝等，如图 6-1 所示。

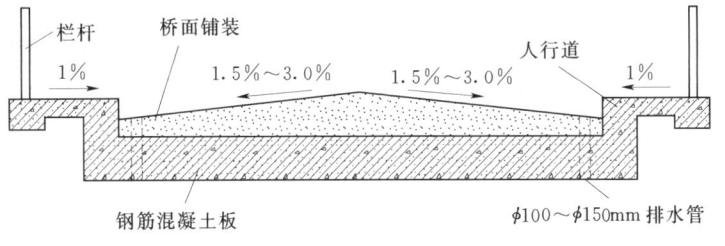

图 6-1　桥面构造

桥面铺装的结构形式宜与所在位置的公路路面相协调，常用沥青混凝土或水泥混凝土桥面铺筑。高速和一级公路桥宜采用沥青混凝土桥面铺装，厚度不宜小于 70mm，当二级及其以下公路桥梁采用沥青混凝土桥面铺装时，层厚不宜小于 50mm；水泥混凝土桥面铺装面层（不含整平层和垫层）厚度不宜小于 80mm，混凝土强度等级不应低于 C40；水泥混凝土桥面铺装层内应配置钢筋网，钢筋直径不应小于 8mm，间距不宜大于 100mm。为便于排水，桥面应设置纵坡和横坡，横坡常为 1.5%~3.0%，双向布置。桥长大于 50m 时，横坡末端每隔一定长度设置排水管，管径可为 100~150mm；小跨径桥，排水管可横向布置于行车道两侧的安全带内。

人行道与自行车道根据需要而设，表面亦应设约 1% 的横坡以利排水。人行道与自行车道外侧设栏杆，高 0.8~1.2m，栏杆柱间距 1.5~2.5m，栏杆柱断面 0.15m×0.15m，常配 $4\varphi10$ 的钢筋。不设人行道或自行车道时，桥面两侧应设宽 0.25m，长 0.2~0.25m 的安全带，外侧设栏杆。

为了减小温变、混凝土干缩、地基不均匀沉陷等影响，桥面须设变形缝，缝距一般不超过 30m。跨径不大时，变形缝多设于桥接头处，在变形缝处铺装层和栏杆均断开，缝内填塞不透水、有弹性的橡皮或沥青胶泥等塑性材料，以防雨水和泥土渗入。

6.2 桥上的荷载及其荷载组合

桥梁上的荷载按其作用性质可分为以下几种类型。

(1) 恒载：即结构自重、填土重、土压力等。

(2) 活载：包括人群荷载和车辆活载。车辆活载包括车辆重力荷载（简称车辆荷载或车载）及其引起的冲击力、制动力、摩阻力等。

(3) 其他荷载：如风压、温变及混凝土干缩影响力等。

(4) 偶然荷载：如地震荷载、施工荷载等。

以下主要讨论车辆活载的形式及其计算方法，其他荷载见有关课程或文献。

6.2.1 车辆活载

桥梁上的车辆活载是一项重要荷载，其中车辆重力荷载计算标准目前国内外有两种形式：车辆荷载（或称车列荷载）和车道荷载。随着我国经济的发展，桥梁上的车辆型号和重力荷载等级在不断地变化和提高。为了适应这种情况，我国公路桥涵设计规范，对车载计算标准先后采用了上述两种形式，即 1989 年颁布施行的《公路桥涵设计通用规范》(JTJ 021—89)（以下称原规范），采用的是车辆荷载标准，而 2004 年颁布施行的《公路桥涵设计通用规范》(JTGD 60—2004)（以下简称新规范）中，在对桥梁结构整体计算时采用了车道荷载，对桥梁结构局部加载、涵洞、桥台和挡土墙土压力等计算时采用了车辆荷载，车辆荷载与车道荷载的作用不叠加。为此，以下讨论车辆荷载标准下车辆活载的计算及车道荷载标准下车辆活载的计算及相关问题。

6.2.1.1 车辆荷载标准下车辆活载计算

1. 车辆重力荷载

原规范车辆重力荷载标准，是把大量经常出现的汽车荷载排列成车列形式作为设计荷载（如图 6-2 所示），把偶然出现的平板挂车或履带车作为验算荷载（如图 6-3 所示）。设计荷载共分为四个等级：汽-10 级、汽-15 级、汽-20 级、汽-超 20 级，每一车列形式中，标准车以一定间距排列，数量不限，内含一辆加重车，加重车为高一级车列标准中的一辆标准车。

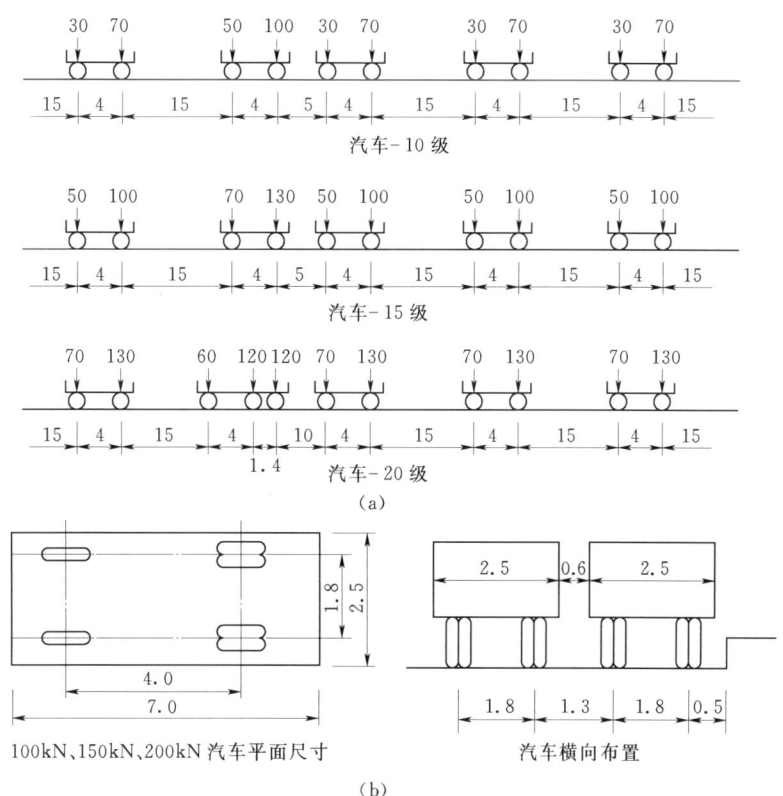

图 6-2 （重力单位：kN；尺寸单位：m）
(a) 各级汽车车队的纵向排列；(b) 各级汽车的平面尺寸和横向布置

桥梁设计时，三级、四级公路桥，按汽-10 级车队荷载设计，履带-50 单车荷载验算，或按汽-15 级车队荷载设计，挂车-80 单车荷载验算；一级、二级公路桥，按汽-15 级车队荷载设计，挂车-80 单车荷载验算，或按汽-20 级车队荷载设计，挂车-100 单车荷载验算。各级汽车荷载有关技术指标见表 6-1。

表 6-1　　　　　　汽车-10 级、15 级、20 级荷载主要技术指标

主要指标	单位	汽车-10 级		汽车-15 级		汽车-20 级	
		重车	主车	重车	主车	重车	主车
一辆汽车总重力	kN	150	100	200	150	300	200
一行汽车车队中车辆数目	辆	1	不限	1	不限	1	不限
后轴重力	kN	100	70	130	100	2×120	130
前轴重力	kN	50	30	70	50	60	70
轴距	m	4	4	4	4	4+1.4	4

续表

主要指标	单位	汽车-10级		汽车-15级		汽车-20级	
		重车	主车	重车	主车	重车	主车
轮矩	m	1.8	1.8	1.8	1.8	1.8	1.8
后(中)轮着地宽度及长度($b_2 \times a_2$)	m	0.5×0.2	0.5×0.2	0.6×0.2	0.5×0.2	0.6×0.2	0.6×0.2
前轮着地宽度及长度($b_2 \times a_2$)	m	0.25×0.2	0.25×0.2	0.3×0.2	0.25×0.2	0.3×0.2	0.3×0.2
车辆外形尺寸（长×宽）	m	7×2.5	7×2.5	7×2.5	7×2.5	8×2.5	7×2.5

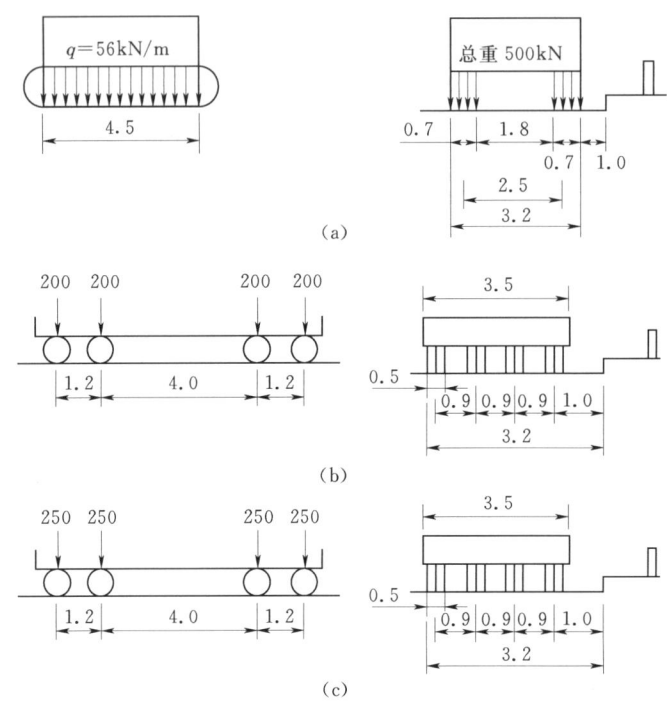

图6-3 各级验算车辆荷载图示和横向布置（重力单位：kN；尺寸单位：m）
(a) 履带-50；(b) 挂车-80；(c) 挂车-100

对农业生产便桥，设计荷载是人群荷载 $q=2.5 \sim 3.5 kN/m^2$ 均匀布满桥面，验算荷载是35kN胶轮马车[牲畜重7kN，车重28kN，如图6-4（a）所示]；对拖拉机桥，是以红旗-80型和东方红-54型拖拉机荷载[如图6-4（b）、（c）所示]进行设计和验算。

对多车道桥梁，当桥净宽小于4.5m时，按一行车列荷载设计；对桥宽大的桥梁按二行或多行车列荷载设计，其中：用二行车列计算时，汽车-20级车列的荷载可折减10%，但折减后的计算内力不得小于一行车列的计算结果；用三行车列计算时，各级汽车荷载均可折减20%，用四行车列计算时，各级汽车荷载均可折减30%，但折减后的计算内力均不得小于二行车列的计算结果。用验算荷载进行桥梁内力验算时，对履带车，顺桥纵向可考虑多辆车行驶，但车间纵向净距不小于50m；对平板挂车，全桥均以通行一辆车计算。

6.2 桥上的荷载及其荷载组合

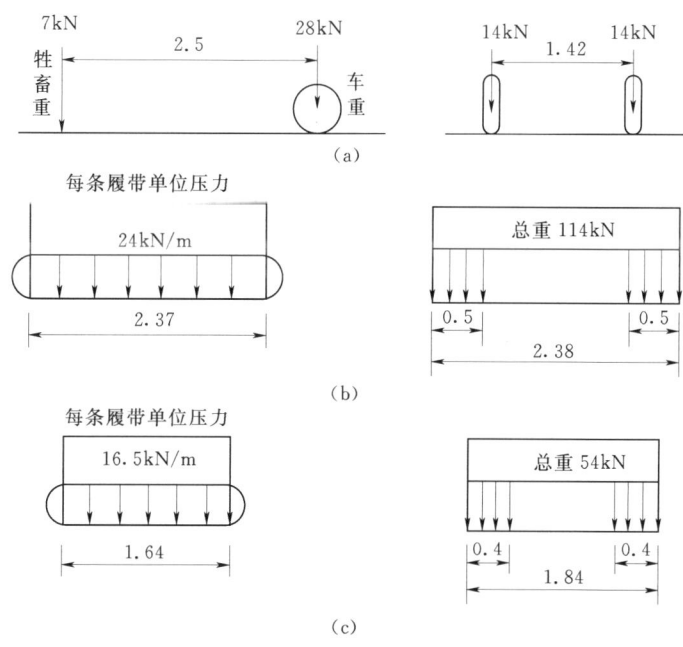

图 6-4 生产桥、拖拉机桥荷载（尺寸单位：m）
(a) 35kN 马车；(b) 红旗 80 拖拉机；(c) 东方红 54 拖拉机

2. 冲击力

汽车快速行驶过桥时，对桥梁产生冲击力，考虑冲击力时，原规范是将车辆重乘以冲击系数 $(1+\mu)$（见表 6-2）；对拱顶以上填料厚度（含路面）不小于 0.5m 的板拱桥和不小于 0.3m 的双曲拱桥，不考虑冲击力。

表 6-2　　　　　　　　桥梁的汽车荷载冲击系数 $1+\mu$ 值

结 构 种 类	跨径或荷载长度 (m)	$1+\mu$
梁、刚构、拱上结构、桩式或柱式墩台、涵洞盖板	$l \leqslant 5$	1.30
	$l \geqslant 45$	1.00
拱桥的主拱圈或拱肋	$l \leqslant 20$	1.20
	$l \geqslant 70$	1.00

3. 制动力

汽车在桥面上刹车时，车轮与桥面之间产生的滑动摩擦力称制动力，其数值可取为布置在荷载长度范围内的一行车列总重的 10%，但不小于一辆车重的 30%，且不大于一辆车重的 90%；制动力的方向为行车方向，作用点与桥的结构形式有关，梁式桥常假定作用在支座中心或滑动支座的接触面处，拱桥作用在桥面上。

4. 摩阻力

桥梁结构在温变影响下会产生伸缩变形，由此在支座上产生的摩阻力 T 可按下式计算：

$$T = fG \tag{6-1}$$

式中　　G——活动支座上的恒载竖向反力，kN；

　　　　f——支座摩擦系数，可按表 6-3 采用。

表 6-3　　　　　　　　　　支承摩阻系数 f 值

支座种类	摩阻系数 f	支座种类	摩阻系数 f
滚动支座或摆动支座	0.05	老化后的油毛毡垫层	0.6
弧形滑动支座	0.2	橡胶支座（邵氏硬度标准：应为HA55～60°）	0.25～0.40
平面滑动支座	0.3		

5. 等代荷载

利用车辆荷载计算桥梁某横截面的内力时，要先作出该截面内力（M 或 Q）影响线，然后依据影响线的形状，将车列荷载的轮压按最不利位置布置在桥梁上（例如求跨中截面弯矩 M 时，将车列中加重车后轮布置于跨中，求支座截面反力 Q 时，将车列中加重车后轮布置于支座处），求出各车轮压力与相应内力影响线上对应竖标乘积的总和，即为该截面相应最大内力（M_{max} 或 Q_{max}）。但此法较麻烦，工程中常引用等代荷载来简化计算，所谓等代荷载，是在桥梁的同号影响线内布满一匀布荷载 q 代替车列荷载，由 q 产生的桥梁指定截面处的内力（M 或 Q），与一车列荷载按最不利位置布置在桥上时该截面产生的最大内力（M_{max} 或 Q_{max}）相等，这一假设的匀布荷载 q 即为等代荷载。但不同桥梁跨径、不同等级的汽车荷载、不同桥梁截面处的等代荷载 q 是不同的，可查表计算（见附录表 9）。

用等代荷载计算桥梁内力时，先要根据桥的计算跨径 l、车辆荷载等级、计算截面位置查出相应的等代荷载 q，并布满在桥梁的同号影响线范围内，即可按匀布荷载 q 作用下的梁计算其内力则为所求（对横向由多个梁或板构成的桥，q 须乘以荷载横向分布系数 m）；当桥梁某截面内力影响线同时具有＋、－号部分时，在影响线＋号范围内布满荷载 q 可求得最大正号值内力，在负号范围内布满荷载 q 可求得最大负号值内力。

6.2.1.2　车道荷载标准下车辆活载计算

新规范取消了挂车和履带车验算荷载，故车辆活载即为汽车活载；在设计荷载标准方面，取消了原标准四个汽车荷载等级，改为公路-Ⅰ级和公路-Ⅱ级两个汽车荷载等级。具体而言，对汽车活载计算提出如下一些规定。

（1）汽车荷载由车道荷载和车辆荷载组成，其中桥梁结构整体计算时，采用车道荷载，桥梁局部加载、涵洞、桥台和挡土墙土压力等计算时，采用车辆荷载，车辆荷载与车道荷载的作用不得叠加。

（2）车道荷载由均布荷载 q_k 和集中荷载 P_k 两者组成，如图 6-5 所示。

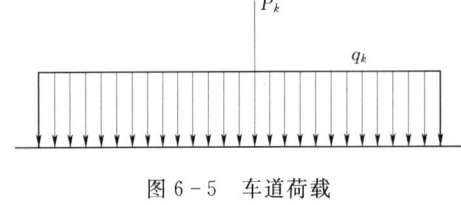

图 6-5　车道荷载

（3）汽车荷载标准分为两个等级：公路-Ⅰ级和公路-Ⅱ级（分别相当于原规范的汽车-超 20 级和汽车-20 级），各级公路桥涵设计采用的汽车荷载等级见表 6-4。此外，当二级公路为干线公路且中型车辆多时，可采用公路

-Ⅰ级汽车荷载设计（荷载等级提高1级）；当四级公路上重型车辆较少时，其桥涵设计所采用的公路-Ⅱ级车道荷载效应可乘以0.8的折减系数，车辆荷载效应可乘以0.7的折减系数。

表 6-4　　　　　　　　　各级公路桥涵的汽车荷载等级

公路等级	高速公路	一级公路	二级公路	三级公路	四级公路
汽车荷载等级	公路-Ⅰ级	公路-Ⅰ级	公路-Ⅱ级	公路-Ⅱ级	公路-Ⅱ级

1. 车道荷载中 q_k 和 P_k 取值

(1) 对公路-Ⅰ级车道荷载，其均布荷载标准值取为 $q_k=10.5\text{kN/m}$；集中荷载标准值 P_k 如下选取：桥梁计算跨径 $L\leqslant 5\text{m}$ 时，取 $P_k=180\text{kN}$；$L\geqslant 50\text{m}$ 时，取 $P_k=360\text{kN}$；$L=5\sim 50\text{m}$ 之间时，P_k 由直线内插求得。计算剪力效应时，上述 P_k 的标准值应乘以1.2的系数。

(2) 对公路-Ⅱ级车道荷载，均布荷载标准值 q_k 和集中荷载标准值 P_k 按公路-Ⅰ级车道荷载的0.75倍采用。

(3) 车道荷载中均布荷载的标准值 q_k，应布满于使结构产生最不利效应的同号影响线上；集中荷载的标准值 P_k，只作用于相应影响线中一个最大影响线峰值处。

2. 汽车荷载的立面、平面尺寸

汽车荷载的立面、平面尺寸如图6-6所示，主要技术指标规定见表6-5。

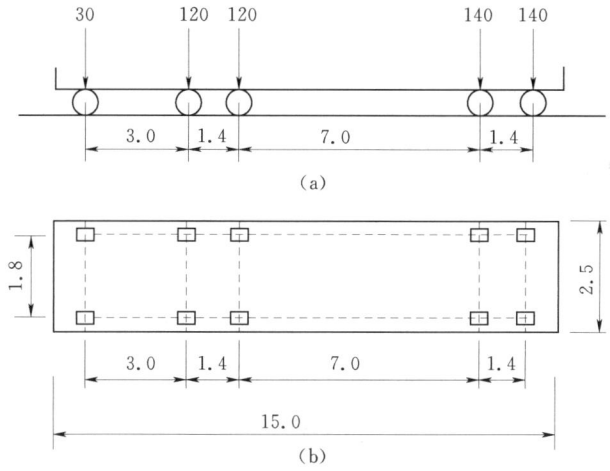

图 6-6　汽车荷载布置形式
(a) 汽车荷载的立面；(b) 平面尺寸（尺寸单位：m；荷载单位：kN）

表 6-5　　　　　　　　　车辆荷载的主要技术指标规定

项目	单位	技术指标	项目	单位	技术指标
车辆重力标准值	kN	550	轮距	m	1.8
前轴重力标准值	kN	30	前轮着地宽度及长度	m	0.3×0.2
中轴重力标准值	kN	2×120	中、后轮着地宽度及长度	m	0.6×0.2
后轴重力标准值	kN	2×140	车辆外形尺寸（长×宽）	m	15×2.5
轴距	m	3+1.4+7+1.4			

3. 车道荷载的横向分布系数

车道荷载的横向分布系数,根据车道数并按如图6-7所示布置车辆荷载来计算。桥涵设计车道数根据桥面宽度按表6-6确定。

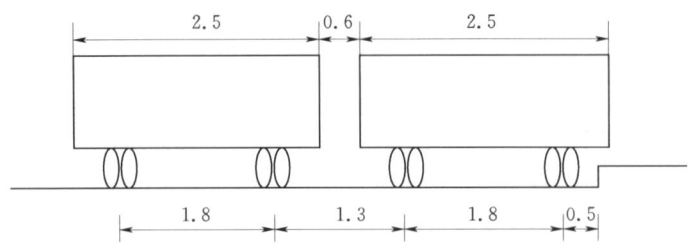

图6-7 车辆荷载横向布置(尺寸单位:m)

表6-6   桥涵设计车道数

桥面宽度 W (m)		桥涵设计车道数
车辆单向行驶时	车辆双向行驶时	
W<7.0		1
7.0≤W<10.5	6.0≤W<14.0	2
10.5≤W<14.0		3
14.0≤W<17.5	14.0≤W<21.0	4
17.5≤W<21.0		5
21.0≤W<24.5	21.0≤W<28.0	6
24.5≤W<28.0		7
28.0≤W<31.5	28.0≤W<35.0	8

4. 多车道横向折减系数

当桥涵设计车道数≥2时,汽车荷载产生的效应应乘以表6-7规定的多车道折减系数,但折减后的效应不得小于2设计车道的荷载效应。

表6-7   多车道横向折减系数

横向布置设计车道数(条)	2	3	4	5	6	7	8
横向折减系数	1.00	0.78	0.67	0.60	0.55	0.52	0.50

5. 汽车荷载纵向折减系数

由于新规范中的汽车荷载标准值是在特定条件下确定的,例如在汽车荷载的可靠性分析中,用于计算各类桥型结构效应的车队,是采用自然堵车时的车间距,汽车荷载本身的重力,是采用运煤车或其他重车居多的调查资料。但实际桥梁上通行的车辆不一定能够达到上述条件,尤其大跨径桥梁更是如此。为此,采用纵向折减系数α对特大跨径桥梁的计算效应进行折减。经专题研究得到的α表达式为:

6.2 桥上的荷载及其荷载组合

$$\alpha = 0.97913 - 4.7185 \times 10^{-5} L_0 \tag{6-2}$$

式中 L_0——计算跨径，m。

6. 汽车荷载冲击系数

结合公路桥梁可靠度研究成果，采用结构基频（第1阶固有频率）来确定桥梁结构的冲击系数（原规范近似认为冲击力与桥梁计算跨径成反比来确定冲击系数，计算简便但不能合理反映冲击荷载本质），即：

$$\eta = \frac{Y_{d\max}}{Y_{j\max}} \tag{6-3}$$

式中 $Y_{j\max}$——在汽车过桥时测得的效应时程曲线上，对应于最大静力效应处量取的最大静力效应值；

$Y_{d\max}$——在汽车过桥时测得的效应时程曲线上，对应于最大静力效应处量取的最大动效应值。

具体计算时，汽车荷载冲击力按下列规定计算。

(1) 钢桥、钢筋混凝土桥、圬工拱桥等上部构造和钢支座、板式橡胶支座、盆式橡胶支座及钢筋混凝土柱式墩台，应计算汽车的冲击力；填料厚度（包括路面厚度）不小于 0.5m 的拱桥、涵洞及重力式墩台不计冲击力。

(2) 汽车荷载冲击力的标准值＝汽车荷载标准值×冲击系数 μ，μ 值如下计算：

$$\left. \begin{array}{l} \text{当 } f < 1.5 H_z \text{ 时，} \quad \mu = 0.05 \\ \text{当 } 1.5 H_z \leqslant f \leqslant 14 H_z \text{ 时，} \quad \mu = 0.1767 \ln f - 0.0157 \\ \text{当 } f > 14 H_z \text{ 时，} \quad \mu = 0.45 \end{array} \right\} \tag{6-4}$$

式中 f——结构基频（Hz）。

(3) 汽车荷载的局部加载及在 T 形梁、箱梁悬臂板上的冲击系数取 0.3。

桥梁的基频宜用有限元方法计算，对下列结构，无更精确方法计算时也可如下估算：

1) 简支梁桥：

$$\left. \begin{array}{l} f_1 = \dfrac{\pi}{2l^2} \sqrt{\dfrac{EI_c}{m_c}} \\ m_c = \dfrac{G}{g} \end{array} \right\} \tag{6-5}$$

式中 l——结构计算跨径，m；

E、I_c——结构材料的弹性模量，N/m²，结构跨中截面惯性矩，m⁴；

m_c——结构跨中处的单位长度质量，kg/m（当换算为重力时，其单位为 Ns²/m）；

G——结构跨中处 1m 长结构重力，N/m；

g——重力加速度，m/s²。

2) 连续梁：

$$f_1 = \frac{13.616}{2\pi l^2} \sqrt{\frac{EI_c}{m_c}} \tag{6-6}$$

$$f_2=\frac{23.651}{2\pi l^2}\sqrt{\frac{EI_c}{m_c}} \tag{6-7}$$

计算冲击力在连续梁内引起的正弯矩和剪力效应时,采用 f_1;计算冲击力在连续梁内引起的负弯矩效应时,采用 f_2。

3) 拱桥:

$$f_1=\frac{\omega_1}{2\pi l^2}\sqrt{\frac{EI_c}{m_c}} \tag{6-8}$$

式中 ω_1——频率系数,可如下计算:

a. 当主拱为等截面或其他拱桥(如桁架拱、刚架拱等)时:

$$\omega_1=105\times\frac{5.4+50f^2}{16.45+334f^2+1867f^4} \tag{6-9}$$

b. 当主拱为变截面拱桥时:

$$\omega_1=105\times\frac{r_1+r_4f^2}{r_3+r_4f^2+r_3f^4} \tag{6-10}$$

式中 r_i——系数,可按式(6-11)确定:

$$r_i=R_in+T_i \tag{6-11}$$

其中,n 为拱厚变化系数,R_i、T_i 的数值由表 6-8 查得。

表 6-8　　　　　　　　　系数 R_i、T_i 值

i	1	2	3	4	5
R_i	3.7	34.3	16.3	364	1995
T_i	1.7	15.7	0.15	−30	−88

可见在新规范中,由于桥梁整体结构计算采用了车道荷载(是一虚拟荷载,其标准值 q_k 和 P_k 是由对汽车车队的车重和车间距进行实测和效应分析得到的),可不必借助等代荷载来计算桥梁内力,这时只要知道梁的影响线面积和最大竖标值,荷载效应即可求得,而这些影响线面积和竖标值可由桥梁设计有关手册查得或通过简单的计算得到,从而简化了计算。

6.2.2 荷载组合

6.2.2.1 原规范荷载组合

主要考虑结构承载力安全进行不同工况的荷载组合,需考虑的荷载组合有以下几种。

1. 主要荷载组合

由恒载+车辆荷载+车辆荷载引起的冲击力、土侧压力(作用桥台上)+人群荷载等组成。

2. 附加荷载组合

(1) 由恒载+平板挂车或履带车荷载组成,也称验算荷载组合。

6.2 桥上的荷载及其荷载组合

(2) 由主要组合中一种或几种荷载＋可能同时作用的一种或几种其他荷载和外力（人群荷载、施工荷载、地震荷载除外）等组成。

6.2.2.2 新规范荷载效应组合

考虑结构承载力和正常使用两种极限状态进行荷载效应组合。其首先将公路桥涵上的作用（或荷载）分为永久作用、可变作用和偶然作用三类（见表6-9）。设计时考虑结构上可能同时出现的作用，分别按承载力极限状态和正常使用极限状态进行作用效应组合，并取其最不利者进行设计。其组合条件或要求、组合方式及其设计表达式如下。

表6-9 公路桥涵的作用分类

编 号	作用分类	作 用 名 称
1	永久作用	结构重力（包括结构附加重力）
2		预加力
3		土的重力
4		土侧压力
5		混凝土收缩及徐变作用
6		水的浮力
7		基础变位作用
8	可变作用	汽车荷载
9		汽车冲击力
10		汽车离心力
11		汽车引起的土侧压力
12		人群荷载
13		汽车制动力
14		风荷载
15		流水压力
16		冰压力
17		温度（均匀温度和梯度温度）作用
18		支座摩阻力
19	偶然作用	地震作用
20		船舶或漂流物的撞击作用
21		汽车撞击作用

(1) 仅对结构上可能同时出现的作用，进行其作用效应的组合。

(2) 当结构或结构构件需做不同方向的验算时，应以不同方向的最不利作用效应进行组合。

(3) 当可变作用对结构或结构产生有利影响时，不参与作用组合。对实际不可能出现的作用或同时参与组合概率很小的作用，按表6-10所示不考虑其作用效应的组合。

(4) 施工阶段作用效应的组合，按具体情况及结构所处条件确定，结构上的施工人员和施工机具设备应作为临时荷载加以考虑；对组合式桥梁，当把底梁作为施工支撑时，作用效应宜分两个阶段组合,其中底梁受荷为第 1 阶段,组合梁受荷为第 2 阶段。

(5) 多个偶然作用不同时参与组合。

表 6-10　　　　　　　　　可变作用不同时组合表

编　号	作 用 名 称	不与该作用同时参与组合的作用编号
13	汽车制动力	15,16,18
15	流水压力	13,16
16	冰压力	13,15
18	支座摩阻力	13

(6) 按承载力极限状态设计时,应计算两种作用效应组合即基本组合和偶然组合。基本组合是指永久作用设计值效应与可变作用设计值效应的组合,用于结构的常规设计,是所有公路桥涵结构都应考虑的组合。其中作用设计值效应＝其作用标准值效应×分项系数。

偶然组合是指永久作用标准值、可变作用代表值和一种偶然作用标准值的效应组合。根据具体情况,也可不考虑可变作用效应参与组合。偶然组合用于结构特殊情况下的设计,不是所有结构都必须考虑的组合,某些结构可由构造或其他措施来解决。

1) 基本组合下承载力极限状态设计表达式为:

$$\gamma_0 S_{Ud} = \gamma_0 \left(\sum_{i=1}^{m} \gamma_{Gi} S_{Gik} + \gamma_{Q1} S_{Q1k} + \psi_c \sum_{j=1}^{n} \gamma_{Qj} S_{Sj} \right)$$

或

$$\gamma_0 S_{Ud} = \gamma_0 \left(\sum_{i=1}^{m} S_{Gid} + S_{Q1d} + \psi_c \sum_{j=2}^{n} S_{Qjd} \right) \quad (6-12)$$

式中　S_{Ud}——承载力极限状态下基本作用效应组合设计值;

　　　γ_0——结构重要性系数,按表 6-11 规定的结构安全等级采用,安全等级分别为一级、二级、三级时取 1.1、1.0、0.9;

　　　γ_{Gi}——第 i 个永久作用效应的分项系数,见表 6-12;

S_{Gik}、S_{Gid}——第 i 个永久作用效应的标准值和设计值;

　　　γ_{Q1}——第 1 个可变作用分项系数,即汽车荷载效应(含汽车冲击力、离心力)的分项系数,取 $\gamma_{Q1}=1.4$。若某个可变作用在效应组合中超过汽车荷载效应时,则该作用取代汽车荷载,其分项系数取为 1.4;计算人行道板和栏杆的局部荷载时,其分项系数也取为 1.4;

S_{Q1k}、S_{Q1d}——第 1 个可变作用(即汽车荷载含汽车冲击力、离心力)效应的标准值和设计值;

　　　γ_{Qj}——在作用效应组合中,除汽车荷载效应(含汽车冲击力、离心力)、风荷载效应以外的其他第 j 个可变作用效应的分项系数,取 1.4,风荷载的分项系数取 1.1;

S_{Q1k}、S_{Qjd}——在作用效应组合中,除汽车荷载效应(含汽车冲击力、离心力)以外的其他第 j 个可变作用效应的标准值和设计值;

　　　ψ_c——除汽车荷载效应(含汽车冲击力、离心力)以外的其他可变作用效应的组合系数,当永久作用与汽车荷载和人群荷载(或其他一种可变作用)组合时,人群荷载(或其他一种可变作用)的组合系数 ψ_c 取 0.8;当除汽车荷载(含汽车冲击力、离心力)外有两种其他可变作用参与组合时,其组合系数取 0.7;当有三种可变作用参与组合时,其组合系数取 0.6;当有四种及多于四种的可变作用参与组合时,其组合系数取 0.5。

表 6-11　　公路桥涵结构的设计安全等级

设 计 安 全 等 级	桥 涵 结 构
一级	特大桥、重要大桥
二级	大桥、中桥、重要小桥
三级	小桥、涵洞

注　特大桥、大桥、中桥等是按新桥梁规范(JTGD 60)表 1.0.11 中的单孔跨径确定,对多跨不等跨桥梁,以其中最大跨径为准;表中重要的大桥和小桥,是指高速公路的和一级公路上、国防公路上及城市附近交通繁忙的桥梁。

表 6-12　　永久作用效应的分项系数

编号	作 用 类 别		永久作用效应分项系数	
			对结构的承载能力不利时	对结构的承载能力有利时
1	混凝土和圬工结构重力(包括结构附加重力)		1.2	1.0
	钢结构重力(包括结构附加重力)		1.1 或 1.2	
2	预加力		1.2	1.0
3	土的重力		1.2	1.0
4	混凝土的收缩及徐变作用		1.0	1.0
5	土侧压力		1.4	1.0
6	水的浮力		1.0	1.0
7	基础变位作用	混凝土和圬工结构	0.5	0.5
		钢结构	1.0	1.0

注　当钢桥采用钢桥面板时,永久作用效应分项系数取 1.1,当采用混凝土桥面板时取 1.2。

须指出,设计弯桥(沿顺车行方向的桥梁轴线为曲线)时,当离心力和制动力同时参与组合时,制动力标准值或设计值按 70% 取用。

2)偶然组合下承载力极限状态设计表达式:除式(6-12)外,还应满足如下要求:

a. 在式(6-12)中添加偶然作用效应,且偶然作用分项系数取 1.0。

b. 与偶然作用同时出现的可变作用,根据观测资料和工程经验取用适当的代表值。

c. 地震作用标准值,见《公路工程抗震设计规范》(TJ004—89)。

(7)正常使用极限状态设计,是验算结构构件的抗裂、裂缝宽度和挠度等是否超过规定的限值。当需要进行正常使用极限状态设计时,应验算两种作用效应组合即短期组合和长期组合。短期组合是指永久作用标准值效应+可变作用频域值效应的组合;长期组合是指永久作用标准值效应+可变作用准永久值效应的组合。

可变作用的频域值是指结构上较频繁出现且量值较大的作用取值,它小于标准值,频域值=其标准值×频域值系数 φ_1 ($\varphi_1<1.0$)。可变作用的准永久值是指结构上经常出现的作用取值,它又小于可变作用的频域值,准永久值=其可变作用的标准值×准永久值系数

$\varphi_2(\varphi_2<\varphi_1)$。

1) 短期组合时设计表达式为：

$$S_{sd} = \sum_{i=1}^{m} S_{Gik} + \sum_{j=1}^{n} \varphi_{1j} S_{Qjk} \tag{6-13}$$

式中 S_{sd}——作用短期效应组合设计值；

φ_{1j}——第 j 个可变作用效应的频域值系数，汽车荷载（不计冲击力）$\varphi_1=0.7$，人群荷载 $\varphi_1=1.0$，风荷载 $\varphi_1=0.75$，温度梯度作用 $\varphi_1=0.8$，其他作用 $\varphi_1=1.0$；

$\varphi_{1j} S_{Qjk}$——第 j 个可变作用效应的频域值。

2) 长期组合时设计表达式为：

$$S_{ld} = \sum_{i=1}^{m} S_{Gik} + \sum_{j=1}^{n} \varphi_{2j} S_{Qjk} \tag{6-14}$$

式中 S_{ld}——作用长期效应组合设计值；

φ_{2j}——第 j 个可变作用效应的准永久值系数，汽车荷载（不计冲击力）$\varphi_2=0.4$，人群荷载 $\varphi_2=0.4$，风荷载 $\varphi_2=0.75$，温度梯度作用 $\varphi_2=0.8$，其他作用 $\varphi_2=1.0$；

$\varphi_{2j} S_{Qjk}$——第 j 个可变作用效应的准永久值。

6.3 常见梁式桥的构造与内力计算方法

6.3.1 整体式简支板桥

1. 构造

行车道为板结构的桥梁称板桥，整体式板桥的行车道板为整体现浇而成，如图 6-8 所示。其跨径一般在 6m 以内，板厚约为跨径的 1/12～1/18，但一般不小于 10cm，两侧人行道与自行车道板厚不小于 8cm；行车道板、人行道与自行车道板内一般配以不少于 $\phi10@200mm$ 和 $\phi6@200mm$ 的受力钢筋，并在离支座 1/4 及 1/6 跨径处，按 30°或 45°弯起，以保证斜截面承载力。

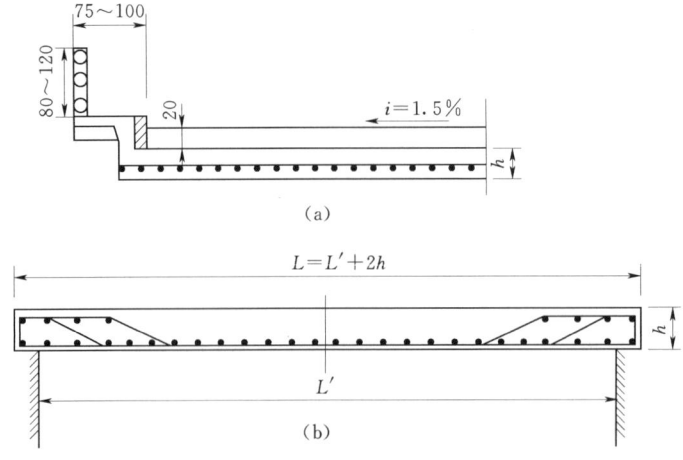

图 6-8 整体简支板桥的纵、横剖面（尺寸单位：cm）
(a) 横剖面；(b) 纵剖面

6.3 常见梁式桥的构造与内力计算方法

2. 内力计算

(1) 首先计算轮压在行车道板板带上的分布面积。桥面上汽车车轮的集中荷载一般在铺装层内按 45°角扩散至行车道板（如图 6-9 所示），若一个车轮压力 P 在桥面上的荷载分布面积为 $a_2 \times b_2$，则 P 扩散至行车道板上的荷载分布面积为 $a_1 \times b_1$，其中在行车方向 $a_1 = a_2 + 2H$，在桥宽方向 $b_1 = b_2 + 2H$，a_2、b_2 分别为汽车轮胎在行车方向和桥宽方向的着地宽度，见表 6-1，H 为铺装层厚度。

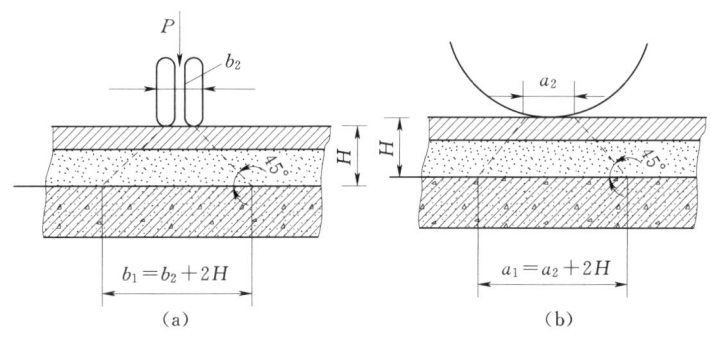

图 6-9 轮压在行车道板上的分布面积
(a) 桥宽方向；(b) 行车方向

(2) 其次计算车轮压力在板带上的有效分布宽度。由于整体板桥横向的整体性，在桥宽方向不仅是 b_1 范围内的板带承受车轮荷载，其附近板带也共同变形，承受此荷载，因此应采用考虑其影响的板带有效分布宽度来计算内力，板上车轮压力的有效分布宽度计算有以下几种情况（如图 6-10 所示）。

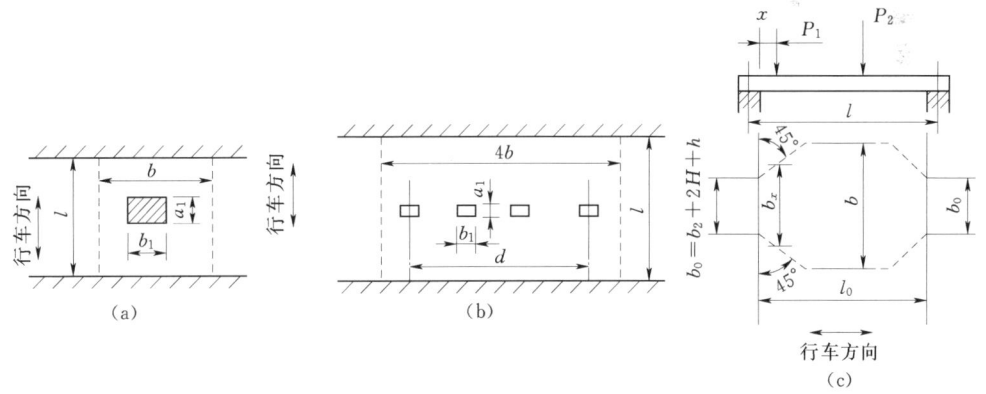

图 6-10 板带有效分布宽度图

1) 当一个车轮位于跨中时，如图 6-10 (a) 所示，在轮胎两侧各有不小于 $l/6$ 的相邻板也承担荷载，这时板带有效分布宽度 b 为：

$$b = b_2 + 2H + \frac{l}{3} \tag{6-15}$$

式中 l——板桥的计算跨径，m；
b——取值应不小于 $2l/3$。

2) 当沿桥宽方向有 2 个或多个车轮并列时,如图 6-10 (b) 所示,这时有效分布宽度可能重叠,计算时荷载取为各车轮重的总和,总有效宽度按两边缘车轮荷载分布后的外缘来计算,例如 2 辆车并列有 4 个车轮作用时,总有效分布宽度 $4b$ 为:

$$4b = d + b_2 + 2H + \frac{l}{3} \qquad (6-16)$$

式中 d ——最外缘 2 个车轮荷载的中心距,m;

b ——1 个车轮荷载的平均有效分布宽度 m。

3) 当车轮位于支座边缘时,有效分布宽度 b_0 为:

$$b_0 = b_2 + 2H + h \qquad (6-17)$$

式中 h ——板厚,m。

4) 当车轮位于支座附近,距支座为 x 时,如图 6-10 (c) 所示,其有效分布宽度 b_x 按从支座边缘的分布宽度 b_0 开始,以 45°角水平扩散至 x 求出,即:

$$b_x = b_0 + 2x \qquad (6-18)$$

按上述各式算出的板带有效分布宽度均不得大于板的全宽,当分布宽度超出板边时,则以板边为限,例如车轮靠近板的左边时,则左边的分布边界以左边为限。

(3) 板在车载作用下的内力。轮压在板带上的有效宽度求出后,将车道荷载(或车辆荷载)在该宽度内均匀分布,沿桥宽方向取 1m 长板条简支梁作为计算单元,即可求得其任意截面处的内力。

(4) 板的总内力。板在恒载与活载作用下的总内力等于恒载、人群荷载,车载分别作用下几项内力的叠加,据此可进行板的承载力验算或配筋计算。

6.3.2 装配式铰接板桥

1. 构造

装配式铰接板桥的行车道板沿桥宽方向是由若干预制钢筋混凝土简支板装配而成,板块之间设置横向连接以传递剪力,使整个行车道板共同承受车轮荷载,连接构造为菱形混凝土铰(如图 6-11 所示),故称铰接板桥。板块吊装前,先在缝壁处涂以黄油,待板吊装就位后,在企口内填筑比预制板强度高的细石混凝土(一般采用 C30～C40 混凝土),即构成混凝土铰。板块的宽度一般为 1m,为现场安装方便,预留 1cm 调整裕度,每块板实际宽为 99cm。桥跨径小于 6m 时,一般采用实心板;跨径 6～10m 时,为减轻重量和节省混凝土量,常采用空心板;跨径 10～13m 时多采用预应力钢筋混凝土板。为了加强板块之间和板与铺装层间的连接,板中的箍筋伸出预制板顶面与相邻板块伸出的箍筋互相搭接绑扎,并浇筑在铺装层内。对简支梁桥,板的两端留有锚栓孔,以便用栓钉与墩台锚

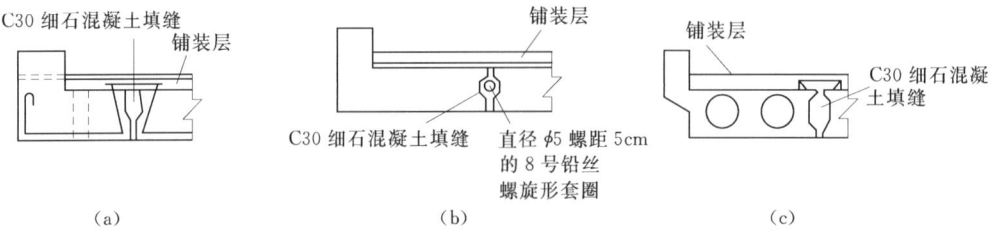

图 6-11 装配式铰接预制板桥的横向联结形式

6.3 常见梁式桥的构造与内力计算方法

固,当下部结构为重力式墩时,只需一端设栓钉锚固。

2. 内力计算

对装配式板桥,要计算活载作用下每一板块内的最大内力,须按如下二步考虑:①当一行或多行车队过桥时,各板块可能分担的最大荷载;②对板块所分担的荷载,按桥的纵向最不利位置布置,计算其在板内引起的最大内力。对于后者的计算方法,与整体式板桥基本相同,即在简支板块的内力影响线上,将板块在桥宽方向所分到的车辆荷载按最不利位置布置,然后计算其内力即为所求(对于车队荷载可由车道荷载或等代荷载计算)。以下主要讨论前者的计算,其主要方法是,通过荷载的横向分布影响线求得板块在横向承担的最大荷载。

(1) 铰接板块单位荷载的横向分布值及其荷载横向分布影响线。对于如图 6-12(a) 所示的铰接板桥,设有单位荷载 $P=1$ 作用在 j 板块上(不妨设 $j=1$),由于板块之间的铰接作用,不仅 j 板块,而且与之连接的各板块均产生变形,共同承担荷载,这时各板块分担的荷载称单位荷载的横向分布值,用 η_{ij} 表示[如图 6-12(b) 所示],其值可由静力平衡条件求出如下。

$$\left.\begin{aligned} \eta_{11} &= 1 - Q_1 \\ \eta_{21} &= Q_1 - Q_2 \\ \eta_{31} &= Q_2 - Q_3 \\ \eta_{41} &= Q_3 - Q_4 \\ \eta_{51} &= Q_4 \end{aligned}\right\} \quad (6-19)$$

η_{ij} 的第一个角标为分载板块的序号,第 2 个角标表示单位荷载直接作用的板块;Q_1、Q_2、Q_3、Q_4 为各铰接点传递的剪力。

显然,当单位荷载 $P=1$ 沿桥宽方向移动时,各板块的单位荷载横向分布值 η_{ij} 也随之变化。根据功的互等定理,$P=1$ 在 $j(j=1、2、3、4、5)$ 板块上移动时,使 i 板块分担的单位荷载横向分布值 η_{ij} 就等于 $P=1$ 在 i 板块上不动时,$j(j=1、2、3、4、5)$ 板块依次分担的单位荷载横向分布值 η_{ji},即 $\eta_{ij} = \eta_{ji}$;利用后者可绘出板块 $i(i=1、2、3、4、5)$ 的荷载横向分布影响线,当 $i=1$ 时如图 6-12(c) 所示,同法可绘出其余各板块的荷载横向分布影响线(此处从略)。

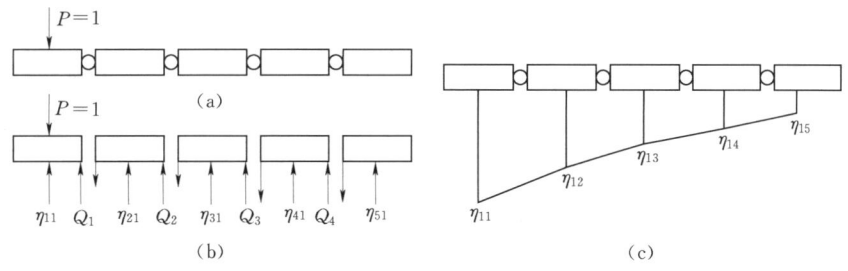

图 6-12
(a) 铰接板连接形式;(b) 铰接板受力分析;
(c) 铰接板的荷载横向分布影响线

(2) 板块在横向承担的最大荷载及板块的荷载横向分布系数。铰接板桥中各板块[如

图 6-13（a）所示］的荷载横向分布影响线绘出后，即可将汽车荷载按横向最不利位置分别布置于各板块影响线上，求出各板块在横向承担的最大荷载；例如对板块 $i=1$，单车道汽车荷载横向不利布置如图 6-13（b）所示，即将车轮压力之一布置于影响线竖标最大处，另一轮压力按汽车横向尺寸布置，于是得板块 $i=1$ 在横向承担的最大荷载为：

$$R_i = \frac{P}{2}\eta_1 + \frac{P}{2}\eta_2 = P\frac{1}{2}\sum_{n=1}^{2}\eta_n = m_{ic}P \qquad (6-20)$$

当为双车道时，按两辆汽车荷载计算，则：

$$R_i = \frac{P}{2}\eta_1 + \frac{P}{2}\eta_2 + \frac{P}{2}\eta_3 + \frac{P}{2}\eta_4 = P\frac{1}{2}\sum_{n=1}^{4}\eta_n = m_{ic}P \qquad (6-21)$$

式中　　$P/2$——汽车荷载的轮压力，为轴压力 P 之半，kN；

η_1、η_2、η_3、η_4——汽车荷载按横向不利位置布置时，各车轮压力所在位置下的影响线竖标值；

m_{ic}——$m_{ic}=\frac{1}{2}\sum\eta_n$，板块 i 在汽车荷载作用下所分担的最大压力 R_i 与汽车荷载轴压力 P 的比值，称汽车荷载对板块 i 的荷载横向分布系数，简称板块 i 的荷载横向分布系数。

须指出，对各板块而言，其荷载横向分布系数值 m_{ic} 是不相等的，工程中为安全起见，常取其中最大者进行设计，并将其值表示为 m_c［即略去了足标"i"］。

对于汽车和履带车荷载，板块的荷载横向分布系数值均为 $\frac{1}{2}\sum_{n=1}^{2}\eta_n$，而对于挂车荷载，因轴压力 P 是由 4 个车轮荷载作用于桥面上，故板块的荷载横向分布系数值为 $m_c = \frac{1}{4}\sum_{n=1}^{4}\eta_n$。

再须指出，m_c 沿桥长并非恒量，以上所求为桥梁跨中附近的荷载横向分布系数值。在两端支座处由于板间铰的刚度远小于支座刚度，轮压由它下面的一块板单独承担直接传给墩台，故有 $m_c = m_0 = 0.5$。沿跨长 m_c 的变化可用如图 6-13（c）所示的折线表示，即从桥端至 1/4 桥跨处由 m_0 变至 m_c，中央段为 m_c。计算弯矩时近似在全桥跨均采用 m_c，计算剪力时应考虑 m_c 沿桥跨的变化。

已知各板块的荷载横向分布系数后，其最大值者即为最不利板块在车辆荷载作用下所分担的最大荷载，再将车队荷载按纵向最不利位

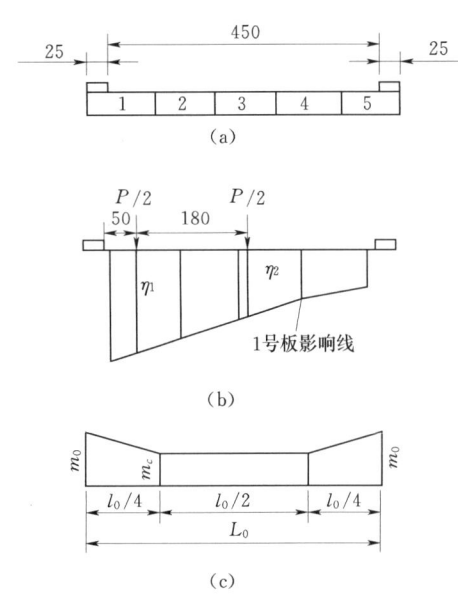

图 6-13（尺寸单位：cm）
(a) 板块横向布置图；(b) 1号板车辆荷载的横向不利位置；(c) 荷载横向分布系数沿桥长分布

6.3 常见梁式桥的构造与内力计算方法

置布置，即可求得板块在活载作用下的内力。

（3）η_{ij}值计算。由上可见，铰接板桥在活载作用下的内力计算，首先应求出板块的荷载横向分布影响线竖标η_{ij}值。η_{ij}值的大小与板块的计算跨径、宽度、抗弯刚度EI_x、抗扭刚度GI_n等有关，取决于一个综合影响系数γ值：

$$\gamma = 5.8 \frac{I_x b^2}{I_n l^2} \quad (6-22)$$

式中 b、l——板块的宽度和计算跨度，m；

I_x、I_n——板块横截面的抗弯惯性矩x是通过板块横截面形心的水平轴和纵横截面形心的抗扭惯性矩，m^4。

对于实心矩形截面板，有：

$$I_x = \frac{1}{12}bh^3,$$

$$I_n = \beta bh^3$$

则

$$\gamma = \frac{b^2}{2.07\beta l^3} \quad (6-23)$$

式中 h——板块厚度，m；

β——系数，可按板块的b/h值由表6-13查出。

表6-13 β 值 表

$\frac{b}{h}$	1.0	1.2	1.5	1.75	2.0	2.5	3.0	4.0	6.0	8.0	10.0	∞
β	0.141	0.166	0.196	0.214	0.229	0.249	0.263	0.281	0.299	0.307	0.312	0.333

求出γ值后，对于由3～5块板组成的铰接板桥，各板块的荷载横向分布影响线竖标η_{ij}值，可由表6-14～表6-16所列数值求出，将其按比例绘于相应板块的中心线上，连接各竖标端点即得板块的荷载横向分布影响线，进而求得m_{ic}。表6-14～表6-16右上角的"板3-1、板3-2"等，第1个数字表示组成铰接板的板块数，第2个数字表示单位荷载作用于某板的序号（从左边算起），如"3-2"表示由3块板组成的铰接板桥上，左起第2块板承受单位荷载，其余类推；由于对称性，表中只列出了左半部分板块的η_{ij}值，且表中η_{ij}值是小数点后的三位数字，如表中值278，实际η_{ij}值为0.278。当板块数大于5或γ值超出表中所列数值时的η_{ij}值（可参见文献[17]）。

表6-14   铰接板块的荷载横向分布影响线竖标η_{ij}值表（板3-1、板3-2）

γ	0.00	0.01	0.02	0.04	0.06	0.08	0.10	0.15	0.20	0.30	0.40	0.60	1.00	2.00
η_{11}	333	348	363	389	413	434	454	496	531	585	626	683	750	829
η_{12}	333	332	331	329	327	325	323	317	313	303	294	278	250	200
η_{13}	333	319	306	282	260	241	223	186	156	112	80	40	0	-29
η_{22}	333	336	338	342	346	351	355	365	375	394	412	444	500	600

注 $\eta_{12} = \eta_{21} = \eta_{23}$。

表 6-15　铰接板块的荷载横向分布影响线竖标 η_{ij} 值表（板 4—1、板 4—2）

γ	0.00	0.01	0.02	0.04	0.06	0.08	0.10	0.15	0.20	0.30	0.40	0.60	1.00	2.00
η_{11}	250	276	300	341	375	405	431	484	524	583	625	682	750	828
η_{12}	250	257	263	273	280	285	289	295	298	296	291	277	250	201
η_{13}	250	238	227	208	192	178	165	139	119	89	66	35	0	−34
η_{14}	250	229	210	178	153	132	114	82	60	33	18	5	0	5
η_{22}	250	257	264	276	287	298	307	327	345	375	400	441	500	593
η_{23}	250	248	246	243	241	239	239	238	238	240	243	247	250	240

注　$\eta_{12}=\eta_{21}$，$\eta_{13}=\eta_{24}$。

表 6-16　铰接板块的荷载横向分布影响线竖标 η_{ij} 值表（板 5—1、板 5—2、板 5—3）

γ	0.00	0.01	0.02	0.04	0.06	0.08	0.10	0.15	0.20	0.30	0.40	0.60	1.00	2.00
η_{11}	200	237	269	321	362	396	425	481	523	583	625	682	750	828
η_{12}	200	216	229	249	263	273	281	291	295	296	291	277	250	201
η_{13}	200	194	188	178	168	158	150	130	114	87	66	35	0	−34
η_{14}	200	180	163	136	115	9	85	61	45	26	15	4	0	6
η_{15}	200	173	151	116	92	73	59	36	23	10	4	1	0	−1
η_{22}	200	215	228	249	267	281	294	320	341	374	399	440	500	593
η_{23}	200	202	204	207	211	214	216	222	227	235	240	246	250	241
η_{24}	200	187	176	158	144	133	123	105	91	70	55	31	0	−41
η_{33}	200	208	215	230	243	256	268	295	318	357	389	437	500	586

注　$\eta_{12}=\eta_{21}$，$\eta_{13}=\eta_{31}=\eta_{35}$，$\eta_{14}=\eta_{25}$，$\eta_{23}=\eta_{34}=\eta_{32}$。

6.3.3　钢筋混凝土梁桥

当桥梁跨径大于 8～10m 时，板桥厚度将超过 40cm，这时若因自重过大，板桥不经济时，可采用梁肋式结构的简支梁桥。

工程中常用的简支梁桥有整体简支梁桥和装配式简支梁桥。

6.3.3.1　构造

1. 整体式简支梁桥

整体式简支梁桥由面板、纵梁和联系横梁组成。纵梁是主要承重构件。常见的有双纵梁式和多纵梁式，如图 6-14 所示。前者适用于净宽为 4.5m 左右的梁桥，后者多用于桥宽较大的梁桥。纵梁间距一般为 $l_b=2\sim4$m，横系梁间距为 $l_a=4\sim6$m；当 $l_a/l_b\geqslant2$ 时桥面板为单向板，$l_a/l_b=0.5\sim2$ 时为双向板，由于单向板受力简单，中小型桥梁一般采用单向板。纵梁高度一般为跨径的 1/8～1/16，宽度约为纵梁高的 1/2.5～1/8。横梁在与纵梁相交处，梁高不宜小于纵梁高的 2/3，横梁宽一般为 15～30cm。桥面板厚度，根据车辆荷载等级一般取为 12～20cm。

2. 装配式简支梁桥

装配式简支梁桥上部结构通常由 T（或Ⅱ）形截面纵梁及横隔梁（板）组成，纵梁的翼板即为桥面板，如图 6-15 所示。桥的经济跨度一般为 6～9m。对 T 形梁，纵梁间距

6.3 常见梁式桥的构造与内力计算方法

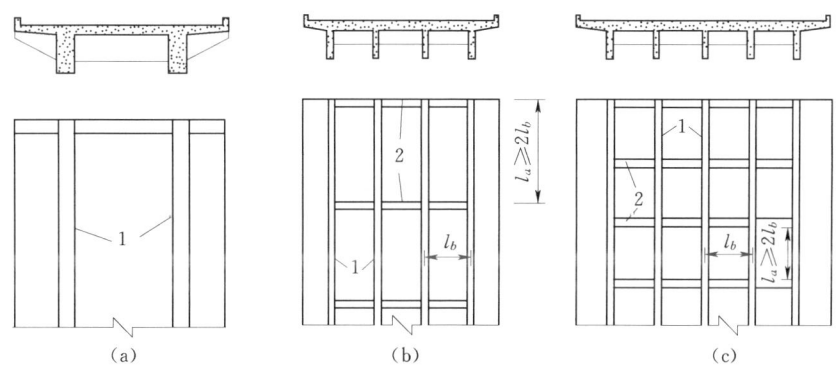

图 6-14 整体式简支梁桥
(a) 双纵梁式；(b) 四纵梁式；(c) 五纵梁式
1—纵梁；2—横梁

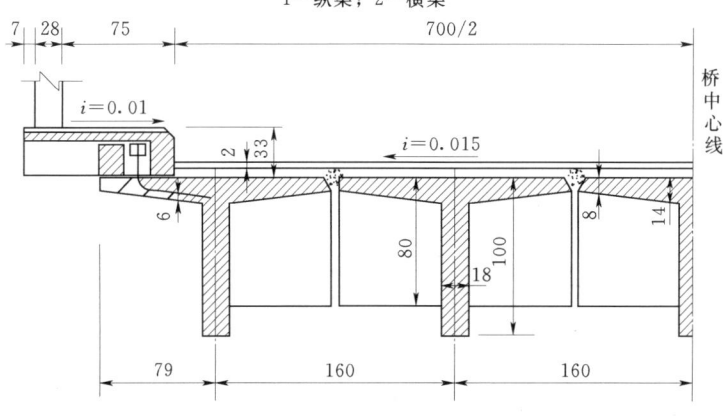

图 6-15 装配式 T 形梁桥（尺寸单位：m）

通常为 1.6m 左右，纵梁高约为跨径的 $1/11\sim1/16$，梁肋宽由受力钢筋的布置要求而定，一般为 $16\sim20$cm，T 形梁翼板边缘厚度一般不小于 6cm，梁肋处翼板厚度不小于梁高的 $1/12$。在 T 形梁之间用横隔板或横隔梁联系，以保证桥跨的横向刚度，横隔梁间距为 $2.5\sim5.0$m，横隔梁高度约为纵梁高度的 $3/4$ 或与纵梁同高，梁宽通常为 $13\sim20$cm。

T 形梁的横向连接有刚性连接和铰接两种。当为刚性连接的预制构件时，在横隔梁端头处及对应的 T 形梁悬臂翼板顶面边缘处预埋钢板，吊装就位后，用拼接钢板将上述两者的预埋钢板焊接起来，连接处表面及横隔梁接缝处再抹灌以水泥砂浆。同时在 T 形梁翼板内预留伸出的横向钢筋，在接缝处向上弯折并与桥面铺装层中附加的钢筋网绑扎牢固后，浇灌铺装层混凝土，使铺装层与预制构件整体连接。当 T 形纵梁无中间横隔梁，仅由端横梁和翼板与翼板之间的连接作横向联系时，则纵梁之间的连接属于铰接形式。

6.3.3.2 内力计算

对装配式铰接梁桥，其内力计算方法与装配式铰接板桥基本相同。以下主要讨论整体简支 T 形截面梁桥的内力计算方法。

1. 桥面板

桥面板包括纵梁梁肋之间的桥面板和靠近人行道的悬臂板，前者只讨论单向板情况。

(1) 整体式梁桥的单向板。计算内力时，常将纵梁梁肋之间的桥面板视为支承于梁肋

上跨径为纵梁间距 l_b 的多跨连续板,其上所受活载由车轮压力及其在板上的分布面积而定,计算步骤及公式如下:

1) 计算车轮压力在板面上的分布面积。车轮压力在板面上的分布面积,与整体简支板桥的计算方法相似,但在板桥中,简支板的计算跨径与行车方向相同,而此处单向板的计算跨径是沿桥宽方向。因此车轮压力沿板跨径 l_b 方向的分布长度为:$b_1=b_2+2H$,而沿行车方向的板带有效分布宽 a 则随荷载位置的不同有以下几种情况。

仅有 1 个车轮在板跨中部时,如图 6-16(a)所示。

$$a=a_1+\frac{l_b}{3}=a_2+2H+\frac{l_b}{3} \quad (但不小于\frac{2}{3}l_b) \tag{6-24}$$

当有 2 个或多个相同的车轮位于跨中,其有效分布宽度发生重叠时,如图 6-16(b)所示,荷载取各车轮重的总和,有效分布宽度按两侧边缘车轮荷载分布后的外缘计算,即:

$$d=4a=a_1+\frac{l_b}{3}+d=a_2+2H+\frac{l_b}{3}+d \tag{6-25}$$

式中　a——1 个车轮压力的平均有效分布宽度,m。

车轮荷载在支座(即纵梁)边缘时,有效分布宽度可取为:

$$a=a_1+h=a_2+2H+h \quad (但不小于\frac{l_b}{3}) \tag{6-26}$$

式中　h——板厚,m。

按以上求出的宽度均不得大于板的全宽,当分布宽度超过板边时(如车轮靠近支座附近时),则分布宽度以板边为界。

a、b 求出后,将车辆荷载除以 $a \times b$,即按其所在位置均布后,则可沿桥长方向取 1m 长板条,作为支承在诸纵梁上的多跨连续梁计算内力。

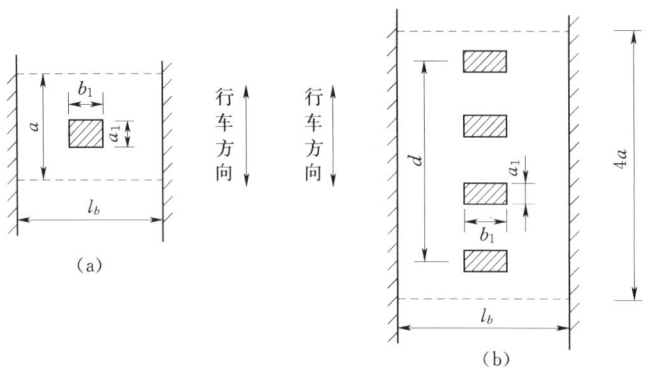

图 6-16　车轮荷载有效分布宽度计算图

2) 内力计算。计算内力时,考虑到在荷载作用下,纵梁本身也产生挠度,板与梁肋整体结合,梁肋还有扭转变形,所以板的支承并非完全固定,而属于弹性支承。对于弹性支承的连续板内力的理论计算十分复杂,工程中常采用以下近似公式计算:

当板厚 h 与梁高 H 之比 $\frac{h}{H}<\frac{1}{4}$ 时:

连续板的支座弯矩:　　　　　　$M_支=-0.7M_0$ 　　　　　　　(6-27)

6.3 常见梁式桥的构造与内力计算方法

连续板的跨中弯矩： $\qquad M_{中}=+0.5M_0 \qquad$ (6-28)

当 $\dfrac{h}{H} \geqslant \dfrac{1}{4}$ 时：

连续板的支座弯矩： $\qquad M_{支}=-0.7M_0 \qquad$ (6-29)

连续板的跨中弯矩： $\qquad M_{中}=+0.7M_0 \qquad$ (6-30)

式中 M_0——将板当作简支时由恒载+活载（包括冲击力）引起的板内跨中最大弯矩（kN·m/m），式（6.27）、式（6.29）中的"−"号表示板上部受拉。

计算弯矩时，板的计算跨径取为 l_b+h，但不大于 l_b+b（b 为支座宽度，h 为板厚）。

计算剪力时，可近似按简支板计算，跨径净跨径取为 l_b，并将荷载靠近支座边缘布置。

（2）整体式梁桥的悬臂板。对有人行道的悬臂板承受车轮压力时（如图 6-17 所示），轮压荷载由其分布面积的外缘，按 45°角向支承边（即纵梁）扩散分布，故其有效分布宽度为：

$$a = a_1 + 2b' = a_2 + H + 2b' \qquad (6-31)$$

将车轮压力除以 $a \times b_1$，即均匀分布后，即可沿行车方向取 1m 板条，按悬臂梁计算其内力。

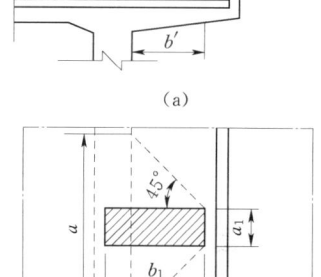

图 6-17 悬臂板内力计算简图

2. 纵梁

在汽车荷载作用下的纵梁内力计算，工程中常用杠杆法，偏心受压法和立体计算法。对整体多梁式和横向为刚性连接的装配式桥上部结构，其横向刚度大，适于采用偏心受压法，以下主要讨论应用此法计算纵梁内力。

该法假定横梁刚度极大，在车载作用下，各纵梁的挠度在桥宽方向成直线关系，与偏心受压构件截面中的应力分布规律相同，故称偏心受压法。该法对于桥长 l 与桥宽 B 之比 $l/B \geqslant 2$ 的狭桥，计算结果足够精确，对于 $l/B<2$ 的桥，可作初步设计之用。

设整体式梁桥如图 6-18（a）所示，各纵梁的刚度相同，桥的横向刚度较大，汽车荷载的合力 R（对单车道 $R=P$，双车道 $R=2P$，P 为汽车轴压力）偏心作用于桥面，偏心距为 e，其作用可分为以下两部分：

（1）作用于桥面中心上的主向量 R，将平均分配到各纵梁上，设纵梁数为 n，则每个纵梁承担的压力为 R/n，如图 6-16（b）所示。

（2）力偶 $M=Re$，对各纵梁产生的作用力按直线规律变化，如图 6-18（c）所示，先按直线比例关系求得各纵梁的压力比，然后应用合力矩定理，可求得某一纵梁 i 在 $M=Re$ 作用下所受到的压力为 $\pm Rea_i/\sum a_j^2$。

综上，如图 6-18（d）所示，在 R 及 $M=Re$ 共同作用下，纵梁 i 所受到的压力为：

$$R_i = \dfrac{R}{n} \pm \dfrac{Rea_i}{\sum a_j^2} = m_i R \qquad (6-32)$$

其中： $\qquad m_i = \dfrac{1}{n} \pm \dfrac{ea_i}{\sum a_j^2} \quad (i=1,2,\cdots,n) \qquad (6-33)$

$$\sum a_j^2 = a_1^2 + a_2^2 + \cdots + a_n^2$$

式中　　m_i——汽车荷载 R 对纵梁 i 的荷载横向分布系数；

　　　　a_i——i 号纵梁同与之对称的纵梁的中心距，m，[a_1、a_2、a_3、$\cdots$、a_n 的标示见图 6 - 18（a）]；

　　　　$\sum a_j^2$——互为对称的纵梁中心距平方的总和，m^2。

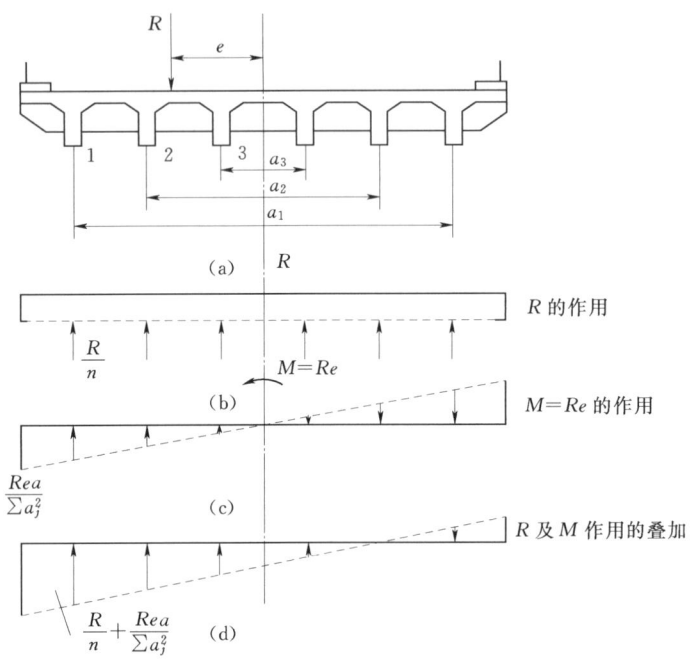

图 6 - 18　偏心受压法计算纵梁内力

计算时，先将车载合力 R 的作用点按横向最不利位置，偏离桥中心线布置，求得纵梁 i 分配到的汽车荷载 R_i [式（6 - 32）]，再将 R_i 按行车方向最不利位置布置于桥跨上，进而利用内力影响线计算纵梁 i 的内力。

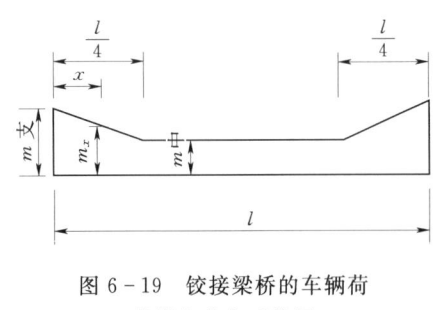

图 6 - 19　铰接梁桥的车辆荷载横向分布系数图

须指出，用偏心受压法计算纵梁跨中弯矩是适用的，但计算剪力时，由于当荷载作用于纵梁支座处时，各纵梁挠度为零，且不发生扭转，仍用此法计算荷载横向分布系数，不符合实际情况。在实用设计中，计算纵梁剪力时，常近似假定荷载横向分布系数沿桥跨呈折线分布，如图 6 - 19 所示，图中的 $m_中$ 按式（6 - 33）计算，$m_支$ 的计算方法则与装配式铰接板桥支座处荷载横向分布系数 m_0 基本相同。

3. 横梁

要精确计算横梁内力较为复杂，工程中对一般梁桥，横梁内力可按端支座为弹性嵌的刚性支承（指纵梁）连续梁的近似公式计算 [如图 6 - 18（a）所示]：

(1) 端支座弹性嵌固的双跨梁跨中截面弯矩：

$$M_{\text{中max}} = 0.06gl^2 + 0.7M_0$$
$$M_{\text{中min}} = 0.06gl^2 - 0.25M_0 \quad (6-34)$$

中间支座截面弯矩：

$$M_{\text{支max}} = -0.105gl^2$$
$$M_{\text{支min}} = -0.105gl^2 - 0.9M_0 \quad (6-35)$$

式中"一"号为梁上部受拉（下同）。

端支座的弯矩，采用中间支座弯矩的一半。

(2) 端支座弹性嵌固的多跨梁（≥3跨）跨中截面弯矩：

$$M_{\text{中max}} = 0.05gl^2 + 0.7M_0$$
$$M_{\text{中min}} = 0.05gl^2 - 0.3M_0 \quad (6-36)$$

中间支座截面弯矩：

$$M_{\text{支max}} = -0.085gl^2 + 0.25M_0$$
$$M_{\text{支min}} = -0.085gl^2 - 0.9M_0 \quad (6-37)$$

式中 l——计算跨径，m；

g——横梁单位长度上的恒载，kN/m；

M_0——将横梁作简支时由活载（包括冲击力）引起的跨中弯矩，kN·m。

端支座的弯矩，采用中间支座弯矩的一半。

沿行车方向，横梁承担的荷载为横梁间距 l_a 及横梁宽度范围内的活载与恒载。

根据上列公式即可按二次抛物线近似地绘出横梁的最大弯矩和最小弯矩图。

(3) 双跨与多跨横梁的剪力，可按下列公式近似计算：

端支座截面： $\quad Q = 0.45gl + 0.95Q_0 \quad (6-38)$

第二支座左截面： $\quad Q = -0.55gl - 1.15Q_0 \quad (6-39)$

第二支座右截面及其他各中间支座：

$$Q = 0.5gl + 1.15Q_0 \quad (6-40)$$

第一跨跨中截面：

正值剪力： $\quad Q = -0.1gl + 0.9Q_c \quad (6-41)$

负值剪力： $\quad Q = -0.1gl + 0.4Q_c \quad (6-42)$

第二跨跨中截面： $\quad Q = -0.03gl + 1.6Q_c \quad (6-43)$

式中 Q_0——将横梁作简支时，简支梁支座处活载最大剪力（考虑冲击力），kN；

Q_c——将横梁作简支时，简支梁跨径中点处活载最大剪力（考虑冲击力），kN。

绘制剪力图时，剪力由支座到跨中可近似按直线规律变化。

(4) 单跨横梁按简支梁计算弯矩和剪力，但由于主梁可能有扭矩产生，故支座截面仍有负弯矩，其值按跨中弯矩的一半计算。

上述横梁的内力计算公式，是假设纵梁为刚性支承并考虑端支座为弹性嵌固而得出的，但实际上纵梁有弹性变形，故在横梁的配筋构造和连接构造方面应作适当考虑，尽量使之与上述公式的计算条件相接近。

6.4 梁式桥的墩台与支座

6.4.1 墩台

1. 墩台形式

梁式桥的墩台有重力式（与重力式槽台相近）轻台式和桩柱式等。

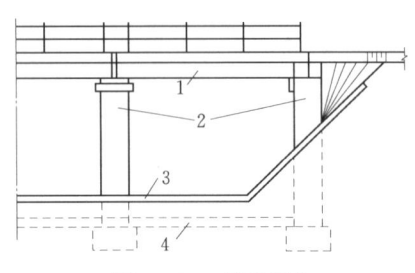

图6-20 轻型桥台
1—桥跨结构；2—轻型桥台；
3—渠道衬砌；4—支撑梁

(1) 轻台式。即轻型桥台，其上端与桥的上部结构为铰接，底部与相邻桥墩之间的支撑梁为铰接，形成上下端铰支（四铰）的梁板构件，承受台后的土压力及桥面传来的压力，以减小其截面尺寸（如图6-20所示）。底撑梁可用混凝土或块石砌筑，断面尺寸不小于0.4m×0.4m，间距一般为2～3m；轻型桥台的水平截面宽度约为台高的15%～20%。桥台基础应埋置于冻结层以下，这种桥台适用于跨径不大于13m，孔数不多于3孔的小型桥梁。

(2) 桩柱式。桩柱墩台有打入桩和钻孔桩两种。打入桩墩台是将预制钢筋混凝土桩打入地下，在桩顶再浇筑盖梁，桩断面常用圆形或矩形，多用于地基软弱、承载力不足时。钻孔桩墩台常用于软土地基，先在地基内钻孔、再在孔内浇筑桩柱，柱顶浇筑盖梁。有单柱式、双柱式两种（如图6-21所示），一般桩柱直径为0.5～1.5m，桩长5～24m。

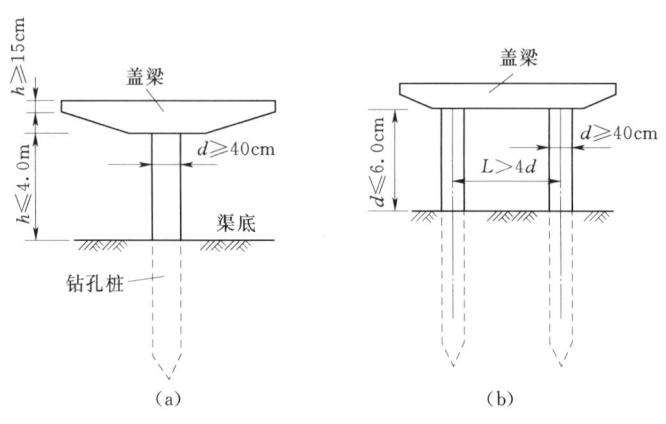

图6-21 桩柱式桥墩
(a) 适用于简易公路桥或便桥；(b) 用于公路桥或简易公路桥

2. 内力计算

桥梁墩台除承受恒载竖直力、水平力外，还承受汽车荷载引起的制动力、土侧压力、支座摩阻力及风压力、漂浮物的撞击力等，应验算台身截面应力及地基应力，计算方法与渡槽的墩台相同。

6.4.2 支座

简支式桥梁每跨的两端分别设固定支座和活动支座，因而每一桥墩上应布置一个活动支座和一个固定支座；端跨一般将固定支座设在桥台上。常用的支座型式与渡槽的基本相同。

6.5 拱 式 桥

拱式桥适于修建在挖方渠段上，对地基承载力要求比梁式桥要高。拱桥的型式比较多，如桁架拱桥、三铰拱桥、扁壳拱桥等，水利工程中，中小跨径的拱桥常用的有石拱桥和双曲拱桥。

6.5.1 石拱桥

1. 构造

石拱桥的主拱圈砌筑成实体的矩形截面。拱跨小于 20m 时，主拱圈常用等厚圆弧拱，矢跨比为 1/2～1/8。对大、中跨径的主拱圈可用空腹式等厚或变厚悬链线拱，腹拱净跨常为主拱跨径的 1/8～1/15，矢跨比为 1/2～1/6。主拱圈厚度仍可用式（4-1）计算，式中荷载系数 K 值，对汽车-10 级取 1.0，汽车-15 级取 1.1，汽车-20 级取 1.2。主拱圈宽度可与桥面宽大致相同或略小于桥面总宽。在坚固岩基上，一般做成无铰拱，在非岩基或软基上可采用二铰拱。

2. 内力计算

主拱圈在恒载作用下的内力计算方法与板拱渡槽相同。在车载作用下的主拱圈内力可采用"等代三铰拱法"，此法是以实验研究为基础的简化计算方法。试验表明，如将圬工拱圈上的集中荷载作用在跨径四分点处（最不利作用点），且荷载不断增加时，拱圈将先后出现 3 个"破损铰"其中两个在拱脚一个在拱顶处，因此无铰拱成为事实上的"三铰拱"，最后拱圈出现 4 个"破损铰"而破坏。在此类试验及实践检验基础上提出的用三铰拱计算方法来计算无铰拱内力的方法，称等代三铰拱法。用此法计算活载内力时，只需计算拱顶、拱脚截面的轴力（因铰处弯矩为零），具体有以下两种情况：

（1）利用弯矩影响线计算。这时仍须绘出无铰拱的弯矩影响线（因实际所求的仍是无铰拱的内力），如拱顶、拱脚截面的弯矩 M 影响线如图 6-22 所示。根据影响线的大致形状，当计算拱顶轴力时，活载应布置在拱顶 M 影响线的正值范围内，即布置在跨径中线左右 1/8 跨径 l 范围内，其中加重车后轴压力布置于拱顶。依照上述布置，按三铰拱结构算得拱顶轴力即为所求原无铰拱拱顶轴力。当计算拱脚轴力时，活载应布置在"拱脚 M 影响线"上的距拱脚 $3l/8$ 范围内，其中加重车后轴压力应布置于 1/4 跨径处（$f/l \geqslant 1/6$ 时）或 1/8 跨径处（$f/l \leqslant 1/6$ 时），然后按三铰拱算得拱脚轴力即为所求原无铰拱拱脚轴力。根据上述求出的拱顶、拱脚轴力，进而可求得无铰拱各截

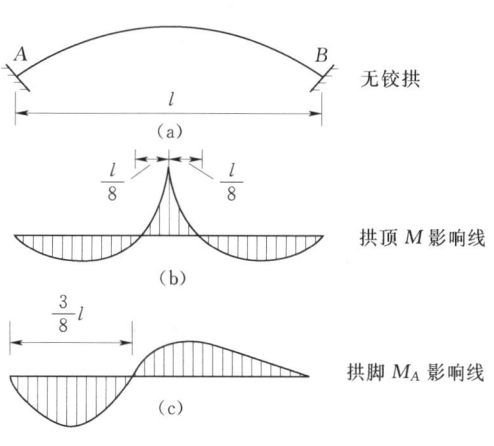

图 6-22 无铰拱弯矩影响线

第6章 水利工程中的桥梁

面内力（弯矩和轴力）。当计算拱圈对桥台的作用力时，应在全跨范围内布置活载，其中加重车后轴压力布置于拱顶。

（2）利用轴力影响线直接计算。这时须绘出相应三铰拱轴力 N 的影响线，对于拱顶、拱脚截面轴力影响线如图 6-23 所示。计算拱顶轴力时，可将活载布置在拱顶轴力 N_d 的影响线上，其中加重车后轴压力布置在拱顶，即可直接算出其拱顶轴力。例如对小跨径石拱桥，可只需考虑一辆加重车，将其后轴压力 $P_后$ 布置于拱顶，前轴压力 $P_前$ 与之相距 4m，利用三铰拱拱顶轴力影响线，可求得拱顶轴力 N_d [如图 6-23 (b) 所示]：

$$N_d = P_后 \frac{l}{4f} + P_前 \frac{(l-8)}{4f} \quad (6-44)$$

同理，可计算拱脚轴力，例如对跨径等于 16m 的石拱桥（$f/l \geqslant 1/6$ 时），只需将加重车后轴压力 $P_后$ 置于拱顶，利用三铰拱拱

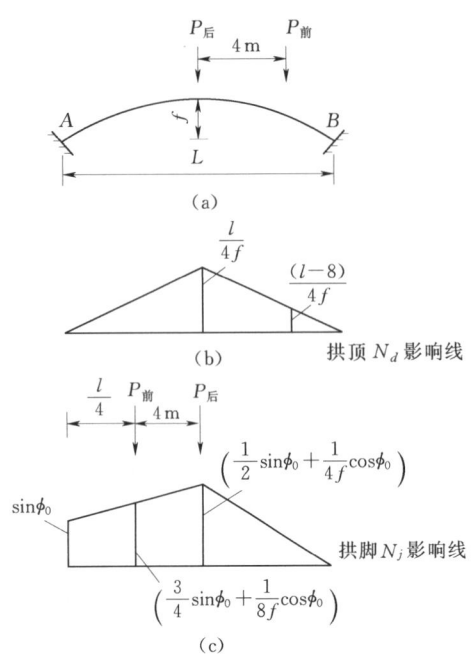

图 6-23 三铰拱轴力影响线与活载布置

脚轴力影响线 [如图 6-21 (c) 所示]，可求得拱脚轴力为：

$$N_j = P_前 \left(\frac{3}{4}\sin\phi_0 + \frac{l}{8f}\cos\phi_0 \right) + P_后 \left(\frac{1}{2}\sin\phi_0 + \frac{l}{4f}\cos\phi_0 \right) \quad (6-45)$$

对于跨径在 30m 以内的小型石拱桥，一般只需计算拱顶、拱脚截面的应力。

6.5.2 双曲拱桥

1. 构造

双曲拱桥除路面构造外，与双曲拱渡槽相似。其主拱轴线形式，当跨径小于 20m 时，多采用实腹圆弧拱，大、中跨径时常采用悬链线拱，矢跨比一般为 1/4～1/8。主拱圈高度仍可用式 (4-3) 计算，但式中的 K 值应根据车辆荷载等级，按表 6-17 取用。

表 6-17　　车辆荷载系数 K 值

荷载	汽车-20 挂车-100	汽车-15 挂车-80	汽车-10 履带-50	小于汽车-10
K	1.3～1.5	1.1～1.3	0.9～1.1	0.8～0.9

注　当 l_0 较大及 f/l 较大时，K 值取较小值；表中保留了挂车、履带车型，以便参考。

须指出，悬链线拱桥的拱轴系数 m 值不宜过大，因为当 m 增大时，拱顶正弯矩增大，拱顶下缘易开裂，而实践中拱顶下缘开裂比拱脚上缘开裂更难处理。工程中一般取 $m=1.756$ 左右。

2. 内力计算

双曲拱桥的内力计算与双曲拱渡槽的主要区别是：前者须计算活载作用下的内力，对于多跨双曲拱桥，如桥墩较高，抗推刚度较小时，在活载作用下，桥墩及拱跨结构将产生

侧向位移,这时应按"连拱"进行内力计算(计算方法可参见文献[18,19])。对于固定的无铰拱桥(如单孔或抗推刚度很大的实体墩的多跨双曲拱桥),目前可利用现成的数表计算拱圈内力(必要时可参考文献[20])。

6.5.3 拱式桥的墩台

拱式桥的桥墩与梁式桥的基本相同,等跨径的实体墩(除恒载单向墩外)顶宽一般取为跨径的 1/15～1/25(混凝土墩)或 1/10～1/20(砌石墩),且不小于 0.2m,墩身两侧设 20:1～30:1 的边坡。

桥台,对于跨径在 16m 以下的圬工拱桥,一般可采用轻型桥台,其常用型式如图 6-24 所示。

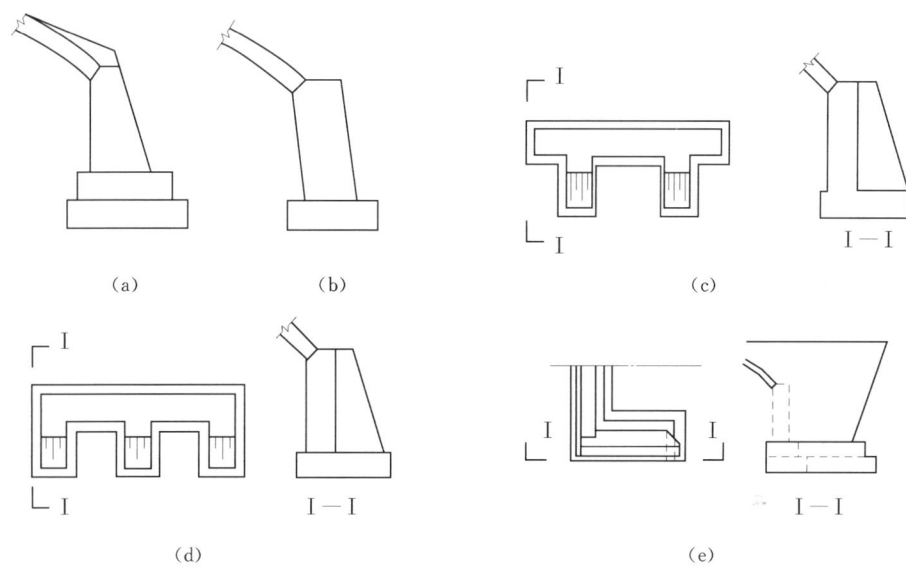

图 6-24 拱桥的轻型桥台
(a) 一字桥台;(b) 前倾桥台;(c) 门形桥台;(d) E 形桥台;(e) U 形桥台

拱式桥的墩台计算与拱式渡槽的墩台基本相同,但须考虑活载引起的拱脚推力对墩台的影响。

6.6 南水北调工程中的桥梁型式

在南水北调工程中,桥梁也是修建颇多的一种建筑物,仅在中线总干渠上就有 615 座,其中铁路桥 44 处,公路桥 571 座,占各类建筑物总数(936 座)的 65.7%。与以往水利工程中的桥梁不同的是,在设计理念上不仅要考虑桥梁的功用,保证交通通畅便捷,使桥—水—路有序衔接;还要考虑其外形美观,与自然、社会、城市发展相协调,使桥—水—绿地和谐一致,体现桥梁的艺术品位。为此南水北调工程中采用了诸多轻巧、美观、预应力结构的桥梁,主要型式有:预应力空心板桥、梁桥(T 形或工形)、连续箱梁桥、双曲拱桥、下承式桁架拱桥、下承式系杆拱桥等。本节主要讨论以下几种。

6.6.1 预应力空心板桥

如图 6-25 所示,预应力空心板桥是铰接板桥的一种,但它集中了空心板和预应力技术的优点,将行车道板做成预应力混凝土空心板,多采用现浇板成孔方式,在板内形成永久性孔芯(如图 6-26 所示),从而大大减轻行车道板自重,提高其抗震性能并减小基础承载力。孔芯周围的混凝土内施加预应力,有效增大结构刚度,可使其做成较大的跨度。

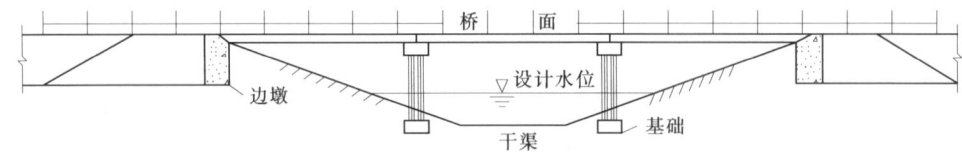

图 6-25 预应力空心板桥

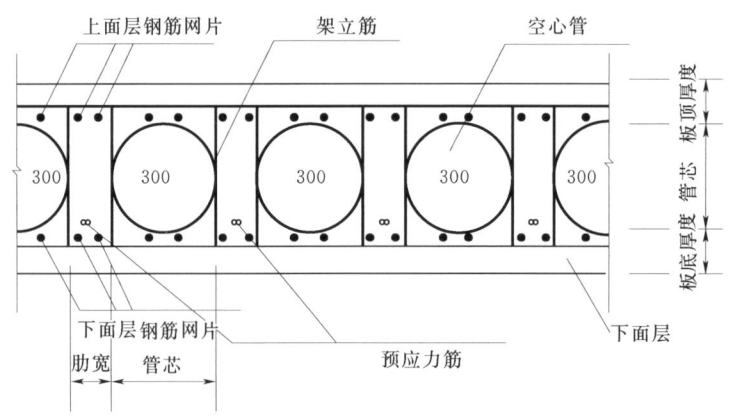

图 6-26 孔芯构造(尺寸单位:mm)

行车道板按比值 L_y/L_x(L_x、L_y 分别为孔芯沿半径方向及其垂直方向的长度)不同,可分为单向预应力空心板($L_y/L_x>2$)和双向预应力空心板($L_y/L_x\leqslant 2$),其基本设计参数如下。

(1)跨高比:单向预应力空心板,一般为跨度 12~19m,跨高比 35~45;双向预应力空心板(单向布管,管芯长度不大于 1200mm),一般为跨度 14~27m,跨高比 40~50(有边界约束)或跨高比 40~45(无边界约束)。

(2)孔芯管径 D:200~550mm。

(3)肋宽:60~120mm,双向板垂直管径方向肋宽为 2 倍管径方向肋宽。

(4)板顶及板底厚度:50~90mm,且不小于 50mm。

(5)实心带长度:350~800mm。

(6)空心率:30%~45%。

行车道空心板厚度随跨度增加而增加,须由结构计算最终确定。

理论及实验分析表明:预应力空心板的受力趋势和受力大小与预应力实心板基本相同,变形也基本相同,设计时预应力空心板断面可按由板顶厚、板底厚及肋宽组成的工形截面(如图 6-26 所示)等效计算截面几何特征参数(面积、惯性矩等),然后按实心板

6.6 南水北调工程中的桥梁型式

设计方法进行内力和变形计算。空心板的抗弯性能受空心率影响较小,但随开孔的增大,肋间倾角加大而抗剪承载力降低。为此在构造上应考虑如下措施。

(1) 取适宜的板顶、板底厚度及肋间宽度,控制合理的空心率,并在与桥墩连接处,设置一定长度的实心带,提高局部抗剪能力。

(2) 为固定管芯和加强实心带抗剪能力,空心管肋间设置构造箍筋。

(3) 预应力空心板在预应力钢筋张拉端及锚固端存在较大的应力集中,为使预加压力均匀地传至空心板整个截面,在张拉端及锚固端应有足够的实心区域,以实现压应力扩散。

南水北调中线工程中不少生产桥采用了这种型式,如新乐市桥等。

6.6.2 连续箱梁桥

连续箱梁桥是一种常用的桥梁型式,它是将行车道梁做成如图6-27所示的T形箱式预应力混凝土结构,根据桥面宽度需要,可以是单箱、双箱或多箱。当跨径很大时,可分节段预制后通过预应力筋连成整体。施工时,既可以把结构拼装成整体后再进行架设,也可以不用脚手架而利用预应力进行悬臂拼接或悬臂浇筑,在大、中跨径桥梁中应用十分广泛,常用跨径为40~50m,南水北调中线工程中不少桥梁采用了这种型式,如正定野头东桥,满城韩庄大桥(见插页图7)等。

连续箱梁桥主要由以下几部分组成(如图6-27所示)。

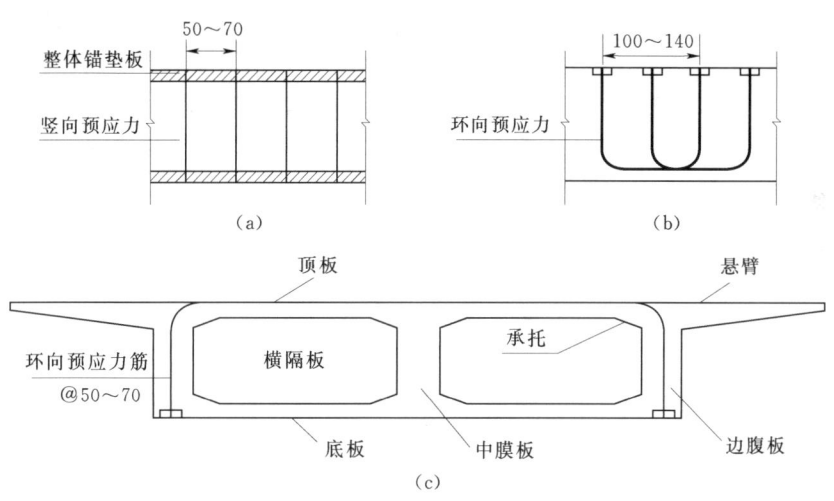

图 6-27 连续箱梁桥断面构成
(a) 整体锚固垫板;(b) 环向预应力;(c) 箱梁断面

(1) 顶板和底板。顶板和底板是箱型梁桥承受正负弯矩的主要部位。对于顶板,首先要满足桥面板横向弯矩的要求,其次要满足布置受力钢筋的构造要求。据经验,顶板厚度一般取腹板中距的1/15;对于底板,应能满足提供足够大的承压面积,发挥良好的受力作用,还应满足正弯矩下受力钢筋通过的构造要求。

(2) 腹板。箱型梁的腹板由中腹板和边腹板组成,其主要功能是承担结构的弯曲剪应力与扭转剪应力引起的主拉应力。腹板内可布置纵向受弯钢筋束,受弯束预加力的竖向分力可抵消弯曲剪力，因此可使其剪应力和主拉应力数值较小。增加腹板厚度，可减小截面正应力、剪应力和主拉应力的数值，但又会增加箱梁自重，一般地，在自重荷载占70%左右的当今桥梁设计中，应尽可能减少自重。为此腹板的厚度应在满足钢筋束管道布置与混凝土浇筑构造需要的前提下，由受力要求确定。

(3) 横隔板。沿桥长方向在箱孔内，每隔一定长度设置横隔板，其作用是增加截面的横向刚度，限制畸变应力（应力集中）。在支承处，横隔板还起着承担和分布较大支承反力的作用（由于箱形截面具有很大的抗扭刚度，所以横隔板数量一般比肋式梁桥要少）。桥梁跨径不大时，根据规范，也可沿桥跨设置中横梁和边横梁，而不设横隔板。

(4) 承托。在顶、底板和腹板接头处设置承托，承托可提高截面的抗弯刚度和抗扭刚度，减少扭转剪应力和畸变应力。桥面板在腹板支承处的承托，使其刚度加大后可以吸收负弯矩，从而也减少了桥面板的跨中正弯矩。此外，承托使结构轮廓线过渡比较缓和，可改善应力分布。从构造上，利用承托提供的空间布置纵向预应力筋和横向预应力筋，也为减薄底板和顶板的厚度提供了构造上的保证。设置承托时，应综合考虑承托的竖向加腋和水平加腋两种形式的特点来布置：在顶板和腹板交接处，如采用竖加腋而设置托承，可加大腹板的刚度，对腹板受力有利，使腹板剪应力控制截面下移，错开纵向弯曲正应力峰值，并有利于受弯钢筋束的布置，但其会使预应力索的合力位置降低；反之水平加腋形式，对纵向预应力束布置于桥面顶底受力有利，可加大预应力合力偏心，但对腹板受力和受弯钢筋束布置不利。顶板承托的坡比（垂直：水平）一般为1:4左右，如取$25 \times 100 cm$，底板承托一般为1:1，如取$25 \times 25 cm$。

(5) 悬臂。梁截面的悬臂板尺寸包括：悬臂长度、悬臂端高度、悬臂根部高度，其中悬臂长度是调节板内弯矩的重要参数。悬臂尺寸的确定需按结构受力要求确定。

箱梁结构预应力钢筋可沿桥梁的纵（桥长向）、横、竖3个方向布置，根据结构计算，也可仅采用纵向预应力。沿纵向的受力筋称主筋，其数量和布筋位置，根据结构使用期受力情况确定，同时也要满足施工期各个阶段的受力要求。受力筋一般采用高强度低松弛钢绞线，采用后张法施加预应力时，钢绞线布置于塑料波纹管内。

箱梁截面主要有以下几方面的特点。

(1) 截面抗扭刚度大，在结构施工与使用过程中，均具有良好的结构性能。

(2) 截面的顶板和底板均具有较大的混凝土面积，因此能有效抵抗正负弯矩，并满足布筋要求，尤其适于有正负弯矩的连续梁结构。

(3) 承重结构与传力结构相结合，各部件共同受力，截面效率高，尤其适合于预应力结构，空间布置预应力筋束的需要。

(4) 对宽桥，因抗扭刚度大，能获得较好的横向荷载分布；对曲线桥，也具有较强的适应性。

(5) 箱内空间能较好地满足各种公共设施管线的布设要求。

(6) 结构复杂，结构施工精度要求高。

6.6.3 桁架拱桥

桁架拱桥是在双曲拱桥基础上发展形成的一种拱桥形式，它是将拱桥的拱板或拱肋做成拱形桁架，又称拱形桁架桥。

6.6 南水北调工程中的桥梁型式

如图 6-28 所示，桁架拱桥的上部承重结构由桁架拱片、横向联结系、桥面板三部分组成。桁架拱片由上弦杆、腹杆、下弦杆和拱顶实腹段组成，是桁架拱桥的主要承重结构；横向联结系由拉杆、横梁、横隔板、剪刀撑组成，它们将 2 片或多片桁架拱片连接成整体；桥面板设置于桁架拱片上，直接承受恒载与活载并将其传递给桁架拱片，它本身又是上弦杆或实腹段的一部分，参与桁架共同受力。

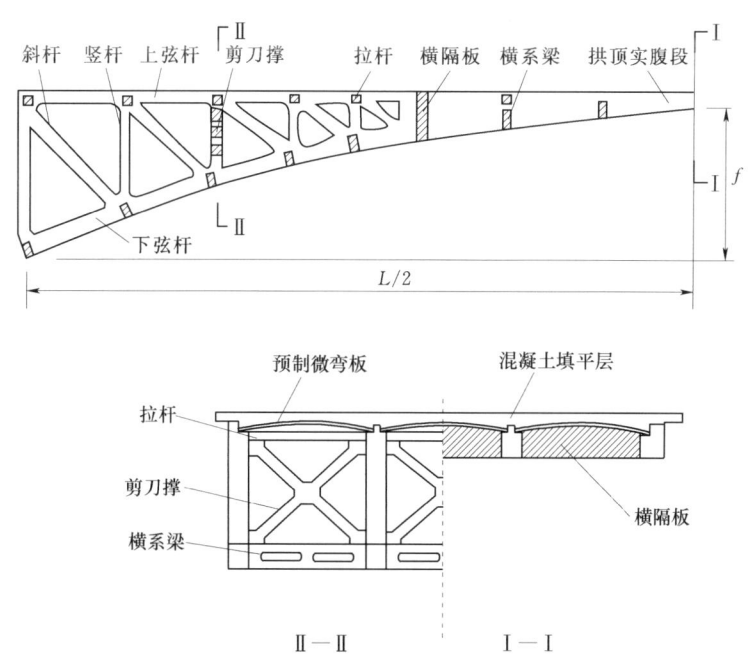

图 6-28 桁架拱桥上部承重结构图

在桁架拱片中，上弦杆与实腹段上缘构成拱片的上边缘，它与桥面坡度一致；为美观要求，下弦杆一般做成曲线形，常采用圆弧线、二次抛物线或悬链线。腹杆包括斜杆和竖杆。

桥面板常见有三种形式：横向微弯板、纵向微弯板和预应力混凝土空心板。横向微弯板钢材用量较少，但因板跨径较小，所需桁架拱片数较多；大跨径桁架拱桥，为减少拱片数，可用后两者，其中纵向微弯板产生水平推力，需要较强的横梁来支承。微弯板有两种形式：①预制拱板上加现浇填平层；②上平下拱的少筋微弯板。采用形式①时，预制拱板厚 6~10cm，配 ϕ6~8 的钢筋 2~4 根，现浇填平层中部厚度为 4~7cm；采用形式②时，钢筋的 1/3 在板垮 1/4 附近向上弯起，至上边缘后伸出微弯板外并设弯钩与上弦杆中的负弯矩钢筋连接。微弯板跨度一般为 2m 左右，微弯板桥面的矢跨比一般为 1/10~1/15，板的跨中厚度一般为板跨的 1/15~1/20，常用 12~16cm。空心板有钢筋混凝土和预应力混凝土两种形式，预应力混凝土空心板可提高桥面质量并加大拱片间距，板跨径可达 4m 以上，预制时板宽为 1~1.8m，其桥面板厚度一般为板跨的 1/12~1/15，板内设 2~3 个空洞，肋厚 4~6cm，板边设拼接凸缘，如图 6-29 所示。

拱片中的杆件结点，是保证结构整体性与刚度的关键部位，一般为刚性连接点，其一般构造如图 6-30 所示。

桁架拱拱片与墩台连接及多跨拱之间的连接有：悬臂式［如图 6-31 (a)、(b) 所

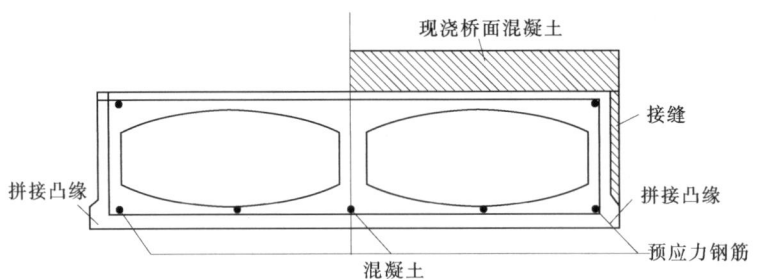

图 6-29 预应力混凝土空心板断面

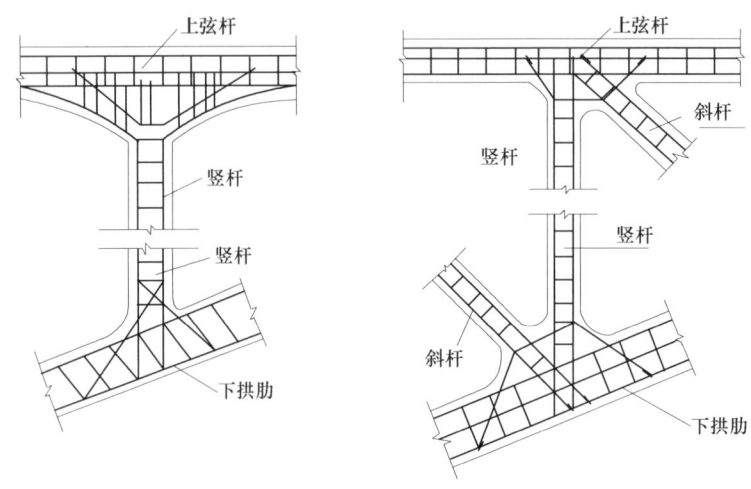

图 6-30 桁架节点构造

示]、过梁式 [如图 6-31 (c)、(d) 所示] 和伸入式 [如图 6-31 (e)、(f) 所示] 三种。一般以过梁式为好,轻巧美观且能较好的适应变形,连接构造也较简单。

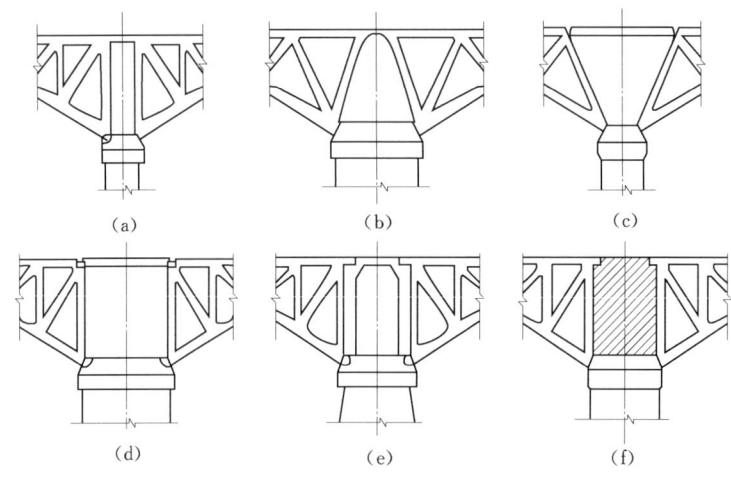

图 6-31 桁架拱与墩台的联结形式

按腹杆的布置方式不同，桁架拱有四种形式（如图 6-32 所示）：竖杆式、三角式、斜压杆式、斜拉杆式，其中竖杆式、三角式多用于较小跨径时，斜压杆式和斜拉杆式多用于较大跨径，但斜压杆式因其外形美观程度稍逊而采用较少。

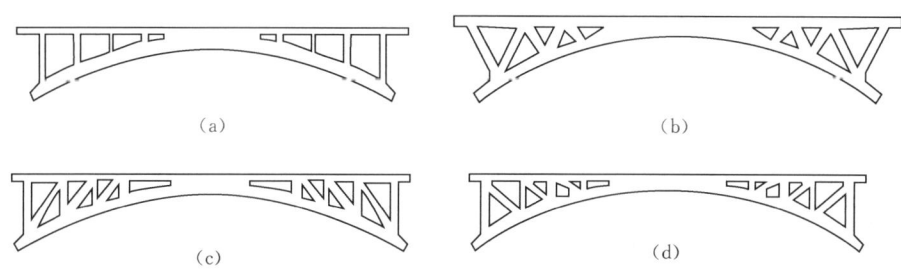

图 6-32 桁架拱的主要形式
(a) 竖杆式；(b) 三角式；(c) 斜压杆式；(d) 斜拉杆式

按桥面在桁架上的位置不同，桁架拱桥分为上承式（桥面在桁架顶部）、中承式（桥面在桁架中部）和下承式（桥面在桁架底部）三种型式。下承式桁架拱桥，在竖向荷载作用下拱脚对墩台无水平推力，其推力由桁架内杆件承受（内部超静定），墩台与梁式桥基本相似，桥梁建筑高度很小，桥面高程可设计的很低，减小引桥长度，适用于地质不良的情况，但结构施工较复杂。上承式、中承式拱桥，在竖向荷载作用下拱脚对墩台产生水平推力，水平推力可减小桥梁跨中弯矩，能建成大跨度，但对地质要求高，为防止墩台移动或转动，墩台须设计的很大，施工较麻烦。南水北调工程中由于输水干线上地形较平缓，下承式桁架拱桥应用较多。

从结构受力情形看，拱形桁架的各杆件主要承受轴向力，与普通桁架受力相似，但上弦杆除承受轴力外，还承受桥面系和活载产生的弯矩与剪力，实际上起着梁的作用；跨中附近的实腹段承受轴力、弯矩和剪力，与一般拱圈受力相似。

桁架拱桥综合了桁架和拱的优点，受力较合理、自重轻，用料省。钢筋混凝土桁架拱桥，混凝土用量与梁桥相近，少于同跨径的拱桥，钢筋用量少于同跨径的梁桥，适用于 20～50m 跨度软弱地基上的桥梁，但其节点处存在次应力对其耐久性不利，混凝土拉杆也易开裂。随着预应力技术的广泛应用，近年来预应力桁架拱桥不断出现，它可避免拉杆开裂，使跨径超过百米，已建预应力桁架拱桥最大跨径达 160m（1991 年建成的四川省牛佛沱江组合桁架拱桥），在建跨径已达 330m（贵州省江界河钢筋混凝土桁架拱桥），但其结构复杂，施工技术与质量要求高。在南水北调中线工程中，位于洛阳至南阳高速公路联络线与南水北调中线及焦枝铁路交叉处的岭南高速公路蒲山特大桥（2009 年 2 月建设，见插页图 8），即属于下承式桁架拱桥型式，只是其肋拱由三片钢管混凝土空间桁架组成，三片拱肋之间设置 24 道横向风撑（即横向联结系），风撑间距 24m，大桥全长 465m，主桥跨径 225m，双向 6 车道高速公路标准设计，设计荷载为公路-Ⅰ级×1.3，设计车速 120km/h。

6.6.4 系杆拱桥

系杆拱桥是在排架空腹式拱桥基础上形成的一种轻型拱桥形式，实际上是一种梁与拱的组合体，其中梁称为系杆，故称系杆拱桥。按桥面在拱上的位置不同，分为上承式、中承式和下承式三种。

如图 6-33（a）所示，上承式系杆拱桥与一般肋拱桥相似，桥面在主拱圈之上，只是拱肋上的排架由两根刚架立柱代替，立柱上端设置横梁和纵梁（称系杆），桥面系支承在纵、横梁系上，桥面荷载通过纵横梁系传给立柱，再由立柱传给主拱圈。

如图 6-33（b）所示，中承式拱桥的桥面位于拱肋矢高的中部，桥面中部用吊杆悬挂在拱肋之下，两端部分由刚架立柱支承在拱肋上。立柱顶端和吊杆下端设置纵、横梁系，桥面系支承在纵、横梁系上；桥面荷载由纵横梁系传给吊杆和立柱，再由吊杆和立柱将传给主拱圈。

如图 6-33（c）所示，下承式拱桥桥面在全长范围内由吊杆悬挂在拱肋之下，吊杆下端设置横梁和纵梁，在纵、横梁系上浇筑行车道板，构成桥面系统。桥面荷载通过纵横梁系传给吊杆，再由吊杆传给主拱圈。

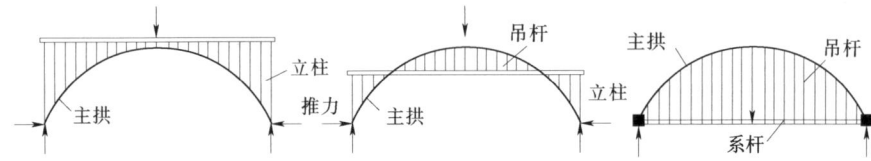

图 6-33 系杆拱桥形式
(a) 上承式拱；(b) 中承式拱；(c) 下承式拱

在系杆拱桥中，系杆和拱都是主要承重结构，两者相互配合共同受力。在下承式和中承式的吊杆处，拱圈通过吊杆将梁上提，梁除承受向下的恒载和活载外，还在吊点处受到向上的作用力，因此可显著降低梁内弯矩；同时由于梁与拱连接为一体，拱的水平推力可传给梁，这样梁除承受弯剪外，还受到轴向拉力作用，是弯、剪、拉组合受力结构；对于拱圈而言，梁通过吊杆将拱向下拉（中承式、下承式）或通过立柱向下压（上承式、中承式），它们均为垂直向下的集中荷载，因而拱圈受力与排架空腹式拱桥相似，主要是受轴向压力，弯矩和剪力一般很小。对于拱脚推力而言，上承式、中承式系杆拱桥均在拱脚处产生水平推力，且前者较大，下承式系杆拱桥对墩台不产生拱脚水平推力，其水平推力由系杆拱中的系杆（即梁）所承受，因此可采用轻型墩台，尤其适于城市中的桥梁，轻型美观。南水北调中线京石段西车亭下承式系杆拱桥，如图 6-34 及插页图 9 所示。

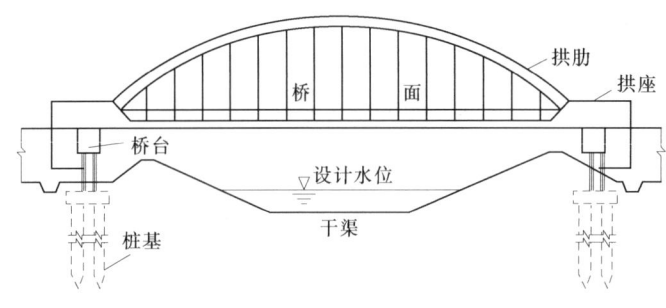

图 6-34 京石段西车亭桥

系杆式拱桥外形美观，跨径较大（一般为 50m 左右），自重轻，适合软土地基，但节点为刚性连接，易开裂，开裂后影响整体刚度及耐久性。

思 考 题

1. 按下部支承结构形式和上部承重结构区分，水利工程中的桥梁各有哪些类型，各有何特点和适用情况？
2. 绘制桥面构造图，并说明各部分作用。
3. 桥梁活载包括哪些内容，其中车辆重力荷载计算标准有哪两种形式，各有何特点？
4. 多车道大跨径桥梁为何要考虑汽车荷载纵、横向折减，折减系数如何确定？
5. 按桥梁基频计算汽车荷载冲击系数与按桥梁跨径计算，有何不同意义，前者计算公式有哪几种情况？
6. 按承载力极限状态验算桥梁安全可靠性，需考虑哪些荷载效应组合，其设计表达式如何，式中各分项系数如何确定？
7. 按正常使用极限状态验算桥梁安全可靠性，需考虑哪些荷载效应组合，其设计表达式如何，式中各分项系数如何确定？
8. 整体板式桥梁内力计算有何特点，为何计算汽车轮压在板带上的有效分布宽度，其分布宽度有几种形式？
9. 装配式铰接板桥内力计算时，为何要计算板块的横向荷载分布系数，其沿跨径按什么规律变化？
10. 整体式简支梁桥与装配式简支梁桥，各有何构造型式，两种有何区别？
11. 整体简支 T 形梁桥如何计算其纵梁和横梁的内力？
12. 梁式桥的墩台有哪几种型式，各有何特点和适用情况？
13. 简述"等代三铰拱法"计算拱桥内力的步骤。
14. 拱桥桥台有哪些型式，各有何特点和适用情况？
15. 南水北调工程中的桥梁，有何特点和更高的要求？
16. 预应力空心板桥有何优点，其基本参数和适用跨径如何？
17. 连续箱梁桥由哪几部分组成，各部分有何受力特点？
18. 桁架拱桥有由哪几部分组成，各部分有何受力特点？
20. 系杆式桁架由哪几部分组成，各部分有何受力特点？
21. 连续箱梁桥、预应力桁架拱桥、下承式桁架拱桥各具有哪些优越性，分别适于多大的跨径？

第 7 章 跌水和陡坡

当渠道通过地面坡度较陡的地段时，为了保持渠道的设计比降不变和避免流速过大引起渠道冲刷，常在此类地段将水流的落差集中，并修连接建建筑物，这种集中水流落差的建筑物称落差建筑物。落差建筑物中最常用的是跌水和陡坡，两者主要区别在于：前者水流以自由跌落的形式跌入下游消力池中，后者则使水流沿陡槽下泄。

对落差建筑物的结构形式，要求构造简单，就地取材，安全可靠，施工管理方便。同时又要水力条件好，进口不允许有过大的水面降落或壅高，以免产生冲刷或淤积；出口必须设消能防冲设施，以免冲刷下游渠道。因此对落差建筑物的设计，除应满足稳定和强度要求外，水力计算是其主要内容。落差建筑物的材料主要有砖、石、混凝土或钢筋混凝土。

7.1 跌 水

根据上下游渠道落差大小，跌水可分为单级跌水和多级跌水。单级跌水的跌差（即上下游渠底高差）一般为 3~5m，跌差大时宜做成多级跌水，两者在构造上基本相同。

7.1.1 单级跌水

单级跌水是使水流只作一次跌落的跌水，一般由进口连接段、跌水口、跌水墙、消力池、出口段等组成，如图 7-1 所示。

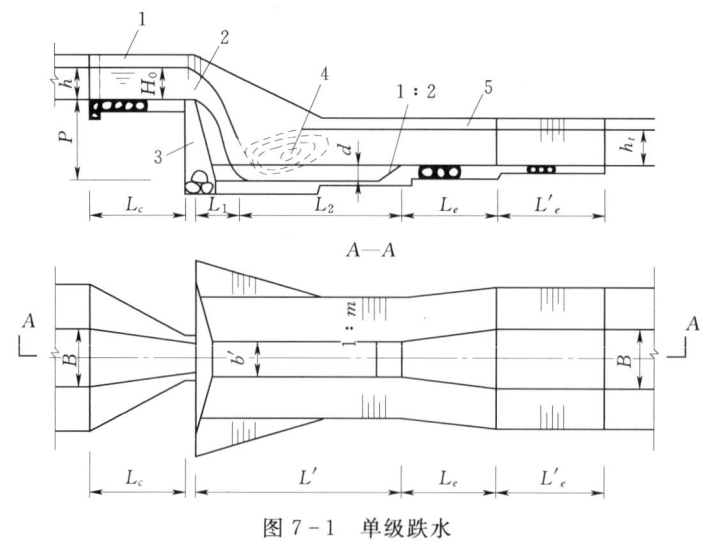

图 7-1 单级跌水
1—进口连接段；2—跌水口；3—跌水墙；4—消力池；5—出口段

7.1 跌 水

1. 进口连接段

进口连接段是上游渠道与跌水口之间的连接段,其作用是使渠道水流平顺地进入跌水口,并形成较好的跌水条件。进口连接段的型式,对梯形断面渠道,常采用扭曲面,其水流收缩平顺,水头损失小;对矩形断面渠道,多用八字墙,也可用横隔墙(即在上游渠道末端,自两岸渠坡横向伸出直墙,缩小过水断面,两墙之间形成跌水口,工程量省,但水流条件差)、圆锥形坡等型式。连接段适宜长度 L_c,同渠底宽 B 与渠内水深 h 的比值有关,据经验,$B/h<2.0$ 时,$L_c=2.5h$;$B/h=2.1\sim2.5$ 时,$L_c=3.0h$;$B/h>3.5$ 时,应根据具体情况适当加长。连接段底边线与渠道中线的夹角不宜大于45°。连接段末端应有一喉道直线段连接跌水口,直线段长度宜不大于1.0m,否则跌口上游易产生壅水,也不利于跌水水舌扩散,连接段墙顶高程应高出渠道最高水位0.3m。连接段多采用片石或混凝土衬砌,以防止冲刷并可延长渗径,减小跌水墙后及消力池底板下的渗透压力,护底及两岸翼墙均应设齿墙深入渠底和岸坡内0.3~0.5m。

2. 跌水口

跌水口是连接段末端的过水口,也称控制缺口,是跌水的喉部。其形式有矩形、梯形、台堰式、复式等几种。

(1)矩形跌水口,如图 7-2(a)所示。跌水口的过水断面为矩形,底部高程与上游渠底齐平。其特点是:通过设计流量时,跌水口前的水深可与渠道水深相近,但当流量大于或小于设计流量时,上游水面产生壅高和降低,且水流集中,单宽流量大,对下游消能不利。矩形跌水口结构简单,施工方便,常用于渠道流量变化不大的情况或跌水口须设闸门时。

(2)梯形跌水口,如图 7-2(b)所示。跌水口的过水断面为梯形,底部高程亦与上游渠底齐平。水力条件较矩形跌水口有所改善,通过各种流量(非设计流量)时不致使上游水面产生过大壅高和降低,单宽流量也较矩形跌水口的小,可减小对下游渠道的冲刷,常用于流量变化幅度较大或较频繁的情况,是一种常用形式。

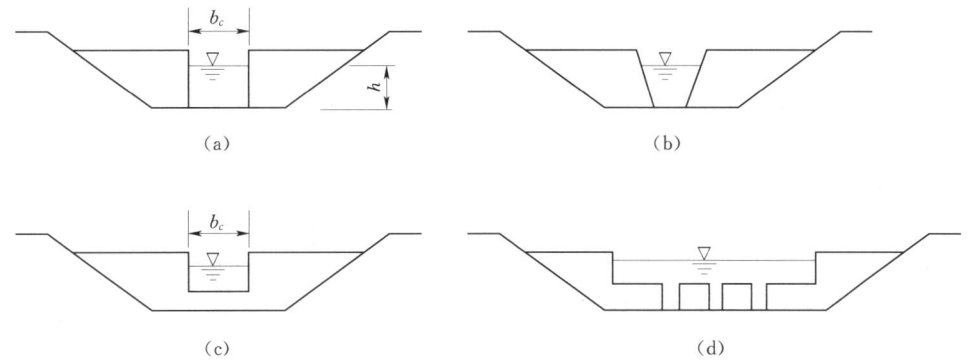

图 7-2 跌水口形式
(a)矩形;(b)梯形;(c)台堰式;(d)带有矩形小缺口的台堰式

(3)台堰式跌水口,如图 7-2(c)所示。跌水口过水断面仍为矩形,但将其底部升高为台堰来控制上游渠道水位,使在各种流量时跌水口前的水深与渠道正常水深接近,且可减小跌水口处的单宽流量,但通过小流量时水面仍有降低,且台堰前易淤积,适于清水渠道。为了排除上游渠道余水和防止淤积,常在台堰上留排水孔或做矩形小缺口,如图7-2(d)所示。

(4) 复式跌水口。对于流量较大的宽浅渠道上的跌水,为便于控制上游渠道水位和分散跌水水流,以利消能,也可设置顺水流方向的隔墩,将跌水口分隔成多个过水口,形成复式跌水口,复式跌水口的形状也可为梯形或矩形。跌水口的孔口数 N 可由式(7-1)估算:

$$N=\frac{b}{(1.25\sim 1.5)h_{\max}} \tag{7-1}$$

式中 b、$h_{\max}$——渠底宽和渠内最大水深,m。

3. 跌水墙

跌水口的底部即跌水墙,它也是消力池的前墙,上游侧挡土下游侧挡水,顶部过流。跌水墙的迎水面有直立式和倾斜式两种。跌水墙一般采用重力式,由于墙两端插入两岸,消力池的两岸侧墙或护坡对其有支撑作用,也可按梁板结构计算。跌水墙与消力池的底板设缝分开,以适应地基不均匀沉降。为减小跌水墙后渗水压力,可在墙身内设排水孔。

4. 消力池

跌水墙的下游接消力池,消力池在平面上有扩散式和不扩散式两种,横断面形式如图7-3所示,有矩形、梯形、折线形(下游渠底高程以下为矩形,以上为梯形)等几种。消力池底板厚度与水流单宽流量和跌差有关,据经验一般可取为0.4~0.8m。消力池末端一般不设尾槛,最好以1:2或1:3的反坡与出口连接段底相连(如图7-1所示),平面扩散角度一般为30°~48°。

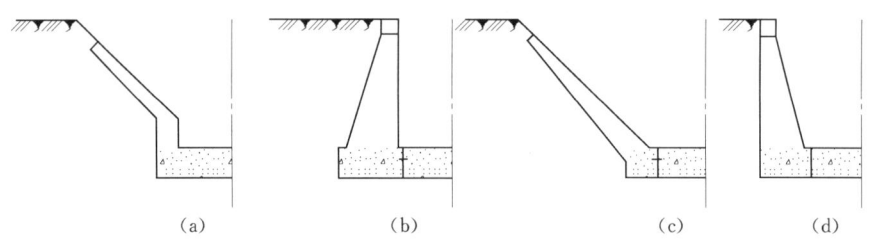

图7-3 消力池横断面形式
(a) 折线形;(b) 矩形;(c)、(d) 梯形

5. 出口段

出口段包括出口连接段 L_e 和整流段 L_e'(如图7-1所示),是消力池与下游渠道的连接段。其作用是消除水流余能,调整水流和防止冲刷,常采用干砌石、浆砌石或混凝土砌护。出口段总长度约为8~15倍下游渠道水深,当消力池底宽大于下游渠底宽时,连接段多为平面收缩式,收缩率一般为3:1~8:1;当消力池边坡与下游渠道边坡不一致时,应在连接段内设扭坡连接;整流段长度一般不小于3倍下游水深,整流段断面应与下游渠道断面一致,以使水流平顺进入下游渠道。

7.1.2 多级跌水

当跌差较大(一般大于3m),修建单级跌水使跌水墙、消力池工程量大,不经济时,可采用多级跌水。多级跌水只是将消力池做成多个阶梯,每个阶梯的跌差一般相同(如图7-4所示),其构造及水力计算与单级跌水相同。

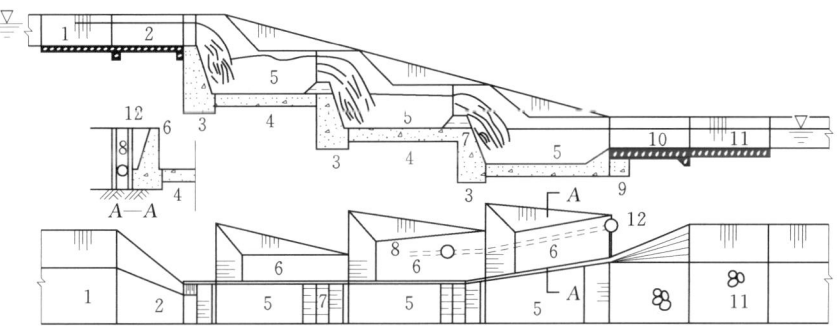

图 7-4 多级跌水
1—防渗铺盖;2—进口连接段;3—跌水墙;4—跌水护底;5—消力池;6—侧墙;
7—泄水孔;8—排水管;9—反滤体;10—出口连接段;11—出口整流段;12—集水井

多级跌水的消力池有设尾槛和不设尾槛两种形式。一般设尾槛,用以造成池内淹没水跃,并作为下一级跌水的控制堰,各级跌水布置形式相同。尾槛上常留有 10cm×10cm 或 20cm×20cm 的泄水孔,以放空消力池内的积水。消力池长度一般不超过 20m,故一般只在上下游端设沉降缝,缝内设止水。当受地形地质条件影响时,也可修建成不连续的多级跌水。有时为充分利用水能资源,也可在跌水处修建小型水电站。

实践中,多级跌水的跌水墙工程量与其级数成反比,即增加跌水级数,减小各级落差,一般情况下跌水墙的工程量减少。

7.1.3 水力计算

跌水的水力计算内容包括:跌水口的尺寸确定,通过最大、最小流量时的壅水和降水水面线计算、消力池尺寸确定等,以下以单级跌水为例进行讨论。

1. 矩形跌水口水力计算

(1) 跌水口宽度 b_c。矩形和台堰式跌水口的水流状态分别与宽顶堰和实用堰的基本相同,均可采用以下公式计算:

$$Q = m\varepsilon b_c \sqrt{2g} H_0^{3/2} = M b_c H_0^{3/2} \tag{7-2}$$

$$H_0 = H + \frac{V_0^2}{2g}$$

式中 Q——计算流量,m^3/s;

     m、ε——流量系数和侧收缩系数;一般计算可用 $\varepsilon = 1.0$;

     M——第二流量系数,$M = m\varepsilon \sqrt{2g}$;

     H_0——计入行近流速的堰上总水头,m;

     H——堰顶水头,m;

     V_0——上游渠道断面平均流速,m/s;

     b_c——跌水口宽度,m。

M 值随连接段型式和堰上水头等因素变化,可按以下经验公式估算:

对扭曲面连接：
$$M = 2.1 - 0.08 \frac{b_c}{H_0} \tag{7-3}$$

八字墙连接：
$$M = 2.08 - 0.075 \frac{b_c}{H_0} \tag{7-4}$$

横隔墙连接：
$$M = 1.78 - 0.035 \frac{b_c}{H_0} \tag{7-5}$$

上三式适用于 $b_c/H_0 = 1.5 \sim 4.5$，扭面或八字墙长 $L_c = (2 \sim 10) H$ 的情况。

设计时，一般是已知 Q 和 H_0 求 b_c，于是由式（7-2）可得：
$$b_c = \frac{Q}{M H_0^{3/2}} \tag{7-6}$$

实际计算 b_c 时，一般采用试算法：先假设 b_c 值，用式（7-3）~式（7-5）之一求得 M 值，再将 M 值代入式（7-6）求出 b_c，若算得的 b_c 与假设值相等，则 b_c 即为所求。否则另设 b_c，重复上述步骤，直至满足要求为止。

（2）跌水口前水深计算。在运行中，当通过最大、最小流量时会造成跌水口前水面壅高或降低，壅高过大时可能造成上游漫顶或渠内淤积，水面降低过大时，跌水口前水深过小，流速增大，可能产生渠底冲刷。因此 b_c 求出后，还须验算通过 Q_{max} 和 Q_{min} 时的水面壅高和降低情况，不满足要求时须调整 b_c 值。跌水口前壅水或降水的总堰上水头 H_0 可由变化式（7-2）求得：
$$H_0 = \left(\frac{Q}{m \varepsilon b_c \sqrt{2g}} \right)^{2/3} \tag{7-7}$$

式中 m、ε 取值可按宽顶堰或实用堰采用，将上式中 Q 分别代以 Q_{max} 和 Q_{min} 求出相应 H_0 后即可得其堰上水深及渠内水深，从而进行壅水超高和降水冲刷验算。

2. 梯形跌水口底宽 b_c 和边坡系数 n_c 计算

对梯形跌水口，可采用有侧收缩的梯形狭缝堰公式计算，即：
$$Q = M \varepsilon (b_c + 0.8 n_c H) H_0^{3/2} \tag{7-8}$$

式中 M——梯形跌水口的第二流量系数，当上游渠道边坡系数为 $0.25 \sim 1.0$，连接段长度 $L_c \geqslant 3h$（h 上游渠道水深）时，$M = 2.25 - \frac{0.15}{H}(b_c + 0.8 n_c H_0)$，初步计算时，也可近似采用矩形跌水口的 M 值；

ε——侧收缩系数，当进口连接段为扭曲面且长度大于 3 倍渠道水深时，可取 $\varepsilon = 1.0$；

H_0——计入上游行近流速的堰上总水头，初步计算时可近似取渠道水深，m。

式（7-8）中括号内的因子等于水流厚度为 $0.8H$ 处梯形跌水口的过水宽度，其中 b_c、n_c 可由两个已知流量及其相应水深 Q_1、H_1、Q_2、H_2 联解求出，即：
$$\left. \begin{array}{l} Q_1 = M_1 \varepsilon (b_c + 0.8 n_c H_1) H_{10}^{3/2} \\ Q_2 = M_2 \varepsilon (b_c + 0.8 n_c H_2) H_{20}^{3/2} \end{array} \right\} \tag{7-9}$$

一般 Q_1、H_1 取为渠道设计流量及相应水深，Q_2、H_2 取为渠道正常引用的较小流量及相应水深，设计时，也可采用渠道最大、最小水深 h_{max}、h_{min} 按下式估算两个特征水深 H_1、H_2：

$$\left.\begin{array}{l}H_1=h_{\max}-0.25(h_{\max}-h_{\min})\\ H_2=h_{\min}+0.25(h_{\max}-h_{\min})\end{array}\right\} \quad (7-10)$$

当 $h_{\min}$ 未知时，也可采用 $h_{\min}=(0.33\sim0.5)h_{\max}$。

由 H_1、H_2 可求得相应的渠道流量 Q_1、Q_2，将其代入式 (7-9) 即可求得 b_c、n_c，然后尚应将 b_c、n_c 代入式 (7-8) 进行验算，若通过设计流量时，用该式求得的水深 H 与用渠道流速公式求得的水深 h 值之差超过 $(0.01\sim0.05)h$ 时，则须对 b_c、n_c 进行修正，直至满足要求为止。

与矩形跌水口相同，求得 b_c、n_c 之后，还应对渠道通过的 $Q_{\max}$、$Q_{\min}$ 计算相应水深，以验算堤顶高程是否满足要求和渠内是否产生冲刷。不满足要求时，可再对 b_c、n_c 进行调整。

3. 消力池水力计算

消力池水力计算的内容是确定池宽、池长和池深。

(1) 池宽 b'。当只有一个跌水口时，消力池宽度 b' 可取为跌水口水面宽度 0.1 倍水舌抛射长度，即：

$$b'=0.1L_1+b_c+0.8n_cH \quad (7-11)$$

水舌抛射长度 L_1 可按下式计算：

$$L_1=1.64\sqrt{H_0(P+0.24H_0)} \quad (7-12)$$

式中 P——上游渠底与消力池底之间的高差，m；

其余符号意义同前。

当为多个跌水口时，池底宽还应计入水面线高程处的隔墩厚度，即：

$$b'=0.1L_1+n(b_c+0.8n_cH_0)+(n-1)b_g \quad (7-13)$$

式中 n——跌水口数目；

b_g——设计流量时，跌水口水流断面计算宽度处的隔墩厚度，可近似取为隔墩平均厚度，m。

(2) 池长 L'。消力池长度 L' 应等于水舌抛射长度 L_1 + 水跃长度 L_2 (如图 7-1 所示)，即：

$$L'=L_1+L_2 \quad (7-14)$$

式中 L_2——水跃长度 (m)，其值为 $L_2=(3.2\sim4.3)h''_c$；

h''_c——跃后水深，m。

对矩形消力池，水舌在跌落处的收缩水深 h_c 可按下式计算：

$$h_c=\frac{q}{\varphi\sqrt{2gZ_0}} \quad (7-15)$$

式中 Z_0——计入行近流速的上下游水位差，m；

φ——流速系数；

q——水舌跌落处的单宽流量 [m³/(s·m)]，可取 $q=Q/b_c$。

对梯形跌水口，水舌在跌落处的单宽流量 q 可按下式计算：

$$q=\frac{Q}{b_c+0.8n_cH} \quad (7-16)$$

q 求出后,可按式 (7-15) 估算 h_c,进一步可求得跃后水深 h_c''。

(3) 池深 d。消力池深度 d 可按下式计算:

$$d=(1.10\sim1.15)h_c''-h_t \tag{7-17}$$

式中 h_t——下游渠道水深,m。

实际应用中,d 的取值应稍大于上式计算值。

7.2 陡 坡

陡坡是使上游渠道水流沿陡槽 ($i>i_k$) 下泄到下游渠道的落差建筑物。根据地形情况和落差大小,也可分为单级陡坡和多级陡坡。单级陡坡一般由进口连接段、控制缺口(也称控制堰口)、陡坡段、消力池和出口连接段等组成,如图 7-5 (a) 所示。多级陡坡多建在落差大,有变坡或有台阶状地形的渠段上,其布置特点是,上一级消力池末端出口即为下一级陡坡段的入口,进、出口段均与单级陡坡相同,如图 7-5 (b) 所示。

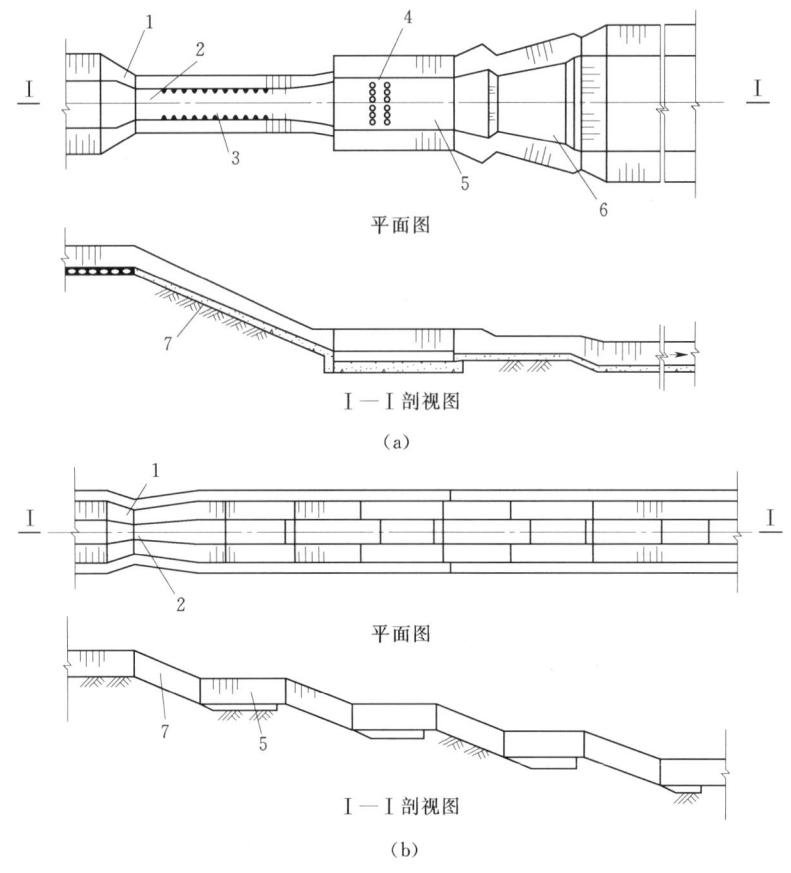

图 7-5 陡坡组成与布置
(a) 单级陡坡示意图;(b) 多级陡坡示意图
1—进口连接段;2—控制缺口;3—人工糙条;4—辅助消能工;5—消力池;6—出口连接段;7—陡坡段

7.2 陡　　坡

陡坡设计要求与跌水基本相同，在控制缺口以上，应使上游水位尽量不受泄水影响，缺口形式与尺寸应能保证在通过设计流量时，缺口前水深与渠道设计正常水深接近，通过其他各级流量时，缺口前水面不致过分壅高或降低。并应采取合理的消能措施，使下泄水流充分消能，减少下游冲刷。陡坡段在纵横方向的布置应尽量平顺、渐变，结构型式合理。

对于渠道上的陡坡，进、出口连接段及控制缺口均与跌水相同，所不同的主要是以陡槽段代替了跌水墙，水流不是自由跌落而是沿陡槽下泄，以下主要讨论其陡坡段与消能设施的布置、构造、水力计算等。

7.2.1 陡坡段

1. 布置

陡坡段是一急流明槽段，为减免高速水流对工程的不利影响，应尽量布置于挖方之上。其纵坡，应根据地质、地形及衬砌材料等因素确定，一般地，尽沿天然地面坡度或采用 1:2.5～1:5.0 的坡度。陡坡的横断面形式可为矩形或梯形，其中梯形应用较多，梯形边坡常陡于 1:1，其边墙做成护坡式，较为经济。陡坡的平面布置形式一般有以下几种。

（1）等底宽布置。陡坡段为底宽不变的矩形或梯形断面，结构简单，但对下游消能不利，多用于小型渠道和跌差小的陡坡。

（2）变底宽布置。有逐渐扩散式和逐渐收缩式两种。前者多用于下游消力池受地质等条件限制不宜挖深，而下游水深又较小时，采用扩散式以将陡坡末端底宽加大，减小单宽流量及水深，以满足消能要求；后者常用于下游水深较大，需要增加陡坡末端水深，以使之等于下游水深以利消能，或为了减小开挖量和衬砌量时。底宽变化可沿陡坡段全长均匀变化或局部段变化，常用的是在陡坡开始处缩窄以减小工程量，在末端处扩散以利消能，为避免底宽变化时产生冲击波恶化流态，底宽变化率应满足下列要求。

1）当底宽缩窄时，其两侧总收缩角不宜大于 30°。

2）当底宽扩散时，扩散角一般为 5°～7°或按式 $\tan\theta=\dfrac{1}{KF_r}$ 计算，式中 K 为经验系数，可取为 1.5～3.0，当为水平扩散时取小值，陡坡扩散时取大值，F_r 为扩散起始断面的弗劳德数，$F_r=\dfrac{V}{\sqrt{gh}}$，V、h 分别为扩散起始断面的流速及断面平均水深。

（3）菱形陡坡。菱形布置的陡坡特点是，前部扩散，后部收缩，在平面上呈菱形，如图 7－6 所示。在这种布置中，消力池多为梯形断面，消力池的边坡向陡坡段延伸，延伸至水跃收缩断面发生于陡坡扩散段末端，从而使水跃前后的水面宽度一致，以避免主流两侧产生平面漩涡，使池内单宽流量及流速分布均匀，减轻对下游的冲刷。工程实践表明这是一种效果良好的布置型式，但工程量大，水力计算复杂。一般用于跌差为 2.5～5.0m 的陡坡。

菱形陡坡的始、末断面及扩散段末端底宽分别为 b_c、b_2 和 b_1。其中 b_c 为控制缺口底宽，计算方法与跌水相同，b_2 为消力池底宽，由消能计算确定，b_1 按下式计算：

$$b_1=(0.75\sim0.85)(b_2+mh''_c) \qquad (7-18)$$

式中　h_c''——跃后水深，m；

　　　m——消力池边坡系数。

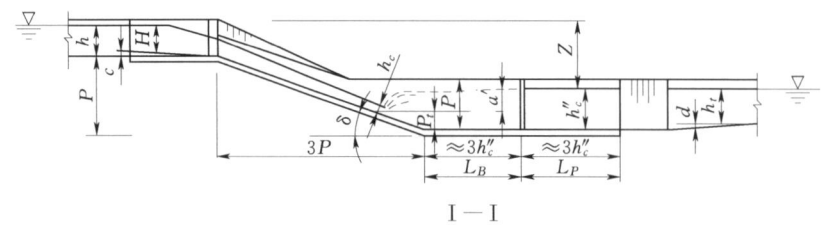

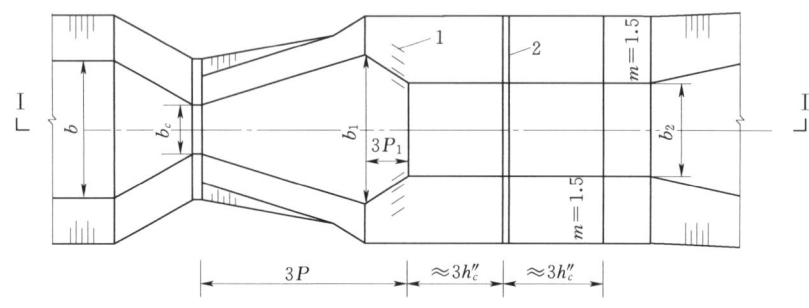

图 7-6　菱形陡坡
1—消能肋；2—周界槛

2. 构造

陡坡段一般采用砖、石、混凝土或钢筋混凝土材料衬护。底板厚常取为 0.2～0.5m（混凝土或钢筋混凝土）或 0.3～0.6m（浆砌石）。沿水流方向一般每隔 5～20m 设一分缝，缝内设止水，下设反滤层。接缝处的底板底部设齿墙，以增加其抗滑力。陡坡内流速过大时，为了促使水流扩散，加大水深，减小流速，改善下游流态以利消能，可在底板上设置人工加糙，常用加糙形式有交错式矩形糙条、人字形槛、W 形槛及棋布形方墩等，如图 7-7 所示。工程采用时，布置形式与尺寸，一般应由水工模型试验确定。

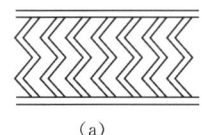
(a)

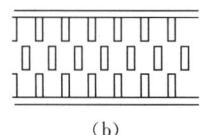
(b)

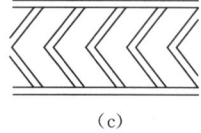
(c)

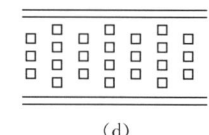
(d)

图 7-7　人工加糙形式
(a) W 形槛；(b) 矩形糙条；(c) 人字形槛；(d) 棋布形方墩

对菱形陡坡，当下游渠道抗冲能力差时，可在陡坡末端的边坡上设置消能肋，以助消能，如图 7-6 所示。肋的尺寸与跃后水深 h_c'' 的关系为：肋长 $=0.45h_c''$，肋高 $=0.1h_c''$，肋宽 $=0.06h_c''$。菱形陡坡的消力池尾端断面处常设一连续的周界槛，槛高度与宽度与消能肋相同，如图 7-6 所示。

3. 水力计算

陡坡段水力计算的任务，主要是确定陡坡末端的流速和水深，并向上游计算水面线和

7.2 陡　　坡

确定边墙高度,向下游进行消能计算。流速计算有以下两种情况。

(1) 对落差 $P<20\mathrm{m}$ 的短陡坡,陡坡末端流速 V 可按下式计算:

$$V=\varphi\sqrt{2g(P+H_0)} \tag{7-19}$$

式中　φ——流速系数。

对 $i=1/1.5\sim1/5$ 的梯形断面陡坡,可按以下经验公式计算:

$$\varphi=0.832\left(\frac{m'q^{2/3}}{P}\right)^{0.1} \tag{7-20}$$

式中　m'——陡坡末端边坡系数;

q——陡坡末端单宽流量,$\mathrm{m}^3/(\mathrm{s}\cdot\mathrm{m})$;

P——上游渠底与消力池底间的高差,m;

φ——陡坡控制堰口处的总水头,m。

已知 V 后,即可由 q 求得陡坡末端水深 h,进一步计算水面线和确定边墙高度。

(2) 对于落差较大的长陡坡,须首先验算其是否属于陡坡即 $i>i_k$ (i_k 临界坡度),当满足 $i>i_k$ 时,V 可按式 (7-19) 计算,否则应按均匀流公式计算陡坡末端流速 V 与水深 h,此时从理论上讲,下游可不设消力池。

7.2.2　消力池

1. 布置与构造

陡坡末端一般采用消力池消能(视具体情况也可采用挑流鼻坎消能)。消力池断面可为矩形或梯形,其中梯形采用较多。在平面上消力池多为等底宽布置。土基上的消力池底板厚度,一般不小于 0.4m(浆砌石)或 0.3m(混凝土或钢筋混凝土),也可按以下经验公式估算:

$$t=KV_1\sqrt{h_1} \tag{7-21}$$

其中:

$$K=0.03+0.17\sin\delta$$

式中　K——系数;

δ——陡坡末端坡面与水平面的夹角;

V_1、h_1——陡坡末端的流速(m/s)及水深,m。

2. 水力计算

陡坡消力池计算的任务是确定池宽、池深与池长。

(1) 对于等宽梯形断面消力池,底宽一般与陡坡末端底宽相同,池深、池长可如下计算:

池深:
$$d=h_c''-h_t \tag{7-22}$$

池长:
$$L=5h_c''\left(1+4\sqrt{\frac{B_2-B_1}{B_1}}\right) \tag{7-23}$$

式中　h_c''、h_t——池内跃后水深和下游渠道水深 m;

B_1、B_2——跃前、跃后断面水面宽度,m。

h_c'' 可按下式计算:

$$\frac{h_c''}{h_c}=1.74\lg\frac{\varphi E_0}{q^{2/3}}+0.28 \tag{7-24}$$

其中:
$$h_c = 0.385 \frac{Pq^{4/3}}{\varphi E_0^2} \quad (7-25)$$

$$E_0 = P + h + \frac{V_0^2}{2g}$$

式中 h_c——收缩断面水深,m;

E_0——控制缺口处水流对消力池底的总水头,m;

h、V_0——控制缺口处水深及流速,陡坡段 $i > i_k$ 时,$h = h_k$,$V_0 = V_k$;

h_k、V_k——控制缺口断面的临界水深(m)及临界流速,m/s;

q——池内收缩断面处的单宽流量,m³/(s·m);

φ——陡坡流速系数,由式(7-20)计算;

其余符号意义同前。

当 φ 式中 $\frac{m'q^{2/3}}{P} \geq 3.0$ 时有 $\varphi \approx 1.0$,此时池长可按下式计算:

$$L = (6 \sim 7)h_c'' \quad (7-26)$$

(2)对菱形陡坡的消力池,由于消力池边坡向陡坡段延伸,使陡坡段的收缩段成为消力池的一部分,在这种形式的消力池中,跃前断面发生在陡坡收缩段首端即 b_1 宽度处,跃后断面发生于消力池末端周界槛处,两者之间的距离为总池长,其中水平段池长 L_B〔如图7-6所示〕可由下式计算:

$$L_B = 4.65 h_c'' - 3P_1 \quad (7-27)$$

其中:
$$P_1 = \frac{b_1 - b_2}{2m'} \quad (7-28)$$

且有:
$$b_1 = (0.75 \sim 0.85)(b_2 + 2mh_c'') \quad (7-29)$$

式中 b_1、b_2——陡坡收缩段始、末端底宽,m;

h_c''——菱形陡坡消力池内跃后水深,m;

P_1——跃前断面底部与消力池底的高差,m。

池深 d 仍可按式(7-22)计算。

由上可见,关键是计算池内跃后水深 h_c'',其值及 b_1 值可由下列水跃始、末断面的动能投影方程求得:

$$\frac{Q^2}{g\omega_1}\cos\delta + \left(\frac{b_1 h_c^2}{2} + \frac{mh_c^3}{3}\right)\cos^2\delta = \frac{Q^2}{g\omega_2} + \left(\frac{b_2 h_c''^2}{2} + \frac{mh_c''^3}{3}\right) - \frac{R_x}{\gamma} \quad (7-30)$$

$$R_x = \frac{\gamma(h_c'' - a')}{6}\left[(b_1 + 2b_2)h_c'' + (b_2 + 2b_1)h_c\cos\delta\right] \quad (7-31)$$

$$\omega_1 = h_c(b_1 + m'h_c), \omega_2 = h_c''(b_2 + mh_c'')$$

$$a' = h_c'' - \frac{b_1 - b_2}{2m} \quad (7-32)$$

式中 R_x——水跃始、末断面间水体所受总压力的水平分力;

δ——陡坡末端坡面与水平面的夹角(°);

m——消力池边坡系数;

ω_1、ω_2——水跃始、末断面的过水断面;

a'——下游水面与水跃始断面处陡坡底的高差，m；

γ——水容重，kN/m³；

其余符号意义同前。

消力池水力计算步骤如下：

1) 根据已知的流量 Q、上下游水位差 Z、陡坡纵坡 $i=\tan\delta$、消力池边坡系数 m 值，选择一适当 b_2 值及一组 h_c'' 值（各值相差 0.2m），联解公式（7-29）~式（7-31）可求得：b_1、a'、R_x，并由下列公式试算求得 h_c：

$$T_1 = Z + a' = h_c \cos\delta + \frac{Q^2}{2g\omega_1^2\varphi_1^2} \tag{7-33}$$

式中 T_1——跃前断面总水头，m；

φ_1——流速系数，可取 $\varphi_1=0.9$。

2) 将所得各值代入式（7-30），算出等式左边总值 A 及右边总值 B（A、B 均为一组数值，可列表计算）。

3) 根据上述结果可作出 $A \sim h_c''$ 和 $B \sim h_c''$ 两条曲线，由两曲线交点即可求得跃后水深 h_c''。

4) 将 h_c'' 代入式（7-29）求得一系列 b_1 值，并将不同的 b_1 值分别代入式（7-30）的左边和右边得到一系列 $A(b_1)$ 值和一系列 $B(b_1)$ 值，再在同一坐标系内作出二条曲线 $A(b_1) \sim b_1$ 和 $B(b_1) \sim b_1$，两曲线交点即为所求 b_1 值。

5) 有了 h_c''、b_1 值，即可确定消力池深 d（池底与下游渠底的高差）及池长 L_B。

6) 若计算结果不恰当，可重设 b_2 及 h_c'' 值，重复上述步骤，直至计算结果合乎要求为止。

思 考 题

1. 渠系中落差建筑物有哪几种，各有何特点和适用情况？
2. 如何拟定跌水进、出口段的基本尺寸？
3. 跌水中的跌水口有几种形式，各有何特点？
4. 跌水水力计算的任务是什么，如何用试算法计算梯形跌水口的宽度及边坡系数？
5. 跌水消能计算的任务什么，如何确定跌水消力池的深度和长度？
6. 陡坡平面布置有哪几种形式，各有何特点，菱形陡坡在构造上有何特点？
7. 陡坡水力计算的任务是什么，如何计算陡坡末端流速和水深？
8. 如何确定陡坡消力池的池深、池长、底宽及池内跃后水深 h_c''？

第 8 章 涵 洞

8.1 概 述

8.1.1 涵洞的作用

涵洞也是渠道上常见的一种交叉建筑物,常用于以下情况。

(1) 当渠道与道路或另一渠道交叉且又低于该道路或渠道时,可在道路或渠下修建涵洞,连接上下游渠道,这种连接渠道的涵洞称渠涵。

(2) 当渠道与道路交叉但高于道路时,可在填方渠道下方修建涵洞以连接交通,这种用于交通的涵洞称路涵。

(3) 当渠道与沟溪谷地交叉且采用填方渠道输水时,为了宣泄溪谷洪水以免冲毁渠道,常须在填方渠道下设置涵洞用以泄洪,这种涵洞称排洪涵。

本节主要讨论作为输水建筑物的渠涵和排洪涵。

8.1.2 涵洞的布置

渠涵、排洪涵的位置一般是由灌排渠系总体规划确定,对其布置的主要任务是,根据涵址附近的地形、地质、水流条件等选择涵洞轴线位置、洞底高程及纵坡等。布置时一般应考虑以下一些基本要求。

(1) 洞线应尽量选在地质条件较好,地基承载力较大的地段,以免不均匀沉降引起洞身断裂,当受地形条件限制必须建在软基上时,应采取适当加固措施。

(2) 洞轴线应尽量同与之交叉的路(渠)轴线正交,排洪涵洞轴线应尽量与溪谷方向一致,以缩短洞长并使水流顺畅。

(3) 洞底高程及纵坡。对于排洪涵,洞底高程应尽量等于或接近于溪沟底高程。纵坡应等于或稍陡于天然溪沟的底坡;一般采用 $i=1‰\sim3‰$;对于渠涵,其进、出口底高程及纵坡确定与渡槽基本相同,应满足:通过设计流量时的进出口水头损失接近于渠系规划给定的允许值,并由水力计算确定,工程中一般采用 $i=1/500\sim1/1500$。

8.1.3 涵洞的类型及其特点

按洞内流态,涵洞可分为有压、无压和半有压(进口断面全部被水流充满,洞内全部和部分有自由水面)几种。半有压涵洞常会出现如下水流现象。

(1) 当底坡较缓,$i<i_k$ 且上游水深不大时,水流入洞后在进口产生收缩,此后水深逐渐回升,水面线趋向临界水深 h_k,当洞较短时,水深尚未发展到 h_k,便以急流流出洞口,这时水流仅在洞进口贴顶,其余均具有自由水面;当洞达到一定长度时,回升的水深发展到 h_k,这时将在洞内产生波状水跃,当跃后水深 $h_c''>a$(洞高)时,则跃后缓流贴顶,水流一旦贴顶,进口与贴顶间形成封闭气囊,囊中空气不断被带走,直至最后消失,全部贴顶，从而使洞中仅出口附近少部分具有自由水面，此种半有压流的过流能力与有压流相近。

(2) 当底坡 $i>i_k$ 且涵洞上游水深不大时，在进口收缩断面后，水面曲线回升趋向正常水深 h_0（急流），当水深达到洞高时，便产生贴顶，当洞较长时，将发生不稳定流态，洞内出现时而无压时而有压的现象，对结构不利，设计中应尽量避免这种流态发生。半有压流态还将随下游影响而变化，当 $i<i_k$ 且下游水位淹没洞顶时，半有压流变为有压流；当 $i>i_k$ 时，水流在进口收缩后，以急流状态趋向正常水深而流向出口，这时根据下游水深的高低可能产生远驱、临界或淹没水跃。

无压涵洞前壅水较小，洞内及出口流速较小，对渠（路）堤质量要求较低，但断面及工程量较大；而有压、半有压尤其有压涵洞，通过相同流量时所需断面较小，但洞前壅水较大，对渠（路）堤质量要求高，出口流速大，常须设消能设施。

为了减小水头损失，且因洞内流速较小（一般约 2m/s 左右），渠涵常设计为无压的。而对于排洪涵，当涵洞前地形较陡，壅水不会对上游造成较大淹没损失时，或渠（路）堤质量较好，不会因内水外渗使其丧失稳定时，也可采用有压和半有压的。

8.2 涵洞各组成部分的型式与构造

如图 8-1 所示，涵洞由进、出口段、洞身段三部分组成。一般不设闸门，当必须设闸门时即为涵洞式水闸，见水工建筑物有关章节。

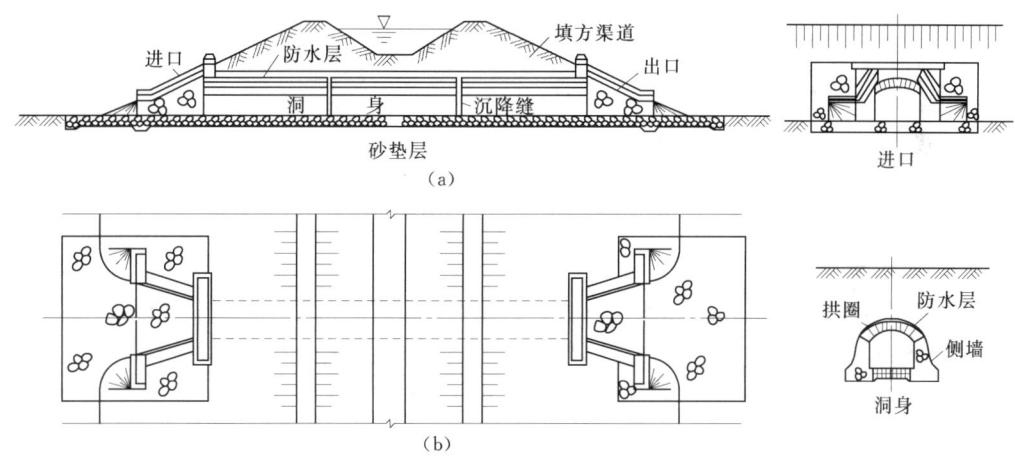

图 8-1 填方渠道下的石拱涵洞
(a) 纵剖面图；(b) 平面图

8.2.1 进、出口段

涵洞的进、出口段是洞身与填方土坡之间的连接建筑物，其作用是平顺水流，减小水头损失和防止洞口冲刷破坏。常用的进口形式有以下几种。

(1) 锥坡式（也称一字墙式）。在进、出口处各设一垂直于洞轴方向的挡土墙，墙外用锥形护坡与堤外坡连接，如图 8-2 (a) 所示，其结构简单，但水流条件较差，适用于宽浅溪谷或孔径收缩较大的情况，一般用于小型涵洞或涵洞出口处。

（2）八字斜降墙式，如图 8-2（b）所示。翼墙在平面上呈八字形，随着向上游（或下游）延伸，墙高逐渐降低，翼墙扩散角一般为 20°～40°，与锥坡式相比，进流条件有所改善，且结构简单，但上游壅水时仍易封住洞顶。

（3）反翼墙走廊式、八字翼墙式和扭曲面式。反翼墙走廊式的翼墙向上游延伸形成廊道［如图 8-2（c）所示］，水面在该段内跌落后进入洞身，所以洞顶高程可降低些，但墙体工程量大；八字翼墙式的墙体在平面上呈八字形［如图 8-2（d）所示］，与反翼墙走廊式相比，施工简单，但水流条件较差；扭曲面式采用扭面将洞口与上（或下）游沟（渠）连接，其构造简单，水流顺畅，常用于渠涵。

（4）进口抬高式，如图 8-2（e）所示。将洞顶在进口 $1.2H$（洞高）长度范围内抬高，使进口水面跌落位于此范围内，以免水流封住洞口，改善进流条件，洞口以外多采用斜降墙式连接，这种型式构造简单，应用较多。

（5）流线式和渐变式。有压涵洞进口常做成流线型，以保证洞内满流，减小断面尺寸。对箱涵进口可做成渐变式，如图 8-2（f）所示。

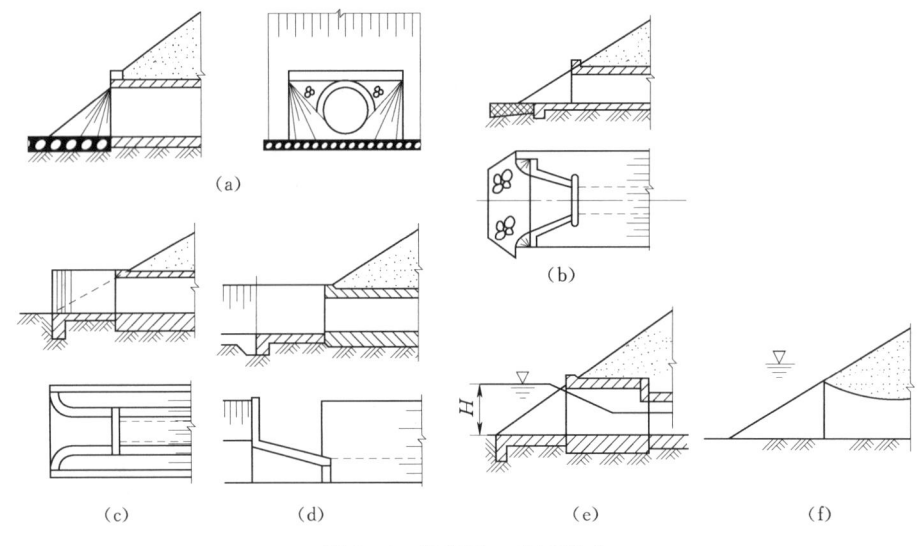

图 8-2 涵洞进、出口形式

(a) 锥坡式；(b) 八字斜降墙式；(c) 反翼墙走廊式；(d) 八字翼墙式；(e) 进口抬高式；(f) 渐变式

8.2.2 洞身段

1. 结构型式

工程中常用的洞身结构形式有：圆管形（管涵）、箱形（箱涵）、盖板式（盖板涵）和拱形（拱涵）等几种。

（1）圆管形。这是一种常用型式，它能承受较大的填土压力及内水压力，且具有较好的水力条件，设计施工简单，工程量小，多采用钢筋混凝土建造，预制管应用最多，管径多为 0.8～2.5m，管壁厚为内径的 1/10～1/15。当流量大时，可采用双管和多管。

（2）箱形。箱形洞身是一四边封闭的钢筋混凝土整体结构，对地基不均匀沉降的适应性好，泄流能力可随水深增加而增加较快。其经济高宽比一般为 1:1～1:1.5。小跨径时一般都做成单孔，当跨径大于 2m 时常做成双孔或多孔。单孔箱涵壁厚一般为其跨径的 1/8～1/12，双孔箱涵顶板厚度为其跨径的 1/9～1/10，侧墙厚为其高度的 1/12～1/13，隔墙可稍薄。小跨径的箱涵可分段预制现场安装。

（3）盖板式，如图 8-3 所示。洞身由两侧边墙、底板和盖板组成，断面可为矩形或方形。视地质条件，底板可做成分离式或整体式。对分离式侧墙，常采用重力式挡土墙结构，也可采用支承在顶盖板和底板上的板梁结构即轻型桥台式侧墙，顶板可视为铰支于两侧墙上的钢筋混凝土板。盖板式结构适用于铅直荷载较小或跨度不大的无压涵洞。

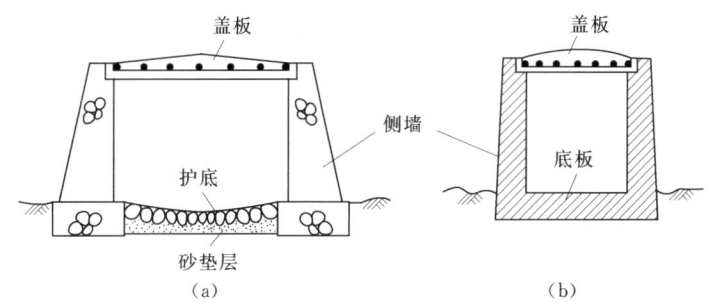

图 8-3 盖板式涵洞
(a) 分离式底板；(b) 整体式底板

（4）拱形，如图 8-4 所示。拱形涵洞洞身由拱圈、侧墙和底板组成。因拱圈能承受较大的外压，故多用于填土较高，泄流量较大的无压涵洞。拱圈形状有半圆拱（矢跨比 $f/l=1/2$）、平拱（$f/l=1/3\sim1/8$）、高拱（$f/l>1/2$）、三心拱等，常用的多为半圆拱和平拱。

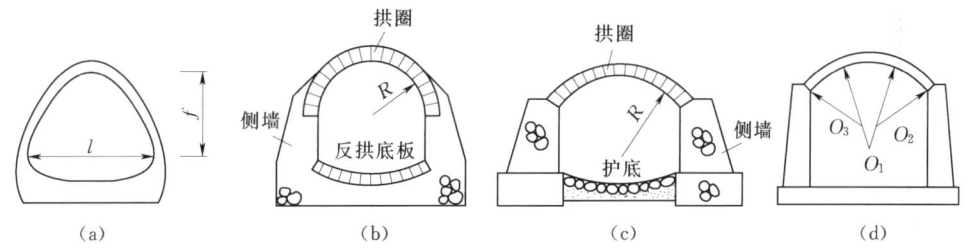

图 8-4 拱形涵洞
(a) 高拱；(b) 半圆拱；(c) 平拱；(d) 三心拱

拱圈可采用等厚或变厚的，混凝土拱厚一般不小于 20cm，砌石拱厚不小于 30cm。作为拱座的侧墙，以往多采用重力式，近年来也有采用轻型桥台式的。拱形涵洞的基础最好采用整体式，即底板与侧墙连成整体，但地基较好或跨径较小时，也可采用分离式。在软基中，采用整体式反拱底板较为经济合理，底板矢跨比一般为 1/5～1/10。

2. 构造

（1）分缝。为适应地基不均匀沉降和温变引起的伸缩变形，软基上的涵洞应分段设置横缝。对于预制管，管节接头处即为分缝；对砌石、混凝土、钢筋混凝土现浇涵洞，按缝距不大于 10m，且不小于 2～3 倍洞高设置分缝；此外，进、出口建筑物与洞身连接处及荷载变化较大处均应设置分缝。上述缝内均应设置止水,接缝处构造可见《水工建筑物》"坝下埋管"或本书"倒虹吸管"部分。

（2）防渗设施。对渠涵和渠下涵洞,为防止洞顶及两侧渗漏,可在洞外填筑一层厚为 0.5～1.0m 的黏土;当洞外渗水有腐蚀性时,可在洞身外壁涂刷沥青层;对于排洪涵洞,因泄洪时间一般较短,可根据具体情况考虑是否需要设置防渗设施。

（3）洞内净空。对无压涵洞,洞内水面以上应有足够的净空,管涵与拱涵的净空高度应不小于 1/4 洞高;对箱涵,洞内净空高度应不小于 1/6 洞高;洞内自由水面以上的净空面积应不小于涵洞断面积的 10%～30%。

（4）洞顶填土。为了保证洞身有较好的工作条件,涵洞顶部的填土厚度应不小于 1m,当为渠下涵且洞顶以上的渠道有衬砌时,应不小于 0.5m。

（5）基础。对于管涵,通常采用砌石或混凝土刚性管座,包角为 90°～135°。对于压缩性小的土基上的小型管涵,也可直接置于弧形土基或碎石三合土垫层上;岩基上的管涵基础,可见"坝下埋管"部分;对于拱涵与箱涵,当修建在岩基上时,只需将基面进行平整;当修建在软土基上时,可采用碎石垫层。在寒冷地区,涵洞基底应埋置于冻土以下 0.3～0.5m。

8.3 水 力 计 算

涵洞水力计算的任务是：确定洞身断面尺寸、验算过流能力和洞前水面壅高等。其计算公式较为简单,但判别：究竟采用哪一公式才适于洞内流态则较为复杂,其内容有以下几方面。

（1）判别洞内流态是属于有压、无压还是半有压。

（2）判别洞出口水流是属于"自由"还是"淹没"。

（3）对无压洞和半有压洞,尚须判别是属于"短洞"还是"长洞"。

仅当进行上述判别后,方可选定相应公式计算,其判别方法如下。

8.3.1 流态判别

1. 无压流

管涵和拱涵,当洞前水深 $H \leqslant 1.1a$（a 为洞身高度）时,矩形涵,当 $H \leqslant 1.2a$ 时,均为无压流。

2. 半有压流

对于 $H > 1.1a$ 的管涵和拱涵,或 $H > 1.2a$ 的矩形涵,且洞长 $l < l_k = l_1 + l_0 + l_2$ 时,为半有压流,如图 8-5 所示。

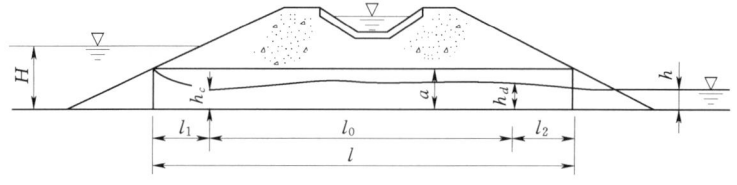

图 8-5 涵洞半压力流

8.3 水 力 计 算

3. 有压流

当 $H>1.5a$，洞长 $l>l_k$，且 $i<i_k$ 时，为有压流；当洞长 $l>l_k$，$i>i_k$，且洞内正常水深 $h_0>a$ 时，亦为有压流，其中，h_0 为急流状态的明流水深。

其中，l_k 为"短洞"与"长洞"的界限长度，计算时，可取 $l_1=1.4a$，$l_2=1.3a$，当 $i<i_k$ 时，l_2 可忽略。l_0 为洞内回水曲线长度，即收缩断面至水深回升的最大高度断面之间的水面曲线长度，按水面线计算求出。水面线的始断面控制水深为收缩水深 h_c，末断面控制水深为 h_d，计算时可取 $h_d=h_k$（h_k 为临界水深），其中 h_c 可按下式计算：

$$\frac{h_c}{a}=0.037\frac{H}{a}+0.573\mu+0.182 \tag{8-1}$$

式中 H——涵洞进口前洞底以上的水头，m；

μ——流量系数，见式（8-6）。

当 $h_k \geqslant a$ 时，上式是由矩形涵当 $H/a=2.8$ 时试验而得到的，对其他断面形式的涵洞也可近似利用上式计算，但应以 ω_c/ω 代替 h_c/a（ω_c、ω 分别为相应于 h_c 和 a 的断面面积）计算。

8.3.2 洞口出流淹没与否判别

当涵洞底坡 $0 \leqslant i < i_k$，且下游水深 h（自出口洞底算起）符合下列条件时，可近似认为下游是非淹没的。

$$\left.\begin{array}{l}h \leqslant (1.2 \sim 1.25)h_k \\ h \leqslant (0.75 \sim 0.77)H_0\end{array}\right\} \tag{8-2}$$

式中 h_k——洞内临界水深，m；

H_0——计入行近流速影响的上游总水头，自进口洞底算起，m。

当涵洞底坡 $i>i_k$，但 $i \approx i_k$，且洞长 $l \leqslant (8\sim15)H$ 时，仍可用上式判别涵洞出口是否淹没。

8.3.3 短洞与长洞的判别

根据洞前水深 H 和洞内底坡 i，按如下方法判别：

（1）当涵洞底坡 $i \approx 0$，且当洞长在下列范围内时为短洞：

$$\left.\begin{array}{l}4H \leqslant l \leqslant (64\sim163m)H \\ 4H \leqslant l \leqslant (106\sim270m)h_k\end{array}\right\} \tag{8-3}$$

式中 m——堰流流量系数；

其余符号意义同前。

（2）当涵洞底坡 $0<i<i_k$，但 $i \approx i_k$ 时，按上式计算的上限值应增加 30% 左右。

（3）当涵洞底坡 $i>i_k$，且洞长 $l \geqslant 4H$ 时，无短洞和长洞之分，应按短管（即孔流）进行计算。

本项判别用于无压和半有压涵洞，但进行过流能力计算时，半有压常不区分短洞或长洞，均按短洞公式计算。

一般渠涵多属于短洞，均按短洞公式计算。

8.3.4 计算公式

1. 有压流过水能力计算

有压涵洞过水能力，按计入涵洞全程水头损失影响的孔流公式计算，即：

自由出流：
$$Q = \mu \omega \sqrt{2g(H_0 + il - \eta a)} \qquad (8-4)$$

淹没出流：
$$Q = \mu' \omega \sqrt{2g(H_0 + il - h)} \qquad (8-5)$$

其中：
$$\mu = \frac{1}{\sqrt{1 + \Sigma \xi + \frac{2gl}{C^2 R}}} \qquad (8-6)$$

$$\mu' = \frac{1}{\sqrt{\Sigma \xi + \frac{2gl}{C^2 R}}} \qquad (8-7)$$

式中 η——系数，一般取 $\eta = 0.85$；

l、a、ω——涵洞全长、洞高（m）及断面积，m^2；

h——出口洞底以上的水深，m；

μ、μ'——自由孔流和淹没孔流的流量系数；

C、R、g——分别为谢才系数、水力半径（m）和重力加速度，m/s^2。

须指出，式（8-7）中的 $\Sigma \xi$ 为包括出口阻力系数在内的阻力系数总和；式（8-6）中的 $\Sigma \xi$ 为不包括出口阻力系数的阻力系数总和，当洞出口下游断面积大时，取 $\xi_{出口} \approx 1$，则 $\mu = \mu'$。

2. 半有压流过水能力计算

半有压流涵洞的过水能力，可按下列孔口出流公式计算：

$$Q = \mu \omega \sqrt{2g(H_0 - \eta a)} \qquad (8-8)$$

式中 μ、η——流量系数和修正收缩系数，其值见表 8-1；

其余符号意义同前。

表 8-1　　　　　　　半有压力流 μ 与 η 值表

进 口 型 式	μ	η
圆锥护坡式	0.625	0.735
八字斜降墙、喇叭口式	0.670	0.740
反翼墙走廊式	0.576	0.715

3. 无压流过水能力计算

（1）短洞。无压流短洞的过水能力，可按堰流公式计算，即：

$$Q = mb\sqrt{2g} H_0^{3/2} \qquad (8-9)$$

$$m = m_0 + (0.385 - m_0) \frac{\omega_H}{3\omega - 2\omega_H} \qquad (8-10)$$

式中 b——矩形断面涵洞底宽（m），当为非矩形断面时，$b=\omega_k/h_k$，ω_k 为相应于临界水深 h_k 的过水断面积，m²；

m——堰流流量系数；

ω——进洞水流的过水断面积，m²；

ω_H——相当于涵洞进口前洞底以上水深 H 的涵洞过水断面积，m²；

m_0——进口轮廓形状系数，其值见表 8-2；

其余符号意义同前。

表 8-2 进口轮廓形状系数 m_0 值

进 口 型 式	m_0	说 明
圆锥式护坡边坡 1:1～1:1.5 八字斜降墙式 $\theta=30°$	0.315 （当 $\dfrac{H}{a}>0.6$）0.335 （当 $\dfrac{H}{a}<0.6$）0.360	a——涵洞高度； H——涵洞进口洞底以上的水头； θ——翼墙扩散角
喇叭口式 $\theta=30°$，边坡 1:1.5	（当 $\dfrac{H}{a}>0.4$）0.335 （当 $\dfrac{H}{a}<0.4$）0.365	
反翼墙走廊式	0.33	

（2）长洞。长洞的过水能力，可用短洞计算公式乘以淹没系数 σ_n 得到，即：

$$Q=\sigma_n mb\sqrt{2g}H_0^{3/2} \qquad (8-11)$$

式中 σ_n——淹没系数，$\sigma_n=f\left(\dfrac{h_c}{H_0}\right)$，可根据 h_c/H_0 值按图 8-6 查出，当为非矩形断面涵洞时，应以 ω_c/ω_{H_0} 代替 h_c/H_0；

ω_c、ω_{H_0}——相应于 h_c、H_0 时的涵洞过水断面积，m²；

h_c——涵洞进口收缩断面水深（m），当涵洞较长且底坡 $0<i<i_k$ 时，可采用 $h_c\approx h_0$（正常水深），m。

实际计算时，往往已知的是设计流量和洞前允许壅水高度值，待求断面尺寸，这时因断面尺寸未知则临界坡度等未知，无法事先进行上述判别。一般是先假定为缓坡或短洞，采用相应公式算得断面尺寸后，再验算是否与假定符合，如不符合，修改后重新计算，最后求出的涵洞尺寸应满足以下条件。

（1）满足通过设计流量要求。

（2）符合事先确定的流态（如有压、无压或半有压）。

（3）洞前水位壅高不超过允许值。

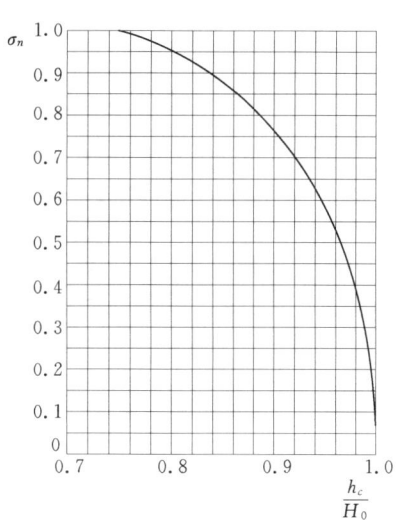

图 8-6 $\sigma_n=f(h_c/H_0)$ 关系曲线

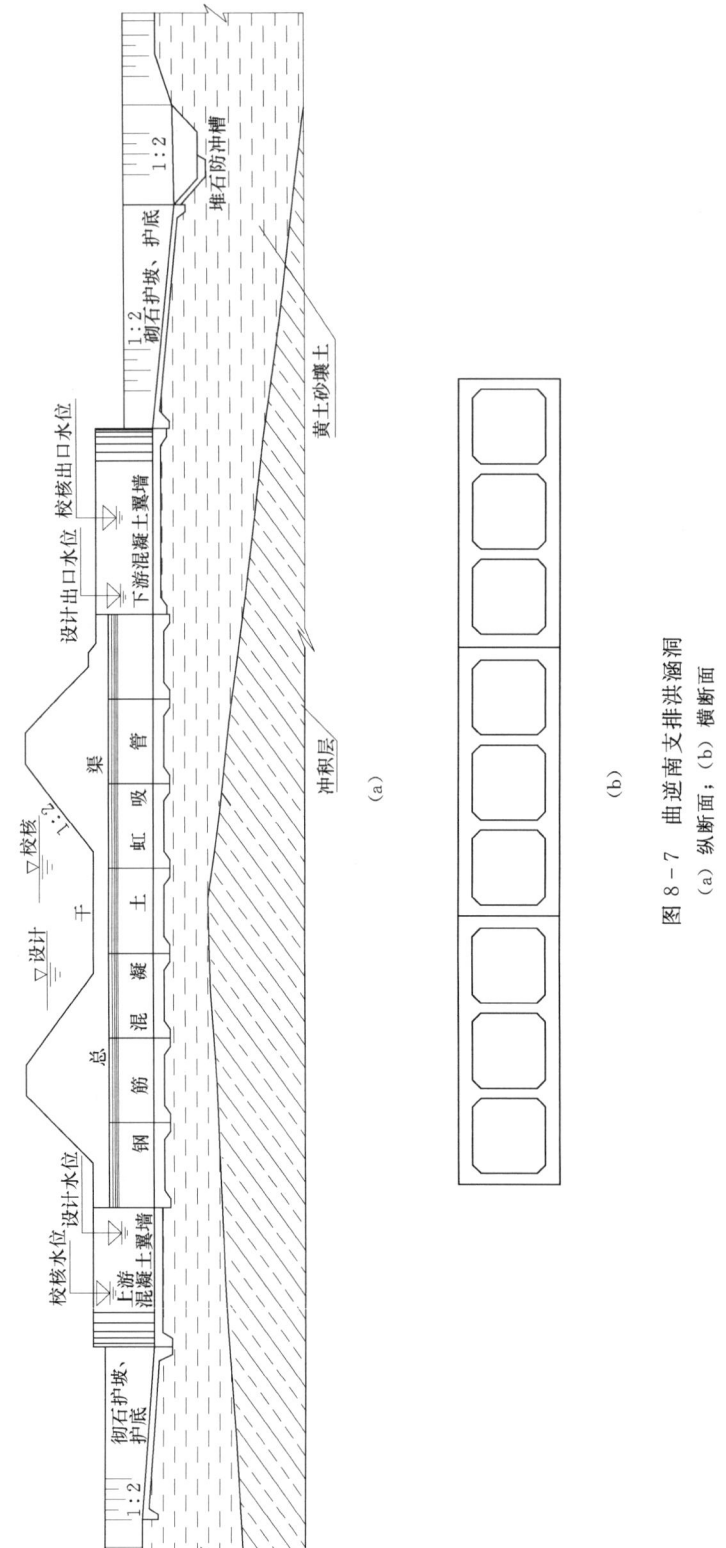

图 8-7 曲逆南支排洪涵洞
(a) 纵断面；(b) 横断面

(4) 渠涵的进、出口水位差，应等于或接近于由渠系规划给定的允许值。

8.3.5 下游连接段形式

涵洞出口通常只作一般砌护即可，当涵洞坡度过陡，出口流速较大时，可根据水流衔接计算结果，采取适宜的消能防冲设施。

8.4 结构计算

作用于涵洞洞身上的荷载有：铅直和水平填土压力、洞身自重、内、外水压力、填土上的车辆荷载（路涵）等。其荷载计算及洞身结构计算方法可见"坝下埋管"或"倒虹吸管"部分。

8.5 南水北调工程中的涵洞

8.5.1 作用

南水北调工程中的涵洞，是输水总干渠北上路途中遇到河流、沟谷且其洪水位低于总干渠渠底时，设于总干渠之下的一种排水涵洞，应用最多的是在中线总干渠上，其作用是将总干渠左岸某些支流、沟谷内的洪水，安全地排泄至总干渠右岸，保证总干渠安全。

8.5.2 特点

为达到上述目的，南水北调工程中的涵洞，在布置上它应力求最大范围地汇合其集水区域内的洪水（见插页图7），而在其输水能力上，又应考虑到在可能最大洪水情况下总干渠的安全。为此，与以往灌渠上的渠涵相比其结构规模都相对大得多，其结构型式大多采用整体箱涵结构。例如南水北调中线京石段曲逆中支、南支（如图8-7所示）、北支三座左岸排水涵洞排洪能力均为100年一遇洪水设计，300年一洪水遇校核，最大校核洪水流量高达1074m³/s（曲逆北支），最小设计洪水流量也达309.4m³/s（曲逆南支），其最大过水断面达：宽×高×孔数＝4.5m×4.0m×9孔（如图8-8所示）。

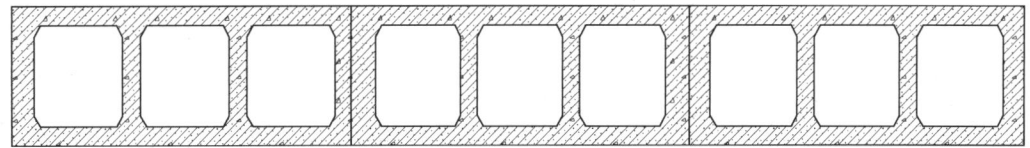

图8-8 曲逆北支排洪涵洞横断面

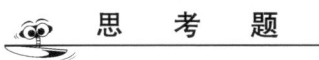

1. 按洞内流态，涵洞有哪些类型，各有何水力学特点？
2. 涵洞进出、口有哪些形式，各有何特点和适用情况？
3. 涵洞洞身有哪些结构型式，各有何特点和适用情况？

4. 涵洞水力计算的任务是什么，如何计算涵洞的过流能力？
5. 涵洞内流态判别有哪些情况，如何判别？
6. 南水北调工程中的涵洞有何特点，其结构型式如何？

第9章 渠道上的量水设施

9.1 量水设施的作用与类型

为了准确地向各级渠道和田间配送水量,灌溉渠道上需要具有一定的量水措施,常见的量水设施有以下几种。

(1) 利用水工建筑物量水。如利用渠道上已有的水闸、渡槽、倒虹吸管、涵洞、跌水、溢流堰等泄水或输水建筑物,来量测水流水量。它是通过实测水头或闸门开度,经率定的流量系数,用水力学公式计算流量及水量。这种方法经济实用、操作简便,易于维护管理,在满足精度要求时,应首先考虑采用。

(2) 利用流速仪或浮标量水。它是通过量测过流断面平均流速,来确定流量及水量。常用的流速仪有声波仪、转子式、电磁式、旋杯式、旋浆式等。该法量测精度高,但历时长,费用高。

(3) 利用水位计、水尺等量水。它是根据测得的水位,由水位-流量关系推求流量和水量。其操作简便且经济性好,但精度较低。

(4) 利用特设的量水设施量水。它是在引水干渠渠首、支渠、斗渠渠口及交接水量的分水点处,在分水口下游 10~30m 处,设置专门量水堰、量水槽、量水喷嘴等,来测量水量。本章主要讨论这种形式量水设施。

9.2 量 水 堰

渠道上量水堰的型式很多,常见的有:薄壁堰、宽顶堰、三角剖面堰和平坦V形堰。

9.2.1 薄壁堰

薄壁堰是在顺直渠段上,竖直向安装一块垂直于水流流向的具有锐缘的薄壁堰板,其上设置过水缺口,水流从缺口经过时形成薄壁堰流,在堰板上游一定距离处观测水位,即可由堰流公式或已绘制好的水位-流量关系曲线求得流量,进而计算水量。薄壁堰量水设施一般由堰板、行近渠道、下游渠道、观测井等组成(如图9-1所示)。堰板通常由金属材料制成,按照堰板上过水缺口形状不同,有三角形薄壁堰、矩形薄壁堰和梯形薄壁堰几种。

1. 三角形薄壁堰

堰板上的过水缺口为一顶点向下的对称三角形(呈V形),如图9-2所示。缺口顶角平分线铅直,并与渠道两侧的边墙距离相等,缺口顶角 Q 一般为 20°~120°,常用 90°。

三角形薄壁堰的流量公式,有以下两种情况。

第9章 渠道上的量水设施

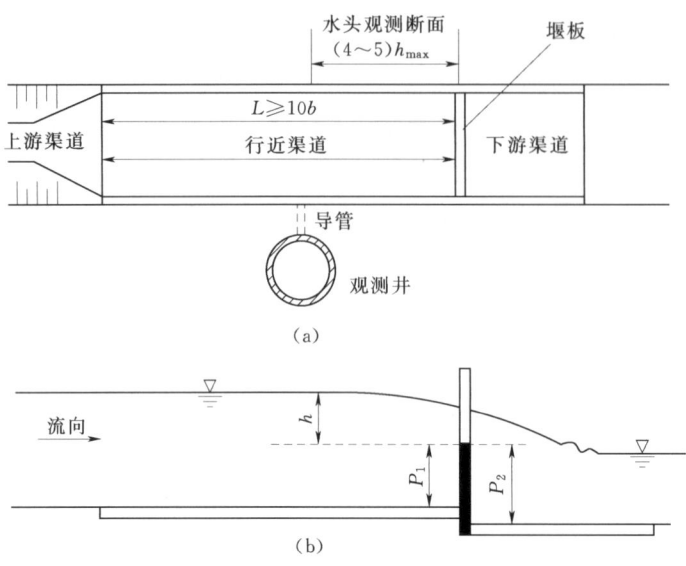

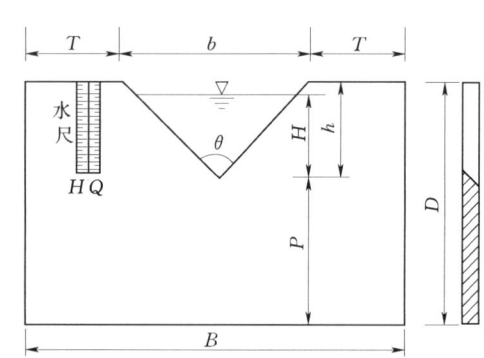

图9-1 薄壁量水堰
(a) 平面图；(b) 纵断面

(1) 自由出流时（下游水位低于堰口），过堰流量 Q 为：

$$Q = 0.327 b \left(\frac{H_a}{0.305}\right)^{1.569 b^{0.026}} \quad (9-1)$$

式中 H——过堰水深，m，取得较高测流精度时 H 的取值范围为：$0.03 \leq H \leq 0.3$m；

a——流量系数，取 0.6。

(2) 淹没出流时（下游水位高于堰口），缺口顶角为 90°的三角堰形薄壁堰流量为：

$$Q = 1.4 \sigma H^{2.5}$$

$$\sigma = \sqrt{0.756 - \left(\frac{h}{H} - 0.13\right)^2} + 0.145$$

$$(9-2)$$

图9-2 三角形薄壁堰板
[图中标注从左到右，从上到下依次为：T, b, T, 水尺, H, Q, θ, H, h, P, D, B（注：B 为水平底宽尺寸）]

式中 σ——淹没系数；

h、H——上下游水尺读数，m。

三角形薄壁堰可在较小流量时仍有较大的水头，测流精度较高，但堰前易堵塞漂浮物和淤积泥沙，多用于纵坡较陡的小型渠道。

2. 矩形薄壁堰

如图9-3所示，堰板上的过水缺口为一矩形，当缺口宽度 b 等于行近渠道宽度 B 时，称全宽堰或等宽堰。其结构设计与运用要符合以下要求。

(1) 堰板上游面必须光滑，堰板铅直且与渠槽两岸边墙和槽底垂直，堰板（金属材

9.2 量 水 堰

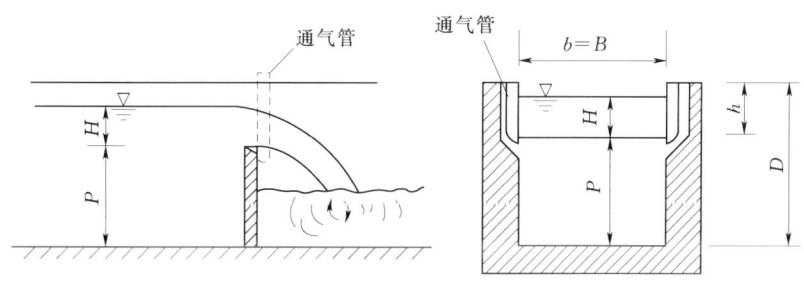

图 9-3 等宽矩形薄壁量水堰及其水流形状示意图

料）厚度一般为 1～2mm。

（2）堰板上过水缺口平分线至渠槽两岸边墙的距离必须相等，缺口上下游边缘与堰顶垂直，当堰板厚度大于 1～2mm 时，缺口下游边缘应做成不小于 45°的斜面（如图 9-4 所示）。

（3）上游堰高 $P \geqslant 0.4H$ 且 $P \geqslant 0.1\text{m}$；堰长（垂直于水流向）$b \geqslant 0.15\text{m}$。

（4）堰顶水头 $H \geqslant 0.03\text{m}$。

矩形薄壁堰流量公式，有以下两种情况。

（1）等宽堰流量为：

$$\left. \begin{array}{l} Q = mb\sqrt{2g}H^{3/2} \\ m = 0.407 + 0.0533\dfrac{H}{P} \end{array} \right\} \quad (9-3)$$

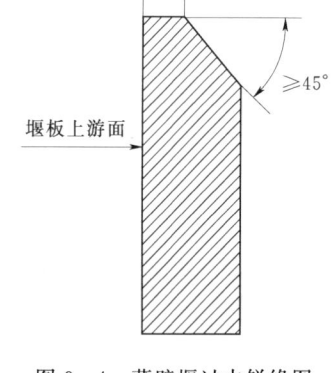

图 9-4 薄壁堰过水锐缘图

式（9-3）适用于 $0 < H/P < 6$ 的情况。

（2）当 $b < B$ 时，即为有侧收缩的非等宽堰，其流量公式为：

$$\left. \begin{array}{l} Q = \dfrac{2}{3}m'b\sqrt{2g}H^{3/2} \\ m' = a + a'\dfrac{H}{P} \end{array} \right\} \quad (9-4)$$

式中 m'——具有侧收缩的矩形薄壁堰流量系数，可根据 b/B 值，由表 9-1 内插求得 a 与 a' 值后求得。

表 9-1 矩形薄壁量水堰有侧收缩流量计算系数表

b/B	a	a'	b/B	a	a'
0.9	0.598	0.064	0.6	0.593	0.018
0.8	0.596	0.045	0.4	0.591	0.0058
0.7	0.594	0.030	0.2	0.589	−0.0018

矩形薄壁堰可根据所测流量大小，选择不同的缺口宽度，应用方便，过流能力较大，但测流精度受行近渠道内流速分布是否均匀的影响较大，且与水流出流条件和堰板加工安装质量有关，仅在自由出流时能取得较高精度，尤其测小流量时精度较差，且堰前易于淤

积,适于在纵坡较陡的清水渠道上使用。

3. 梯形薄壁堰

如图9-5所示,堰板上的过水缺口为一上宽下窄的梯形,其基本结构尺寸为:堰宽 $B \leqslant 150 \text{cm}$,且 $B=3H_{\max}$(堰顶最大水头),梯形上口宽 $b=B+h/2$,梯形缺口高 $h=5+B/3$,过水缺口两侧肩顶宽 $T \geqslant B/3$,堰高 $P \geqslant B/3$,堰板总高 $D=P+h+\Delta D$,堰板总长 $L=b+2T+2\Delta L$,其中 ΔD、ΔL 为安装尺寸(见表9-2注)。使水位—流量关系较稳定的梯形两侧边坡为4:1。

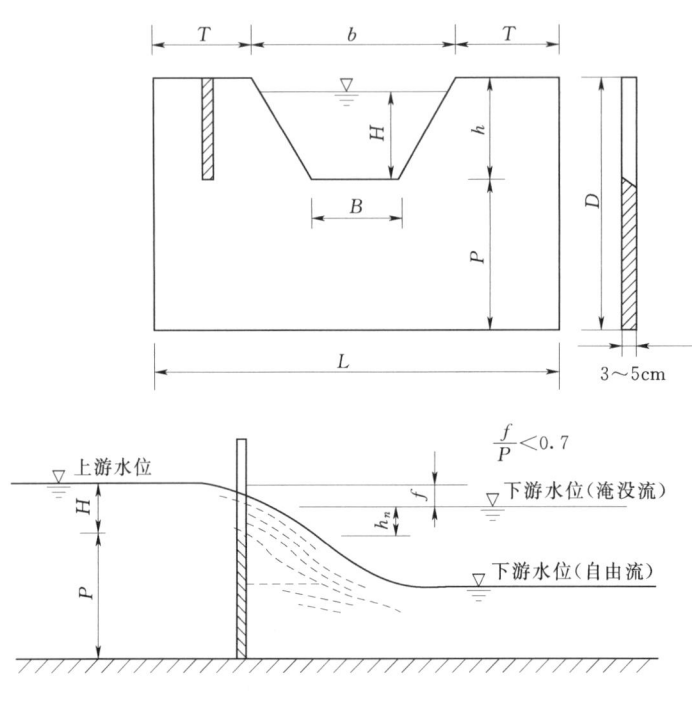

图9-5 梯形薄壁堰及其水流形状

标准梯形薄壁堰各部分尺寸及测流范围,见表9-2。

表9-2　　　　　常用梯形量水堰结构尺寸适宜施测流量表　　　　　单位: cm

B	b	$H_{\max}$	h	T	P	D	L	Q (l/s)
25	31.6	8.3	13.3	8.3	8.3	26.6	64.2	2~12
50	60.8	13.6	21.6	16.6	16.6	43.2	110.0	10~63
75	90.0	25.0	30.0	25.0	25.0	60.0	156.0	30~178
100	119.1	33.3	38.3	33.3	33.3	76.6	201.7	60~365
125	148.3	41.6	46.6	41.6	41.6	93.2	247.5	102~640
150	177.5	50.0	55.0	50.0	50.0	110.0	293.5	165~1009

注　表中 D、L 包括了安装尺寸($\Delta D=5\text{cm}$,$2\Delta L=16\text{cm}$),安装尺寸可根据实际需要作适当增减。

标准梯形薄壁堰流量公式为:

(1) 自由出流(即下游水位低于堰顶)时,有:

9.2 量 水 堰

$$Q = 1.86BH^{3/2} \quad (9-5)$$

式中 1.86——由试验求得的流量系数,当来水流速大于 0.3m/s 时,采用 1.90;
B——堰底宽,m;
H——过堰水深,m。

(2) 当下游水面高出堰顶,且上下游水位差 f 与堰高 P 之比 $f/P<0.7$ 时,为淹没出流,此时流量计算公式为:

$$Q = 1.86\sigma_n BH^{3/2}$$

$$\sigma_n = \sqrt{1.23 - \left(\frac{h_n}{H}\right)^2} - 0.127 \quad (9-6)$$

式中 h_n——下游水面在堰顶以上的水深,m;
σ_n——淹没系数,可根据 h_n/H 值由表 9-3 查得。

表 9-3 梯形量水堰淹没系数表

h_n/H	σ_n	h_n/H	σ_n	h_n/H	σ_n	h_n/H	σ_n
0.06	0.996	0.28	0.946	0.50	0.855	0.72	0.714
0.08	0.992	0.30	0.939	0.52	0.845	0.74	0.698
0.10	0.988	0.32	0.932	0.54	0.834	0.76	0.682
0.12	0.984	0.34	0.925	0.56	0.823	0.78	0.662
0.14	0.980	0.36	0.917	0.58	0.812	0.80	0.642
0.16	0.976	0.38	0.909	0.60	0.800	0.82	0.621
0.18	0.972	0.40	0.901	0.62	0.787	0.84	0.599
0.20	0.968	0.42	0.892	0.64	0.774	0.86	0.576
0.22	0.963	0.44	0.884	0.66	0.760	0.88	0.550
0.24	0.958	0.46	0.875	0.68	0.746	0.90	0.520
0.26	0.952	0.48	0.865	0.70	0.730	—	—

梯形薄壁堰结构简单,过水能力大,可单独使用,也可与渠系建筑物配合使用,可做成活动或固定的,故应用较方便,但上游壅水较高,水头损失较大,适于纵坡较陡、含沙量小的渠道,我国采用较多。

9.2.2 宽顶堰

常用的宽顶堰有锐缘矩形宽顶堰和圆头平顶宽顶堰两种。

1. 锐缘矩形宽顶堰

锐缘矩形宽顶堰的堰顶是水平的矩形光滑平面,垂直于水流方向的堰长等于行近渠槽宽度,堰体上下游面是竖直的光滑平面,并垂直于行近渠槽的边墙和槽底,堰体上游面与堰顶平面相交处必须精确地成直角,水头观测断面位于堰的上游,距堰体上游面的距离为 3~4 倍最大水头,如图 9-6 所示。

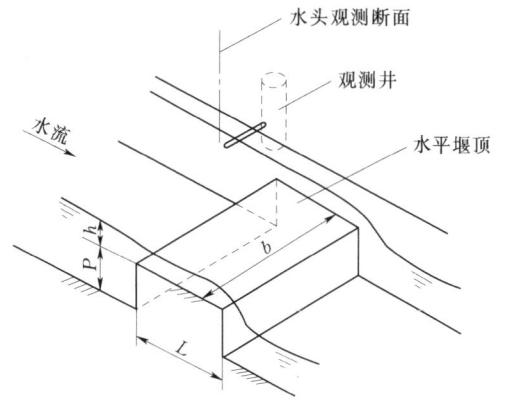

图 9-6 锐缘矩形宽顶堰

为保证测流精度，锐缘矩形宽顶堰的结构尺寸和堰顶水头应满足如下要求。

(1) 堰顶水头 $h \geqslant 0.6\mathrm{m}$。
(2) 堰长 $b \geqslant 0.3\mathrm{m}$。
(3) 上游堰高 $P \geqslant 0.15\mathrm{m}$。
(4) 堰高 P 与堰宽 L 之比：$0.15 \leqslant P/L \leqslant 4.0$。
(5) 堰顶水头 h 与堰宽 L 之比：$0.1 \leqslant h/L \leqslant 1.6$（当 $h/L > 0.85$ 时，应 $h/p \leqslant 0.85$）。
(6) 堰顶水头 h 与堰高 P 之比满足：$0.15 \leqslant h/P \leqslant 1.5$（当 $h/P > 0.85$ 时，应 $h/L \leqslant 0.85$）。

锐缘矩形宽顶堰流量 Q 的公式为：

$$Q = \left(\frac{2}{3}\right)^{3/2} C \sqrt{g} b h^{3/2} \tag{9-7}$$

式中　b——垂直于水流方向的堰长，m；
　　　h——实测水头，m；
　　　g——重力加速度，$\mathrm{m/s^2}$；
　　　C——无量纲流量系数，取值如下：

当 $0.1 \leqslant h/L \leqslant 0.4$ 且 $0.15 \leqslant h/P \leqslant 0.6$ 时，且 $C = 0.864$（常数）；

当 $h/L = 0.4 \sim 1.6$ 时，只要 $h/P < 0.6$，则有 C 与 h/L 存在线性关系：

$$C = 0.191 \left(\frac{h}{L}\right) + 0.782 \tag{9-8}$$

当 $h/P > 0.6$，$h/L < 0.85$ 时，上述 C 值须乘以校正系数 a（见表 9-4）。

表 9-4　　　　　　　　　　　C 值的校正系数 a 值

H/P	0.6	0.7	0.8	0.9	1.0	1.25	1.5
a	1.011	1.023	1.038	1.054	1.064	1.092	1.123

注　中间值可由直线内插求得。

这种量水堰结构简单，便于设置和安装，适用于中大流量、水位差较小的情况。但其流量系数不固定，上游顶角易于损坏，影响测流精度。

2. 圆头平顶宽顶堰

它是将锐缘矩形宽顶堰的上游顶角修成圆头，水平堰顶的下游端可以是圆角，也可以是铅直面或 $1:3 \sim 1:5$ 的倾向下游的斜坡面，如图 9-7 所示。

为了利用流量公式准确测流，圆头矩形宽顶堰的结构尺寸和应用水头应满足如下要求。

(1) 堰顶上游圆头半径 $R \geqslant 0.2 H_{\max}$（$H_{\max}$ 为堰顶上游最大总水头）。
(2) 堰顶水平段堰宽 $L \geqslant 1.75 H_{\max}$，且 $R + L \geqslant 2.25 H_{\max}$。
(3) 堰顶水头 $h \geqslant 0.06\mathrm{m}$ 或 $h \geqslant 0.03L$（两者取较大者）。
(4) 堰长 $b \geqslant 0.3\mathrm{m}$；$b \geqslant H_{\max}$ 及 $b \geqslant L/5$。
(5) 堰高 $P > 0.15\mathrm{m}$，且 $h/P \leqslant 1.5$。
(6) 堰顶水头与水平堰宽之比 $h/L \leqslant 0.57$。

利用临界流理论辅以实验数据，可得到圆头矩形宽顶堰的测流公式为：

$$Q = \left(\frac{2}{3}\right)^{3/2} C_d C_v \sqrt{g} b H^{3/2} \tag{9-9}$$

9.2 量 水 堰

式中 C_d——流量系数（无量纲）；
　　H——堰顶以上总水头，m；
　　b——堰顶长度，m；
　　g——重力加速度，m/s^2。

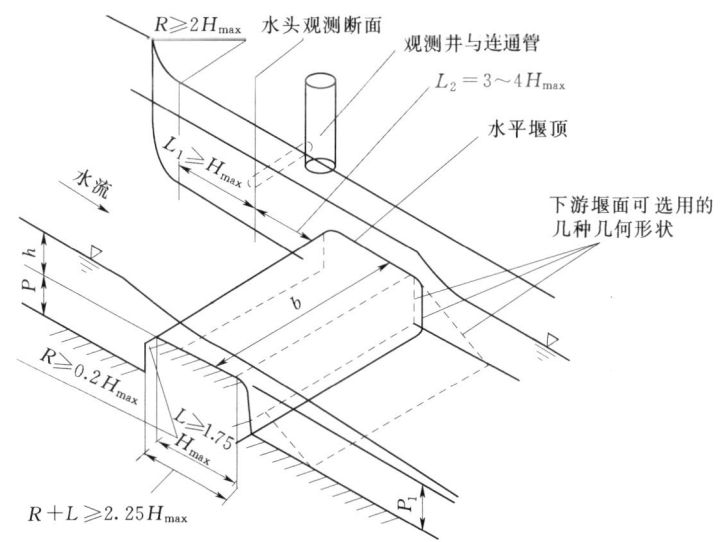

图 9-7 圆头平顶宽顶堰

由于总水头 H 不能直接测定，所以通常用堰顶以上的实测水头 h 表示，则流量 Q 的公式成为：

$$Q=\left(\frac{2}{3}\right)^{3/2}C_d C_v \sqrt{g}bh^{3/2}$$

$$C_d=\left(1-\frac{2xL}{b}\right)\left(1-\frac{xL}{h}\right)^{3/2}$$

$$C_v=\left(\frac{H}{h}\right)^{3/2}$$

$$H=h+\alpha\frac{v^2}{2g}$$

$$x=\frac{\delta}{L} \tag{9-10}$$

式中 C_v——行近流速影响系数；
　　v——行近渠槽中水头观测断面的平均流速，m/s；
　　α——流速系数；
　　δ——边界层厚度，m。

对于表面抹光的堰体，有 $x=\delta/L=0.002\sim0.004$；只要 $4000<L/n<10^5$（n 为糙率）和雷诺数 $Re>2\times10^5$，则可设 $\delta/L=0.03$，此时流量系数 C_d 为：

$$C_d=\left(1-\frac{0.006L}{b}\right)\left(1-\frac{0.003L}{h}\right)^{3/2} \tag{9-11}$$

与锐缘矩形宽顶堰相比，圆头矩形宽顶堰流量系数大，耐久性好，测流精度不易受局部损坏和上游淤积的影响，但施工较为复杂。

9.2.3 三角剖面堰

如图 9-8 所示，三角剖面堰由 1∶2 的上游坡和 1∶5 的下游坡组成，两个坡面相交成直线堰顶，堰顶呈水平直线且与行近渠道的水流方向正交，堰体两岸边墙互相平行并与堰体垂直。

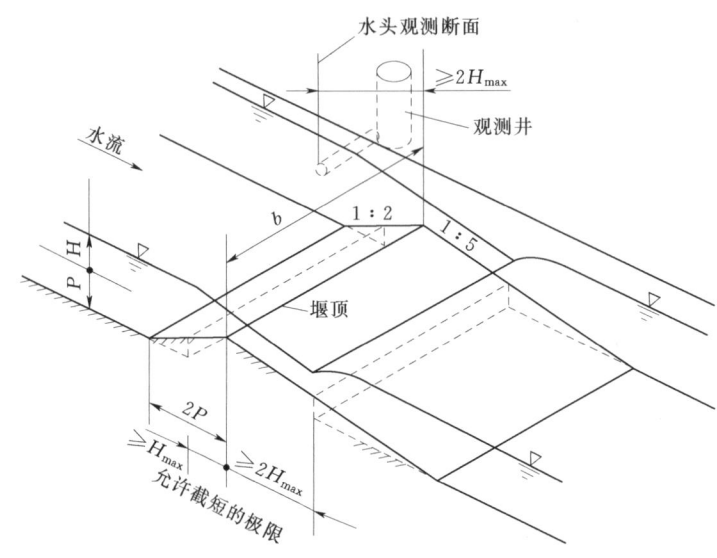

图 9-8 三角剖面堰

视具体情况，堰体的上下游端部可以截短，但截短后上游坡面水平投影长度不得小于上游堰顶最大水头 H_{max}，下游坡面水平投影长度不得小于 $2H_{max}$，上游水头观测面至堰体上游坡脚的距离不小于 $(3\sim 4)H_{max}$。

为保证测流精度，堰体结构尺寸与应用水头应满足如下要求：

(1) 堰顶水头 $H \geqslant 0.06\text{m}$，H 与堰高 P 之比：$H/P \leqslant 3.5$；

(2) 堰长 $b \geqslant 0.3\text{m}$，b 与堰高之比：$b/P \geqslant 2.0$。

(3) 下游总水头 $H_下 \leqslant 0.75H_上$（$H_上$ 为上游总水头）。

三角剖面堰的流量公式为：

$$Q = \left(\frac{2}{3}\right)^{3/2} C_d C_v \sqrt{g}\, bH^{3/2}$$

$$C_v = \left(\frac{H}{h}\right)^{3/2}$$

(9-12)

式中 C_v——行近流速影响系数；

　　　H——堰顶总水头，m；

　　　b——堰长，m；

　　　h——实测堰顶水头，m；

　　　C_d——无量纲流量系数，取值如下：

当 $h \geqslant 0.15\text{m}$ 时，$C_d = 1.150$；

当 $h<0.15\mathrm{m}$ 时,$C_d=1.15\times(1-0.0003/h)^{3/2}$。

式（9-12）的适用范围和约束条件为：

(1) $h\geqslant 0.03\mathrm{m}$（堰顶由平整光滑的金属或类似材料建造），或 $h\geqslant 0.06\mathrm{m}$（堰顶由细骨料混凝土或类似材料建造）；

(2) $P\geqslant 0.06\mathrm{m}$；$b\geqslant 0.3\mathrm{m}$；$h/P\leqslant 3.0$；$b/h\leqslant 2.0$。

三角剖面堰结构简单，耐久性好，堰体轻微损坏时对测流精度影响不大，可比其他堰型用于更小的水位差，在限定使用条件范围内，测流可靠程度高，适用于大、中流量测流，但其测定流量的变幅不大。

9.2.4 平坦 V 形堰

如图 9-9 所示，平坦 V 形堰是三角剖面堰的一种改进堰型，其沿堰宽方向（顺水流方向）的剖面上呈三角形，沿堰长方向（垂直于水流方向）的剖面呈坡度平坦的 V 形，V 形堰顶线的坡度较缓，不陡于 1∶10。

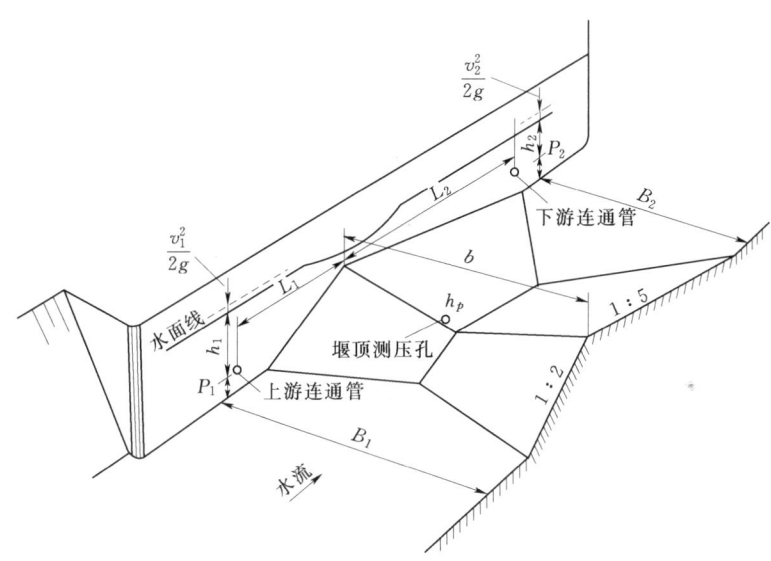

图 9-9 平坦 V 形剖面堰

这种堰测流范围大，小至不足 $1\mathrm{m}^3/\mathrm{s}$，大至数百 m^3/s，在自由出流和淹没出流状态下均能测流。水面在堰口以内时，可以精确地测定小流量，水面超过堰口时，可测较大流量，且水头损失小，流量系数大，淹没点（h/H，h 下游水深，H 上游总水头）高。在上下游水位差较小的淹没流情况下，采用双水位测流（一是上游总水头 H；二是靠近堰顶下游面的不贴流漩涡区处的水头 h_p），可得到较高的量水精度。其在渠道纵坡较缓、推移质泥沙不大的情况下，应用效果良好，但结构复杂，计算繁琐，造价较高，在我国北京、安徽等地应用较多，在此不作详述，必要时可参考有关文献。

9.3 量 水 槽

量水槽是在明渠内设置一缩窄段（称喉道），使之在该段形成临界流，并在上游或上下游特定位置观测水深,据之求得流量。量水槽又称临界水深槽,其缩窄段可由缩窄渠宽形成,也可由既缩窄渠宽又拱起渠底而形成。按喉道长度不同,分为长喉道槽和短喉道槽两种。

9.3.1 长喉道槽

长喉道槽由上游收缩段、喉道段、下游扩散段组成。

其喉道断面形式有矩形、梯形、U形、三角形等几种。选择何种断面形式,须考虑:行近渠道的断面形式与尺寸、拟测流量变幅、可用水头、精度要求及是否挟带泥沙等因素。

矩形断面喉道槽,如图 9-10 所示,按上游收缩段与喉道连接处的收缩方式不同,有以下三种型式。

(1) 只有侧收缩［如图 9-10（a）、（b）所示］。

(2) 只有底收缩。

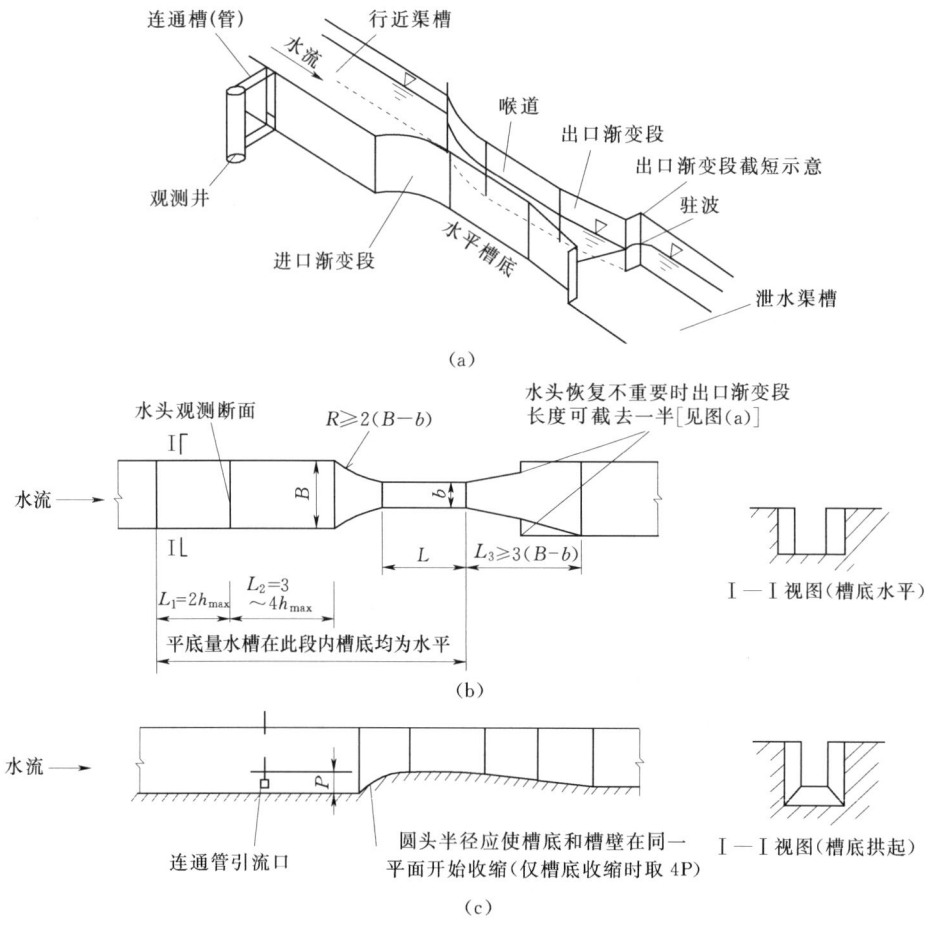

图 9-10 矩形断面长喉道槽
(a) 平底槽立体图（$P=0$）；(b) 平面图；(c) 纵剖面图

9.3 量 水 槽

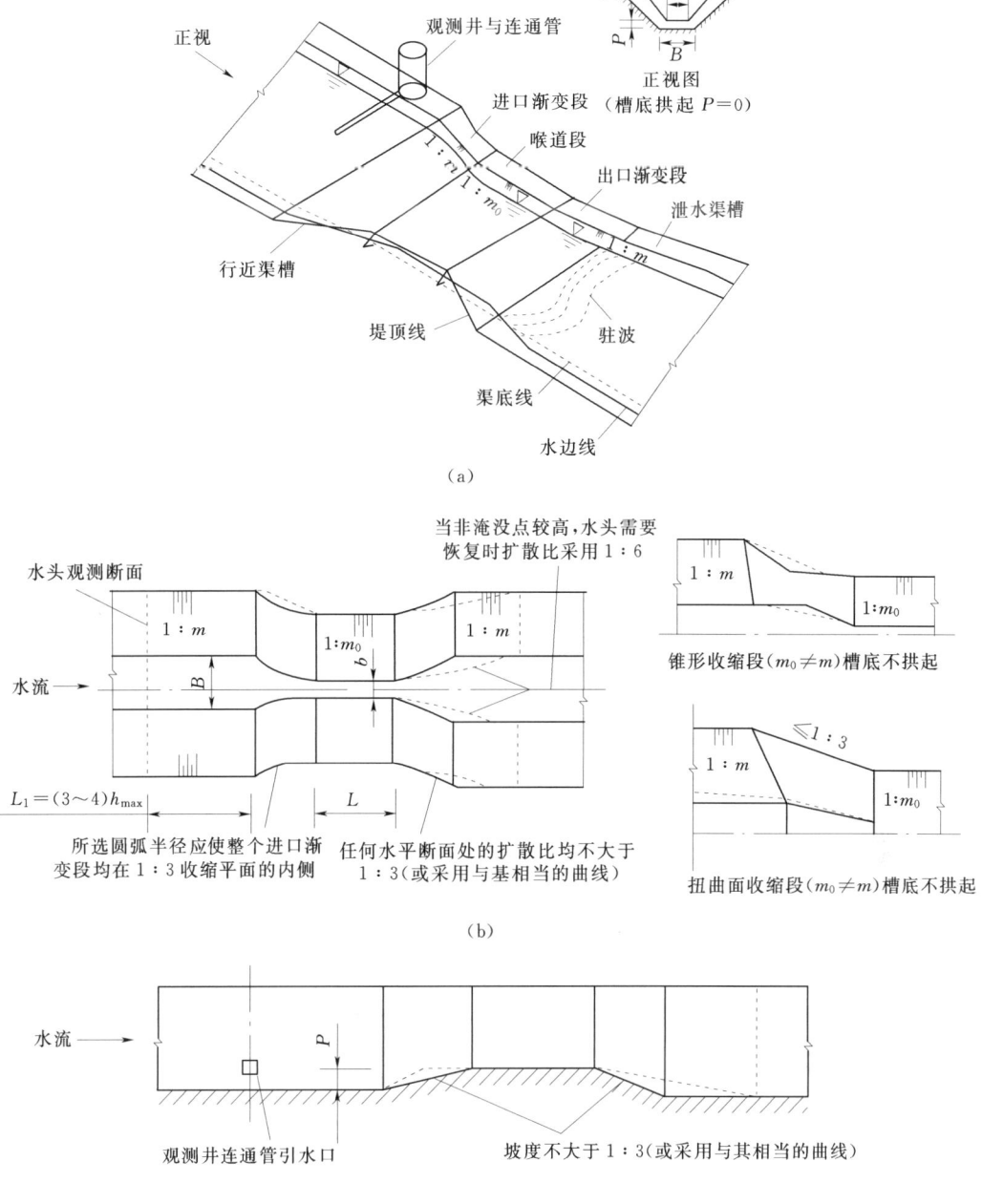

图 9-11 梯形断面长喉道槽

(3) 既有侧收缩又有底收缩[如图 9-10 (c) 所示]。

选择何种收缩形式,取决于各种流量的下游条件、最大流量值、容许水头损失、比值 H/b(H 为喉道处槽底以上的水头,b 为喉道槽宽)的限制值、水流挟带泥沙的情况等因素。

矩形喉道槽结构简单，但测流精度不高，仅适于流量变幅较小、精度要求不高的小流量渠槽。

梯形喉道槽，如图 9-11 所示，可以设计成适应多种不同水位条件的测流，常用于流量变幅大、测流精度要求较高的小流量渠槽。上游收缩段与喉道连接处的收缩方式，也有不同型式，如图 9-11 (a)、(b)、(c) 所示。

U 形喉道槽，如图 9-12 (a) 所示，其特别适于在 U 形渠道上测流，或测定由 U 形和圆形管道下泄的流量。当行近渠槽为 U 形断面时，它有两种型式 [如图 9-12 (b)、(c) 所示]：

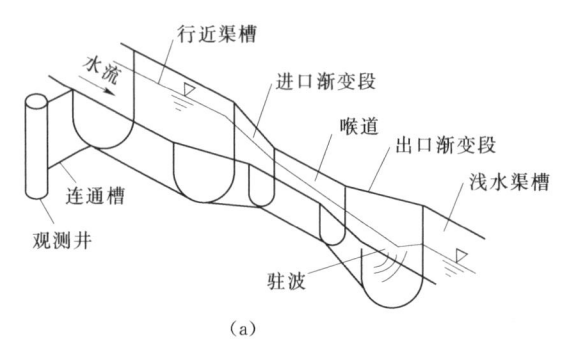

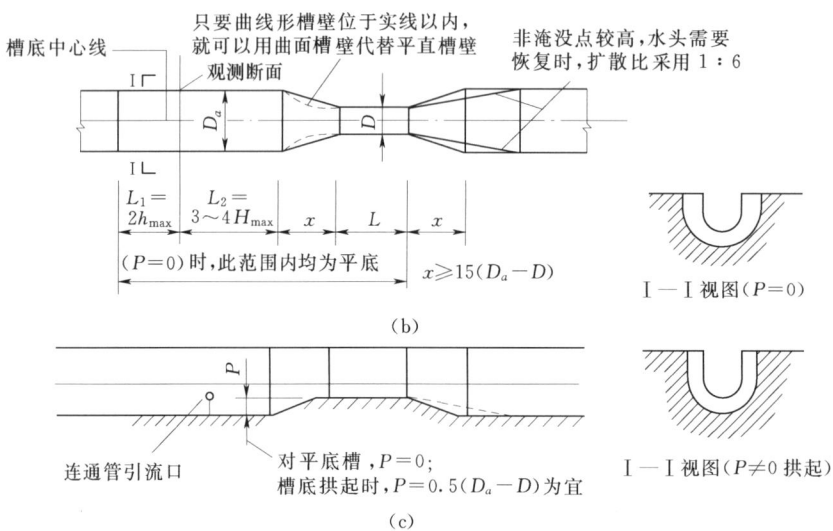

图 9-12 U 形断面长喉道槽
(a) 立体图；(b) 平面图；(c) 纵面图（槽底拱起）

(1) 水平槽底型，其 U 形槽的喉道底部不拱起；

(2) 槽底拱起型，U 形槽喉道底部拱起高度为行近渠槽宽和喉道直径之差的一半。

为使其运行条件与相应流量计算公式相符，长喉道槽设计、施工及运用时应满足如下要求。

(1) 喉道处槽底以上水头 $H \geqslant 0.5 \text{m}$ 和 $H = 0.05L$，二者取较大者。

(2) 喉道长度 $L > 2H_{max}$（H_{max} 为喉道处槽底以上最大水头）。

(3) 喉道宽 $b>0.1m$；喉道处槽底以上水头 $H<2.0m$；$H/b<3.0$。

(4) 任一水平面处的喉道宽均小于行近渠槽宽，对于矩形断面长喉道槽，二者面积之比 $Hb/[B(H+P)]\leqslant 0.7$（P 为喉道底高出上游渠底的高度）。

长喉道槽流量按明渠均匀流公式计算，即：

$$Q=(gA_k^3B_k)^{1/2} \tag{9-13}$$

式中 A_k——临界流过水断面面积，m^2；

B_k——临界流水面宽度，m；

g——重力加速度，m/s^2。

用上式计算流量比较复杂，需借助于图表进行。为此，武汉大学研制了长喉道槽参数CAD软件，分别对矩形、梯形、U形长喉道槽自动设计计算，其流量公式见表9-5，必要时可参见有关文献。

表9-5   长喉道各种槽型流量计算公式

长喉道槽槽型	流 量 公 式	参 数 说 明
矩形	$Q=(2/3)^{3/2}\sqrt{g}C_vC_dbh^{3/2}$	C_v—行近流速影响系数； C_u、C_t—U形、梯形过水断面数值系数； C_d—综合尺寸影响系数
梯形	$Q=(2/3)^{3/2}\sqrt{g}C_vC_dC_tbh^{3/2}$	
U形	$Q=(2/3)^{3/2}\sqrt{g}C_vC_dC_ubh^{3/2}$	

由于长喉道槽具有较长喉道的充分收缩，临界水流在喉段内保持较长的距离，其流态不易受下游水位影响，采用单一的上游水深就可测定流量，因此具有较高的量水精度。但其喉道长，工程量大。

9.3.2 短喉道槽

它是喉道长度大为缩短的一种临界水深槽，工程量小，较为经济，运行原理与长喉道槽相同。由于喉道短，在喉道内形成临界流的距离短，下游水位有波动时，易影响到上游流态，故流态稳定性差，量水精度难以保证。此外因喉道短，水面线曲率较大，喉道内水流与槽底不平行，水位-流量关系不能从理论上预先给出，只能用现场或室内率定方法确定。

常用的短喉道槽有：巴歇尔槽、无喉道槽、卡法奇（Khafagi）槽等。

(1) 巴歇尔槽。由短直喉道段 F、进口收缩段 B、出口扩散段 G 和进口连接段 L_1、出口连接段 L_2 几部分组成，槽壁直立，进口收缩段为水平槽底，略高出上游渠底，喉道段槽底向下游倾斜，出口扩散段槽底向上游倾斜（如图9-13所示），临界水深产生在喉道进口收缩段末端附近。

常用的小型巴歇尔槽结构尺寸和测流范围见表9-6。

表9-6   常用小型巴歇尔槽标准尺寸与测流范围表   单位：m

W	A	a=2A/3	B	C	D	E	F	G	K	N	x	y	Q (m^3/s)	
													最小	最大
0.250	1.351	0.900	1.325	0.550	0.780								0.006	0.561
0.500	1.479	0.986	1.450	0.800	1.080								0.012	1.159

续表

W	A	a=2A/3	B	C	D	E	F	G	K	N	x	y	Q (m³/s) 最小	Q (m³/s) 最大
0.750	1.606	1.071	1.575	1.050	1.380								0.016	1.772
1.000	1.734	1.561	1.700	1.300	1.680								0.021	2.330
1.250	1.861	1.241	1.825	1.550	1.980								0.026	2.920
1.500	1.988	1.326	1.950	1.800	2.280								0.032	3.500
						到	0.60	0.90	0.08	0.23	0.05	0.08		
1.750	2.116	1.411	2.075	2.050	2.580	1.0							0.037	4.080
2.000	2.243	1.495	2.200	2.300	2.880								0.041	4.660
2.250	2.370	1.580	2.325	2.550	3.180								0.046	5.240
2.500	2.498	1.665	2.450	2.800	3.480								0.051	5.820
2.750	2.625	1.750	2.575	3.050	3.780								0.056	6.410
3.000	2.753	1.835	2.700	3.200	4.080								0.000	6.990

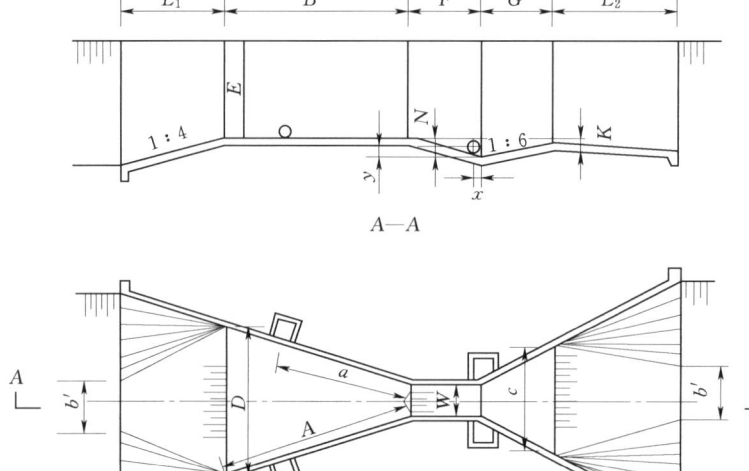

图 9-13 巴歇尔量水槽

巴歇尔槽能在自由出流和淹没状态下均可测流，故需分别在进口收缩段及喉道下游端设观测井。观测井设在槽壁外侧，井底低于收缩段水平槽底 20～50cm，井内设测点，上游测点设于喉道上游，距离喉道首端为 $a=2A/3$（A 为进口收缩段边长），下游测点设于喉道末端断面上游 5cm 处。设计安装巴歇尔槽时，应满足如下要求：

1) 平直渠段不应小于渠宽的 8～10 倍，其中上游不得小于渠宽的 2～3 倍，下游不得小于渠宽的 4～5 倍。

2) 行近渠段的渠床应规则，无明显变形，全长坡度一致。

3) 渠道底宽 b' 应大于喉道进口宽度 W。

巴歇尔槽流量计算公式为：

1) 当自由出流时，只需观测上游测点水深（设上游测点读数为 H_a），即可确定流量，即：

9.3 量 水 槽

$$Q = 0.327 b \left(\frac{H_a}{0.305} \right)^{1.569 b^{0.026}} \tag{9-14}$$

2) 当为潜没流（$0.7 < H_b/H_a < 0.95$）时，需同时观测上下游测点水深（H_b 为下游测点读数），如下确定流量：

$$Q' = Q - \Delta Q$$

$$\Delta Q = \left\{ 0.07 \left[\frac{H_a}{\left[\left(\frac{1.8}{k} \right)^{1.8} - 2.45 \right] \times 0.305} \right]^{4.57 - 3.14 k} + 0.07 \right\} b^{0.815} \tag{9-15}$$

式中　Q'——潜流流量；
　　　Q——自由出流流量 [式 (9-14)]；
　　　k——潜没度，$k = H_b/H_a$；
　　　b——喉道宽度，即 $b = w$。

当 $H_b/H_a > 0.95$ 时，计算精度大大降低，故应尽量设计成自由出流，使下游与上游水尺读数之比 $H_b/H_a \leqslant 0.7$。

巴歇尔槽的大小以喉道宽度 b 为主要标志，共有 21 个标准设计系列及相应流量计算公式，测流范围为 $0.1 \sim 0.93 \text{m}^3/\text{s}$。每种标准设计都经过细致的实验室率定，只要严格按照标准尺寸施工（不能舍零取整），水位—流量关系是确定的，且量水精度较高，水头损失较小，壅水高度不大，不易淤积，测流范围广，适于在流量变幅较大的浑水渠道和纵坡小的渠道使用，但结构较复杂，造价较高，适宜做成固定式量水槽。可用木料、砖石或混凝土等材料制作，也可做成预制构件，临时装配。

巴歇尔槽于 1920 年在美国研制而成并被广泛使用，我国采用也较多，并由我国《堰槽测流规范》（SL 24—91）所采纳。

(2) 无喉道槽。如图 9-14 所示，这种量水槽取消了喉道槽中的喉道段，上游收缩段

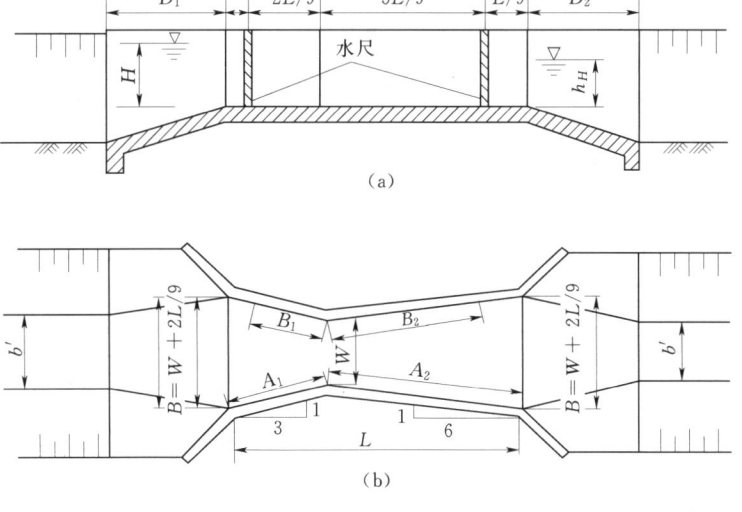

图 9-14　无喉道量水槽
(a) 纵剖面图；(b) 平面图

与下游扩散段直接相接,上游收缩比为1:3,下游扩散比为1:6(不论量水槽大小,此收缩比和扩散比固定不变),槽横断面为矩形,槽底水平,槽进、出口宽度相等,在上下游端分别距进、出口为$L/9$(L为槽长)处设水尺,观测上下游水位。无喉道槽的喉宽W和槽长L是两个相关的变数,一般为$W/L=0.1\sim0.6$,在$W/L=0.1\sim0.4$范围内,测流精度最高。对喉道宽$W>0.8$m的大型量水槽,由于水面波动大,应设观测井观测水位,以保证测流精度。

无喉道槽进出口用翼墙与上下游渠道连接,翼墙与槽纵轴线在平面上的夹角为$45°\sim90°$,不可小于$45°$,否则槽长L增加,会影响测流精度。无喉道槽底板凸起的高度,根据通过的最大流量、上游允许壅水高度、下游保持的水深、允许淹没度等条件,经试算确定。

安装施工无喉道槽时,应满足如下要求。

1)喉宽W不大于渠道底宽b,即$W\leqslant b'$。

2)上游渠道直线段长度不宜小于15m,下游渠道直线段长度不宜小于20m,槽轴线与行近渠道中心线一致。

3)量水槽底板要水平,侧墙要铅直。

4)要获得自由流态时,槽底须有适当隆起,即槽底适当高出上游渠底。

5)渠道中安装量水槽后引起的壅水高度,不能影响上游建筑物的过水能力。

无喉道槽量水槽中的流态,有自由出流和淹没出流两种:

1)当$S=h_H/H<S_t$时,为自由出流。

2)当$S=h_H/H\geqslant S_t$时,为淹没出流。

其中$S=h_H/H$,为水流淹没度;S_t为过渡淹没度,随槽长L而变,由试验确定,对于同一槽长L而喉宽W不同的水槽,S_t为一常数;S_t值见表9-8。

无喉道槽流量Q的计算公式为:

1)自由出流时:

$$Q=C_1 H^{n_1}$$
$$C_1=k_1 W^{1.025}$$
(9-16)

式中 H——槽内上游水深,m;

W——槽喉道宽,m;

C_1——自由流系数;

n_1——自由流指数;

k_1——自由流槽长系数;

C_1、n_1、k_1值见表9-7。

表9-7 无喉道量水槽自由流系数和指数表

$W\times L$	0.2×0.9	0.4×1.35	0.6×1.8	0.8×1.8	1.0×2.70	1.2×2.7	1.4×3.6	1.6×3.5	1.8×3.6	2.0×3.6
C_1	0.696	1.042	1.40	1.88	2.16	2.60	2.95	3.38	3.82	4.24
n_1	1.80	1.71	1.64	1.64	1.57	1.57	1.55	1.55	1.55	1.55
k_1	3.65	2.68	2.36	2.36	2.16	2.16	2.09	2.09	2.09	2.09

2) 淹没出流时：

$$Q = \frac{C_2(H-h)^{n_1}}{(-\log S)^{n_2}} \tag{9-17}$$
$$C_2 = k_2 W^{1.025}$$

式中　n_1——自由出流系数（表 9-7）；
　　　C_2——淹没出流系数；
　　　S——水流淹没度，$S = h_H/H$；
　　　n_2——淹没出流系数；
　　　k_2——淹没出流槽长系数。

C_2、n_2、k_2 值见表 9-8。

表 9-8　　　　　　　　　无喉道量水槽淹没系数和指数表

$W \times L$	0.2×0.9	0.4×1.35	0.6×1.8	0.8×1.8	1.0×2.70	1.2×2.7	1.4×3.6	1.6×3.5	1.8×3.6	2.0×3.6
C_2	0.397	0.598	0.79	1.06	1.17	1.41	1.57	1.80	2.03	2.25
n_2	1.46	1.40	1.36	1.38	1.34	1.34	1.34	1.34	1.34	1.34
k_2	2.08	1.53	1.33	1.38	1.17	1.11	1.11	1.11	1.11	1.11
S_t	0.65	0.70	0.70	0.70	0.75	0.75	0.80	0.80	0.80	0.80

无喉道槽是美国 20 世纪 60 年代设计采用的一种新型式，我国陕西省一些灌区有过采用。

卡法奇（Khafagi）槽是一种喉道很短的量水槽，槽上下游分别以曲面渐变段与渠道连接，多用于欧洲，此处从略。

9.4　量　水　管　嘴

量水管嘴（也称量水喷嘴），是将装有过水管嘴的挡水板，置放于明渠内，如图 9-15 所示。水流通过管嘴时，产生水头损失，由设在挡板前后的水尺或特制的分叉水尺（如图 9-16 所示），观测上下游水位差 Z，即可按管嘴出流公式或水位差—流量关系曲线或有关表格求得流量。

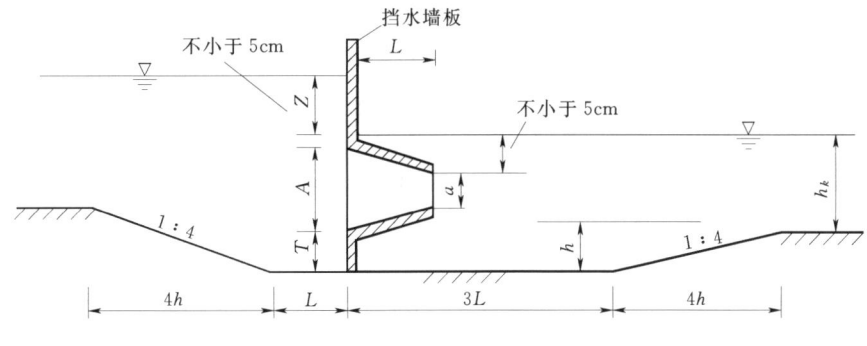

图 9-15　量水管嘴

第 9 章 渠道上的量水设施

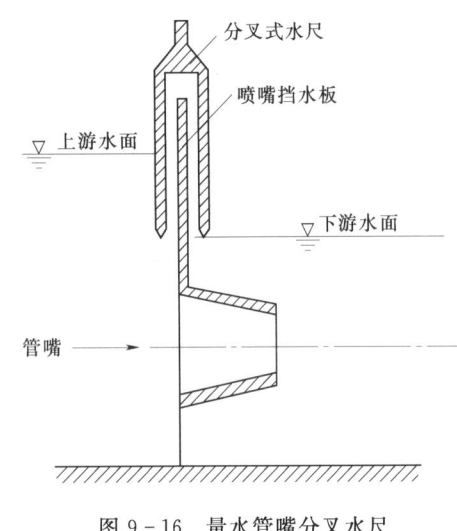

图 9-16 量水管嘴分叉水尺

管嘴有矩形、方形、圆形三种，窄深式渠道宜选用方形和圆形管嘴，宽浅式渠道宜选用矩形和圆形管嘴。矩形管嘴出口的最大尺寸为宽×高=40cm×80cm，超过此尺寸精度降低。当流量大时，可安装双管嘴，双管嘴间用隔墙分开，两管嘴进水口净距不得小于管嘴进水口高度 A，两管嘴隔墙长度不小于 $3L$（L 为管嘴边长），两管嘴应在同一高程上。流量小时，可关闭其中一个，仍可量水。管嘴允许水头 Z 值，一般为 $1\sim40\text{cm}$，大于 40cm 时流量系数产生波动，测流精度降低，适宜水头值一般为 $Z=2\sim25\text{cm}$。

设计、安装及使用量水管嘴时，应满足如下要求。

（1）管嘴过水能力与渠道过水能力相适应。

（2）管嘴挡水板垂直于水流轴线及渠底，板宽不得小于管嘴进水口宽度的 2 倍。

（3）管嘴进、出口上缘至少淹没 5cm。

（4）管嘴上下游水位差不宜大于 30cm，以防止冲刷；也不宜小于 2cm，以免管嘴内泥沙淤积。

量水管嘴流量 Q 的计算公式为：

$$Q = m\omega\sqrt{2gZ} \tag{9-18}$$

式中　ω——管嘴出口断面面积，m^2；

　　　m——流量系数，由实验获得，对矩形及方形管嘴 $m=0.925$，圆形管嘴 $m=0.95$；

　　　Z——管嘴上下游水位差，m；

　　　g——重力加速度，m/s^2。

由上述 m 值，可得到不同形式管嘴的流量公式为：

矩形管嘴：
$$Q = 4.1ab\sqrt{Z} \tag{9-19}$$

方形管嘴：
$$Q = 4.1a^2\sqrt{Z} \tag{9-20}$$

圆形管嘴：
$$Q = 3.3d^2\sqrt{Z} \tag{9-21}$$

式中　a——方形管嘴出口边长或矩形管嘴出口高度，m；

　　　b——矩形管嘴出口宽度，m；

　　　d——圆形管嘴出口直径，m。

由于量水管嘴是淹没式量水设备，当渠道发生壅水时，量水精度不受影响，其水头损失不大，能通过泥沙，故水流中挟有不太多的杂物及泥沙时也能用，只要设计安装合乎要求，量水精度可达 95%，对纵坡不大的清水或浑水渠道均适用。

思 考 题

1. 灌溉渠道上常用的量水设施有些型式，各有何特点？
2. 薄壁量水堰有哪些型式，各有何特点？
3. 如何量测并求得三角形、矩形、梯形薄壁量水堰的过水流量？
4. 量水宽顶堰有哪些型式，各有何特点？
5. 如何量测并求得锐缘矩形、圆头矩形宽顶堰的过水流量？
6. 何谓三角形剖面量水堰，如何量测并求得其过水流量？
7. 平坦V形量水堰有何结构特征，其对三角形剖面堰有何改进？
8. 长喉道量水槽有哪几种型式，各有何结构特点，如何量测并求得其过水流量？
9. 巴歇尔量水槽和无喉道量水槽各有何结构特点，如何量测并求得其过水流量？
10. 量水管嘴有哪几种结构型式，如何量测并求得其过水流量？

附 录

表1　等截面悬链线无铰拱拱轴坐标 y_1/f 值表（$y_1 =$ ［表值］$\times f$）

截面号 拱轴系数 m	0 （拱脚）	1	2	3	4	5	6 (1/4 跨径)	7	8	9	10	11	12 （拱顶）
1.347	1	0.8833	0.6830	0.5493	0.4312	0.3283	0.24	0.1660	0.1059	0.0594	0.0264	0.0066	0
1.756	1	0.8256	0.6714	0.5359	0.4179	0.3168	0.23	0.1584	0.1006	0.0563	0.0249	0.0062	0
2.240	1	0.8180	0.6595	0.5223	0.4044	0.3041	0.22	0.1508	0.0955	0.0532	0.0235	0.0060	0
2.814	1	0.8100	0.6473	0.5085	0.3908	0.2920	0.21	0.1432	0.0903	0.0502	0.0221	0.0055	0
3.500	1	0.8019	0.6348	0.4944	0.3771	0.2798	0.20	0.1357	0.0852	0.0472	0.0208	0.0052	0
4.324	1	0.7935	0.6221	0.4801	0.3632	0.2675	0.19	0.1282	0.0801	0.0442	0.0194	0.0048	0
5.321	1	0.7848	0.6090	0.4656	0.3491	0.2552	0.18	0.1207	0.0751	0.0413	0.0181	0.0045	0
1	1	0.8403	0.6944	0.5625	0.4444	0.3403	0.25	0.1736	0.1111	0.0625	0.0278	0.0070	0

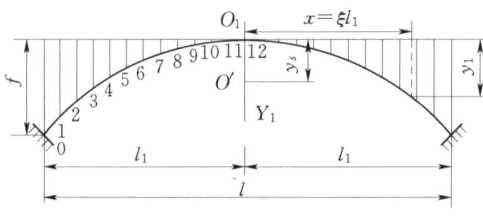

表1　附图

表2　$1000\dfrac{l}{f}\tan\varphi$ 值表 $\left(\tan\varphi =［表值］\times \dfrac{f}{1000l}\right)$

截面编号	拱 轴 系 数 m						
	1.347	1.756	2.240	2.814	3.500	4.324	5.321
0（拱脚）	4217	4441	4673	4914	5164	5427	5700
1	3802	3938	4077	4219	4363	4511	4663
2	3402	3470	3539	3607	3674	3740	3807
3	3020	3037	3053	3067	3080	3090	3098
4	2650	2632	2611	2589	2565	2538	2509
5	2293	2251	2208	2163	2116	2067	2017
6（1/4跨径）	1946	1892	1836	1780	1720	1663	1603
7	1608	1550	1491	1432	1372	1311	1251
8	1278	1223	1168	1112	1057	1002	947
9	953	907	861	815	770	725	680

续表

截面编号	拱轴系数 m						
	1.347	1.756	2.240	2.814	3.500	4.324	5.321
10	633	600	567	535	503	471	439
11	316	299	282	265	248	232	215
12（拱顶）	0	0	0	0	0	0	0
y_v/f	0.24	0.23	0.22	0.21	0.2	0.19	0.18

表3　　　　　　　　　　K_g、K_g' 值表

m	K_g	K_g'	y_v/f
1.347	0.132	0.5566	0.24
1.756	0.1397	0.6206	0.23
2.24	0.1483	0.6932	0.22
2.814	0.1579	0.7761	0.21
3.5	0.1687	0.8713	0.2
4.324	0.1808	0.9812	0.19
5.321	0.1946	1.1092	0.18

表4　　　　　弹性中心位置 $\dfrac{y_s}{f}$ 值表（$y_s=$［表值］$\times f$）

m \ f/l	$\dfrac{1}{2}$	$\dfrac{1}{3}$	$\dfrac{1}{4}$	$\dfrac{1}{5}$	$\dfrac{1}{6}$	$\dfrac{1}{7}$	$\dfrac{1}{8}$	$\dfrac{1}{9}$	$\dfrac{1}{10}$	$\dfrac{y_v}{f}$
1.347	0.4066	0.3777	0.3608	0.3507	0.3442	0.34	0.337	0.3349	0.3334	0.24
1.756	0.4032	0.3732	0.3556	0.3449	0.3382	0.3366	0.3305	0.3283	0.3266	0.23
2.24	0.3998	0.3687	0.3504	0.3392	0.3321	0.3273	0.324	0.3216	0.3199	0.22
2.814	0.3963	0.3641	0.3451	0.3334	0.3259	0.3209	0.3174	0.3149	0.3131	0.21
3.5	0.3928	0.3596	0.3398	0.3277	0.3198	0.3145	0.3108	0.3082	0.3062	0.2
4.324	0.3893	0.3551	0.3345	0.3218	0.3136	0.3081	0.3042	0.3014	0.2993	0.19
5.321	0.3857	0.3502	0.3292	0.316	0.3074	0.3016	0.2975	0.2946	0.2923	0.18

表5　　　　　　　　　　θ 值表

m \ f/l	$\dfrac{1}{2}$	$\dfrac{1}{3}$	$\dfrac{1}{4}$	$\dfrac{1}{5}$	$\dfrac{1}{6}$	$\dfrac{1}{7}$	$\dfrac{1}{8}$	$\dfrac{1}{9}$	$\dfrac{1}{10}$	$\dfrac{y_v}{f}$
1.347	0.1417	0.1183	0.1071	0.101	0.0973	0.09494	0.0933	0.0992	0.0913	0.24
1.756	0.1425	0.1183	0.1068	0.1004	0.0966	0.094	0.0923	0.0911	0.0922	0.23
2.24	0.1431	0.1184	0.1065	0.1	0.0958	0.0931	0.0914	0.09	0.089	0.22
2.814	0.1438	0.1185	0.1062	0.0993	0.0951	0.0923	0.0904	0.089	0.088	0.21
3.5	0.1446	0.1188	0.1061	0.0989	0.0944	0.0915	0.0895	0.088	0.0869	0.2
4.324	0.146	0.1191	0.106	0.0984	0.0938	0.0907	0.0885	0.0871	0.0859	0.19
5.321	0.1464	0.1195	0.1059	0.0981	0.0932	0.0899	0.0877	0.0861	0.0848	0.18

表 6　　　　　　　　　　　　　　　　$\dfrac{1}{v_1}$ 值表

f/l m	$\dfrac{1}{2}$	$\dfrac{1}{3}$	$\dfrac{1}{4}$	$\dfrac{1}{5}$	$\dfrac{1}{6}$	$\dfrac{1}{7}$	$\dfrac{1}{8}$	$\dfrac{1}{9}$	$\dfrac{1}{10}$	$\dfrac{y_v}{f}$
1.347	1.4831	1.2484	1.15	1.099	1.071	1.053	1.041	1.0327	1.0266	0.24
1.756	1.4877	1.2517	1.1525	1.1017	1.0725	1.0541	1.0419	1.0334	1.0272	0.23
2.24	1.4924	1.2553	1.1551	1.1037	1.074	1.0553	1.0428	1.0341	1.0278	0.22
2.814	1.4975	1.259	1.1579	1.1058	1.0755	1.0565	1.0438	1.035	1.0285	0.21
3.5	1.503	1.263	1.1608	1.108	1.0773	1.0579	1.0449	1.0358	1.0292	0.2
4.324	1.5086	1.2672	1.1639	1.1103	1.0791	1.0593	1.0461	1.0368	1.03	0.19
5.321	1.5144	1.2717	1.1672	1.1128	1.081	1.0609	1.0473	1.0378	1.0309	0.18

表 7　　等截面悬链线无铰拱在均布荷载作用下拱顶弯矩系数 K_1 值表

f/l m	$\dfrac{1}{3}$	$\dfrac{1}{4}$	$\dfrac{1}{5}$	$\dfrac{1}{6}$	$\dfrac{1}{8}$	$\dfrac{1}{10}$
1.347	0.00071	0.000678	0.00066	0.000648	0.000636	0.00063
1.756	0.001415	0.001347	0.001309	0.001285	0.001259	0.001237
2.24	0.002149	0.002044	0.001984	0.00195	0.001907	0.001887
2.814	0.002913	0.002769	0.002687	0.002637	0.00258	0.002552
3.5	0.003709	0.003524	0.003419	0.003353	0.00328	0.003242
4.324	0.004537	0.00431	0.00418	0.004099	0.004007	0.00396
5.321	0.005398	0.005127	0.004971	0.004873	0.004762	0.004705

表 8　　等截面悬链线无铰拱在均布荷载作用下拱顶水平推力系数 K_2 值表

f/l m	$\dfrac{1}{3}$	$\dfrac{1}{4}$	$\dfrac{1}{5}$	$\dfrac{1}{6}$	$\dfrac{1}{8}$	$\dfrac{1}{10}$
1.347	0.1257	0.1258	0.1258	0.1259	0.1259	0.1259
1.756	0.1264	0.1265	0.1266	0.1267	0.1268	0.1268
2.24	0.127	0.1272	0.1274	0.1275	0.1276	0.1277
2.814	0.1276	0.1279	0.1282	0.1283	0.1285	0.1286
3.5	0.1281	0.1286	0.1289	0.1291	0.1293	0.1295
4.324	0.1286	0.1292	0.1296	0.1298	0.1301	0.1303
5.321	0.129	0.1297	0.1302	0.1305	0.1309	0.1314

表 9　　公路桥涵标准车辆等代荷载（三角形影响线等代荷载）表　　单位：10^4N/m

跨径或荷载长度 (m)	汽车-10级					汽车-10级不计加重车				
	支点	1/8处	1/4处	3/8处	跨中	支点	1/8处	1/4处	3/8处	跨中
1	20	20	20	20	20	14	14	14	14	14
2	10	10	10	10	10	7	7	7	7	7
3	6.67	6.67	6.67	6.67	6.67	4.67	4.67	4.67	4.67	4.67
4	5	5	5	5	5	3.5	3.5	3.5	3.5	3.5

附 录

续表

跨径或荷载长度 (m)	汽车-10级					汽车-10级不计加重车				
	支点	1/8处	1/4处	3/8处	跨中	支点	1/8处	1/4处	3/8处	跨中
5	4.4	4.17	4	4	4	3.04	2.9	2.8	2.8	2.8
6	3.89	3.73	3.52	3.33	3.33	2.67	2.57	2.44	2.33	2.33
7	3.47	3.35	3.2	2.98	2.86	2.37	2.3	2.2	2.07	2
8	3.13	3.04	2.92	2.75	2.5	2.13	2.07	2	1.9	1.75
9	2.84	2.77	2.67	2.54	2.35	1.93	1.88	1.83	1.75	1.63
10	2.6	2.54	2.47	2.36	2.2	1.76	1.73	1.68	1.62	1.52
11	2.4	2.35	2.29	2.2	2.12	1.62	1.59	1.55	1.5	1.42
12	2.25	2.18	2.13	2.06	2.03	1.5	1.48	1.44	1.4	1.33
13	2.15	2.04	1.99	1.93	1.94	1.4	1.37	1.35	1.31	1.25
14	2.06	1.95	1.87	1.84	1.86	1.31	1.29	1.27	1.23	1.18
15	1.97	1.87	1.76	1.76	1.78	1.23	1.21	1.19	1.16	1.12
16	1.89	1.8	1.69	1.73	1.7	1.16	1.14	1.13	1.1	1.06
17	1.85	1.74	1.67	1.71	1.63	1.09	1.08	1.07	1.04	1.01
18	1.8	1.67	1.64	1.68	1.57	1.04	1.03	1.01	0.99	0.96
19	1.76	1.63	1.61	1.65	1.55	0.99	0.98	0.96	0.95	0.92
20	1.71	1.6	1.58	1.61	1.52	0.98	0.93	0.92	0.9	0.88
22	1.62	1.53	1.51	1.54	1.46	0.95	0.86	0.84	0.83	0.81
24	1.53	1.46	1.44	1.47	1.4	0.92	0.84	0.78	0.77	0.75
26	1.46	1.39	1.38	1.4	1.34	0.91	0.82	0.74	0.71	0.7
28	1.38	1.33	1.32	1.33	1.29	0.88	0.8	0.72	0.67	0.65
30	1.33	1.27	1.26	1.27	1.23	0.86	0.79	0.7	0.64	0.61
32	1.29	1.21	1.2	1.22	1.18	0.83	0.77	0.69	0.63	0.59
35	1.25	1.15	1.14	1.14	1.11	0.79	0.74	0.68	0.63	0.56
37	1.22	1.11	1.1	1.09	1.06	0.77	0.72	0.66	0.62	0.54
40	1.18	1.08	1.07	1.05	1.02	0.75	0.69	0.64	0.6	0.54
45	1.1	1.03	1.02	1	0.97	0.73	0.66	0.61	0.58	0.56
50	1.05	0.97	0.97	0.95	0.93	0.73	0.65	0.58	0.55	0.57
跨径或荷载长度 (m)	汽车-15级					汽车-15级不计加重车				
	支点	1/8处	1/4处	3/8处	跨中	支点	1/8处	1/4处	3/8处	跨中
1	26	26	26	26	26	20	20	20	20	20
2	13	13	13	13	13	10	10	10	10	10
3	8.67	8.67	8.67	8.67	8.67	6.67	6.67	6.67	6.67	6.67
4	6.5	6.5	6.5	6.5	6.5	5	5	5	5	5
5	5.76	5.44	5.2	5.2	5.2	4	4.17	4	4	4

附 录

续表

跨径或荷载长度(m)	汽车-15级					汽车-15级不计加重车				
	支点	1/8处	1/4处	3/8处	跨中	支点	1/8处	1/4处	3/8处	跨中
6	5.11	4.89	4.59	4.33	4.33	3.89	3.73	3.52	3.33	3.33
7	4.57	4.41	4.19	3.89	3.71	3.47	3.35	3.2	2.98	2.86
8	4.13	4	3.83	3.6	3.25	3.13	3.04	2.92	2.75	2.5
9	3.75	3.65	3.52	3.34	3.06	2.84	2.77	2.67	2.54	2.35
10	3.44	3.36	3.25	3.1	2.88	2.6	2.54	2.47	2.36	2.2
11	3.19	3.11	3.02	2.9	2.79	2.4	2.35	2.29	2.2	2.07
12	3.07	2.89	2.81	2.71	2.69	2.22	2.18	2.13	2.06	1.94
13	2.95	2.75	2.64	2.55	2.59	2.07	2.04	1.99	1.93	1.83
14	2.83	2.66	2.48	2.43	2.49	1.94	1.91	1.87	1.82	1.73
15	2.71	2.57	2.37	2.37	2.39	1.82	1.8	1.76	1.72	1.64
16	2.6	2.47	2.3	2.35	2.3	1.72	1.7	1.67	1.63	1.56
17	2.55	2.39	2.28	2.33	2.21	1.63	1.61	1.58	1.54	1.49
18	2.49	2.3	2.25	2.29	2.12	1.54	1.53	1.5	1.47	1.42
19	2.43	2.25	2.21	2.25	2.1	1.47	1.45	1.43	1.4	1.36
20	2.37	2.2	2.17	2.21	2.07	1.45	1.39	1.37	1.34	1.3
22	2.24	2.11	2.09	2.11	2	1.4	1.28	1.25	1.23	1.2
24	2.13	2.02	2	2.02	1.92	1.37	1.25	1.16	1.14	1.11
26	2.02	1.93	1.91	1.93	1.85	1.35	1.21	1.09	1.06	1.04
28	1.92	1.84	1.82	1.84	1.77	1.31	1.2	1.07	0.99	0.97
30	1.87	1.76	1.74	1.76	1.7	1.28	1.17	1.04	0.95	0.91
32	1.82	1.68	1.67	1.68	1.63	1.24	1.15	1.03	0.94	0.88
35	1.77	1.6	1.59	1.58	1.53	1.18	1.11	1.01	0.93	0.83
37	1.73	1.56	1.54	1.51	1.47	1.15	1.08	0.99	0.92	0.8
40	1.67	1.52	1.5	1.45	1.42	1.12	1.04	0.96	0.9	0.81
45	1.56	1.45	1.43	1.39	1.34	1.1	0.98	0.91	0.86	0.84
50	1.49	1.37	1.36	1.33	1.29	1.07	0.96	0.87	0.82	0.86
跨径或荷载长度(m)	汽车-20级					汽车-20级不计加重车				
	支点	1/8处	1/4处	3/8处	跨中	支点	1/8处	1/4处	3/8处	跨中
1	26	26	26	26	26	26	26	26	26	26
2	15.6	14.4	13	13	13	13	13	13	13	13
3	12.27	11.73	11.02	10	8.67	8.67	8.67	8.67	8.67	8.67
4	9.9	9.6	9.2	8.64	7.8	6.5	6.5	6.5	6.5	6.5
5	8.26	8.06	7.81	7.45	6.91	5.76	5.44	5.2	5.2	5.2
6	7.27	6.93	6.76	6.51	6.13	5.11	4.89	4.59	4.33	4.33
7	6.56	6.28	5.94	5.76	5.49	4.57	4.41	4.19	3.89	3.71

附　　录

续表

跨径或荷载长度(m)	汽车-20级					汽车-20级不计加重车				
	支点	1/8处	1/4处	3/8处	跨中	支点	1/8处	1/4处	3/8处	跨中
8	5.96	5.74	5.45	5.16	4.95	4.13	4	3.83	3.6	3.25
9	5.15	5.28	5.05	4.72	4.65	3.75	3.65	3.52	3.34	3.07
10	5.02	4.88	4.69	4.43	4.37	3.44	3.36	3.25	3.1	2.88
11	4.64	4.53	4.37	4.15	4.11	3.17	3.11	3.02	2.9	2.71
12	4.32	4.22	4.09	3.91	3.87	2.95	2.89	2.81	2.71	2.56
13	4.03	3.95	3.84	3.68	3.65	2.75	2.7	2.64	2.55	2.41
14	3.78	3.71	3.62	3.48	3.45	2.57	2.53	2.48	2.4	2.29
15	3.56	3.5	3.42	3.3	3.27	2.42	2.38	2.33	2.27	2.17
16	3.37	3.31	3.24	3.14	3.11	2.28	2.25	2.21	2.15	2.06
17	3.19	3.14	3.08	2.98	2.96	2.16	2.13	2.09	2.04	1.97
18	3.06	2.99	2.93	2.85	2.83	2.05	2.02	1.99	1.95	1.88
19	2.99	2.85	2.79	2.72	2.71	1.95	1.93	1.9	1.86	1.79
20	2.92	2.72	2.67	2.61	2.59	1.93	1.84	1.81	1.78	1.72
22	2.77	2.6	2.51	2.46	2.38	1.86	1.7	1.66	1.63	1.59
24	2.64	2.49	2.46	2.31	2.26	1.82	1.66	1.54	1.51	1.47
26	2.51	2.38	2.39	2.26	2.14	1.79	1.61	1.45	1.41	1.37
28	2.39	2.28	2.32	2.21	2.03	1.75	1.59	1.42	1.31	1.29
30	2.27	2.18	2.24	2.15	1.99	1.7	1.56	1.39	1.26	1.21
32	2.19	2.09	2.16	2.08	1.95	1.65	1.53	1.36	1.25	1.17
35	2.09	1.99	2.05	1.98	1.87	1.57	1.47	1.34	1.24	1.11
37	2.06	1.95	1.98	1.92	1.82	1.53	1.43	1.31	1.23	1.07
40	2	1.89	1.89	1.83	1.75	1.49	1.38	1.27	1.2	1.08
45	1.9	1.84	1.77	1.69	1.68	1.46	1.31	1.2	1.15	1.12
50	1.8	1.77	1.7	1.64	1.63	1.42	1.28	1.16	1.1	1.14

跨径或荷载长度(m)	挂车-80					履带-50					
						多辆					单辆
	支点	1/8处	1/4处	3/8处	跨中	支点	1/8处	1/4处	3/8处	跨中	任意点
1	40	40	40	40	40	11.11	11.11	11.11	11.11	11.11	11.11
2	28	26.28	24	20.8	20	11.11	11.11	11.11	11.11	11.11	11.11
3	21.33	20.57	19.56	18.13	16	11.11	11.11	11.11	11.11	11.11	11.11
4	17	16.57	16	15.2	14	11.11	11.11	11.11	11.11	11.11	11.11
5	14.08	13.81	13.44	12.93	12.16	11	11	11	11	11	11
6	12.89	11.87	11.56	11.2	10.67	10.42	10.42	10.42	10.42	10.42	10.42
7	12.41	11.17	10.18	9.86	9.47	9.69	9.69	9.69	9.69	9.69	9.69

续表

跨径或荷载长度(m)	挂车-80					履带-50					
						多辆					单辆
	支点	1/8处	1/4处	3/8处	跨中	支点	1/8处	1/4处	3/8处	跨中	任意点
8	12	10.86	9.67	9	8.5	8.98	8.98	8.98	8.98	8.98	8.98
9	11.46	10.55	9.35	8.93	8.2	8.33	8.33	8.33	8.33	8.33	8.33
10	10.88	10.15	9.17	8.83	7.84	7.75	7.75	7.75	7.75	7.75	7.75
11	10.31	9.71	8.9	8.62	7.67	7.23	7.23	7.23	7.23	7.23	7.23
12	9.78	9.27	8.59	8.36	7.56	6.77	6.77	6.77	6.77	6.77	6.77
13	9.28	8.85	8.27	8.07	7.38	6.36	6.36	6.36	6.36	6.36	6.36
14	8.82	8.44	7.95	7.77	7.18	5.99	5.99	5.99	5.99	5.99	5.99
15	8.39	8.07	7.63	7.48	6.97	5.67	5.67	5.67	5.67	5.67	5.67
16	8	7.71	7.33	7.2	6.75	5.37	5.37	5.37	5.37	5.37	5.37
17	7.64	7.39	7.05	6.93	6.53	5.1	5.1	5.1	5.1	5.1	5.1
18	7.31	7.08	6.78	6.68	6.32	4.86	4.86	4.86	4.86	4.86	4.86
19	7	6.8	6.53	6.44	6.12	4.64	4.64	4.64	4.64	4.64	4.64
20	6.72	6.54	6.29	6.21	5.92	4.44	4.44	4.44	4.44	4.44	4.44
22	6.22	6.06	5.86	5.79	5.55	4.08	4.08	4.08	4.08	4.08	4.08
24	5.78	5.65	5.48	5.42	5.22	3.78	3.78	3.78	3.78	3.78	3.78
26	5.4	5.29	5.14	5.09	4.92	3.51	3.51	3.51	3.51	3.51	3.51
28	5.06	4.97	4.84	4.8	4.65	3.28	3.28	3.28	3.28	3.28	3.28
30	4.76	4.68	4.57	4.54	4.41	3.08	3.08	3.08	3.08	3.08	3.08
32	4.5	4.43	4.33	4.3	4.19	2.91	2.91	2.91	2.91	2.91	2.91
35	4.15	4.09	4.01	3.99	3.89	2.67	2.67	2.67	2.67	2.67	2.67
37	3.95	3.9	3.83	3.8	3.72	2.54	2.54	2.54	2.54	2.54	2.54
40	3.68	3.63	3.57	3.55	3.48	2.36	2.36	2.36	2.36	2.36	2.36
45	3.3	3.27	3.22	3.2	3.14	2.11	2.11	2.11	2.11	2.11	2.11
50	3	2.97	2.93	2.91	2.87	1.91	1.91	1.91	1.91	1.91	1.91

注 1. 表列数值均系一行汽车车队的等代荷载数值。当桥面为多车道时，表列数值应乘以相应的车道数，并按照《公路工程技术标准》有关规定予以折减。
2. 挂车-100在荷载长度上所列各点的等代荷载值为挂车-80在相应各点的等代荷载值的1.25倍。
3. 桥涵内力计算须考虑车辆荷载的横向分布。表列数值应乘以横向分布系数。
4. 跨径或荷载长度大于5m，且在表列数值之间或三角形影响线顶点位置不在表列各点之上时，可用相邻两点表列数值按直线内插法求得。
5. 在一跨度或荷载长度以内出现同号而不连续的影响线，可用汽车车队等代荷载值乘以较大的影响线面积，再加上不计加重车的汽车车队等代荷载值乘以较小的影响线面积。

参 考 文 献

[1] 灌溉与排水工程设计规范（GB 50288—99）. 北京：中国水利水电出版社，1999.
[2] 樊慧芳. 农田水利学. 郑州：黄河水利出版社，2003.
[3] 康权. 农田水利学. 北京：水利电力出版社，1993.
[4] 宋祖诏，许杏陶，张思俊. 渠首工程. 北京：中国水利电力出版社，1989.
[5] 华东水利学院. 水工设计手册. 第 8 卷，灌区建筑物. 北京：水利电力出版社，1984.
[6] 中国水利百科全书. 北京：中国水利电力出版社，1991.
[7] 水工建筑物荷载设计规范（DL 5077—1997）. 北京：中国水利水电出版社，1998.
[8] 水工混凝土结构设计规范（SL/T 191—96）. 北京：中国水利水电出版社，1997.
[9] 龙驭球. 结构力学. 北京：高等教育出版社，1988.
[10] 吴持恭. 水力学. （第二版，上下册）. 北京：高等教育出版社，1982.
[11] 李珍照，等. 中国水利百科全书. 水工建筑物分册. 北京：中国水利水电出版社，2004.
[12] 陈德亮，等. 水工建筑物（第 5 版），北京：中国水利水电出版社，2008.
[13] 许宝树. 水利工程概论（第 2 版）. 北京：水利电力出版社，1992.
[14] 竺慧珠，陈德亮，管枫年. 渡槽. 北京：中国水利水电出版社，2005.
[15] 李慧英，田文铎，阎海新. 倒虹吸管. 北京：中国水利水电出版社，2005.
[16] 余可际，等. 倒虹吸管. 北京：水利电力出版社，1983.
[17] 贺栓海，谢仁物. 公路桥梁荷载横向分布计算方法. 人民交通出版社，1996.
[18] 王国鼎. 拱桥连拱计算（第 2 版）. 北京：人民交通出版社，1983.
[19] 王国鼎. 桥梁计算示例集. 王国鼎. 北京：人民交通出版社，1997.
[20] 《公路桥涵设计手册》编写组. 公路设计手册. 拱桥（下册）. 北京：人民交通出版社，1979.
[21] 郭临义. 拱桥千秋. 北京：人民交通出版社，1998.
[22] 大跨度现浇预应力空心楼盖. 中国建材论坛——中国建材网社区网站（www. concrete-365）. 2010.08.
[23] 钱英欣. 大跨度现浇预应力空心楼盖板研究应用. 圣地嵊. 北京：国际建材科技发展有限公司网站（shop. cnsb. cn）. 2010.08.
[24] 大跨度现浇预应力混凝土空心楼盖体系研究与应用. 国家科技成果数据库. 中国知网. 2010.
[25] 赵云鹏. 现浇预应力混凝土连续箱梁桥设计. www.baidu.com. 2010.
[26] 中国桥梁网（www.cnbridge.cn）. 中国现代拱桥技术的发展. 2010.
[27] 公路钢筋混凝土及预应力混凝土桥涵设计规范（JTG D62—2004）. 北京：人民交通出版社，2004.
[28] 公路桥涵设计通用规范（JTG D60—2004）. 北京：人民交通出版社，2004.
[29] 张树仁. 桥梁设计规范学习与应用讲评. 北京：人民交通出版社，2005.
[30] 水利水电工程结构可靠度设计统一标准（GB 50199—94）. 北京：中国水利水电出版社，1994.
[31] 姚玲森. 桥梁工程. 北京：人民交通出版社，1998.
[32] 邹天一. 桥梁结构可靠度. 北京：人民交通出版社，1991.
[33] 熊启均. 涵洞. 北京：中国水利水电出版社，2006.

- [34] 刘韩生,等.跌水与陡坡.北京:中国水利水电出版社,2004.
- [35] 李崇智,等.跌水与陡坡(第2版).北京:中国水利水电出版社,1998.
- [36] 水工建筑物测流规范(SL 20—92).北京:水利电力出版社,1992.
- [37] 堰槽测流规范(SL 24—91).北京:水利电力出版社,1992.
- [38] 蔡勇,周明耀.灌区量水实用技术指南.中国水利水电出版社,2001.
- [39] 王长德.量水技术与设施.北京:中国水利水电出版社,2006.
- [40] 张慧娟,穆智勇,马文英.大型多侧墙联体渡槽槽身多因素优化设计.人民长江,2008,39(5):42-44.
- [41] 李志云.南水北调中线左排倒虹吸设计特点.水利科学与工程技术,2009,32(5):32-33.
- [42] 李松平,袁吉娜,何向东,杜昌亚.淇河倒虹吸河工模型试验研究.人民黄河,2009,40(4):32-33.
- [43] 石俊营,田志中.南水北调中线总干渠淇河渠倒虹吸水力学模型试验研究,水利规划与设计,2006,45(1):45-47.